実験医学別冊

原理からよくわかる
リアルタイムPCR
完全実験ガイド

最強のステップUpシリーズ

羊土社
YODOSHA

【注意事項】本書の情報について ────────────────────────────────────
　本書に記載されている内容は，発行時点における最新の情報に基づき，正確を期するよう，執筆者，監修・編者ならびに出版社はそれぞれ最善の努力を払っております．しかし科学・医学・医療の進歩により，定義や概念，技術の操作方法や診療の方針が変更となり，本書をご使用になる時点においては記載された内容が正確かつ完全ではなくなる場合がございます．また，本書に記載されている企業名や商品名，URL等の情報が予告なく変更される場合もございますのでご了承ください．

序

　最強のステップUPシリーズ『原理からよくわかるリアルタイムPCR完全実験ガイド』をお手に取っていただき誠にありがとうございます．本書が皆様の日々の実験のサポートそして研究のお役に立つことを心から願ってやみません．

　本書の前版『原理からよくわかるリアルタイムPCR実験ガイド』が出版されてから6年余りが経ちました．この間にリアルタイムPCRはますます一般的な解析手法となり，譬えて言うならば，当時はちょっと高級な解析料理（？），今は解析定食のような身近なモノになりました．そして，さらに美味しい味付けや工夫も加わり，これからももっともっとさまざまな研究，解析，診断などに貢献していくことと思います．その目覚ましい発展に後れをとらず，新しいレシピやちょっと工夫した，ちょい足しレシピも盛り込んだ改訂版の本書を編集いたしました．これからリアルタイムPCRを始められる方々のよき入門書として，またすでにリアルタイムPCRを使って研究を進められている学生・テクニシャン・研究者の方々のよき活用書としてご利用いただけたら幸いです．

　そして本書の最終章（次世代編）では，第一世代のふつうのPCR，第二世代のリアルタイムPCR，そしてそれらに続く第三世代のPCR，デジタルPCRについて紹介する章を設けました．「デジタルPCR？何それ？」「リアルタイムPCRと何が違うの？」まだ馴染みの薄いデジタルPCRですが，そのスペックの高さには驚くばかりです（「じぇ」×3ぐらい）．このデジタルPCRに関しては，まだ素人のアマちゃんですが，その可能性を考えると数年以内には爆発的な人気モノになることを予想（期待）しています（きっとその頃には親しみを込めて「デジP」と呼ばれているかもしれません）．この新しい次世代のPCR，デジタルPCRの原理とその有用性についても皆様のご理解のサポートになれば幸いです．

　最後になりましたが，お忙しい中にもかかわらずご執筆を快くお引き受けいただいた諸先生方には心より感謝，御礼申し上げます．また羊土社編集部の蜂須賀修司氏，冨塚達也氏には，企画・編集制作の過程で多大なご尽力をいただきました．あらためて感謝御礼申し上げます．

2013年8月

北條浩彦

本書の構成

本書は，基本編，実践編，次世代編のどこからでもお読みいただける構成にて編集されています．

基本編 では，
(PP.14〜74)
- 「リアルタイムPCRでは，どのような解析が可能なの？」
- 「なぜ，定量できるの？」
- 「プライマーやプローブの設計のポイントは？」...

　　　など検出法・定量法の原理を基本から一歩ずつ解説

実践編 では，
(PP.75〜213)
- 「経時的な遺伝子発現を定量したい」
- 「新規のバイオマーカーを探したい」
- 「SNPやCNVを検出したい」...

　　　などの目的や興味に応じた，プロトコールと実際の応用例を解説
　　　（各項目へのナビゲーションは次ページ参照）

次世代編 では，
(PP.214〜229)
- 「デジタルPCRって？」
- 「どんな実験が可能になるの？」

　　　など，次世代のPCR，デジタルPCRを実験例を交えて解説

リアルタイムPCR実験の流れ

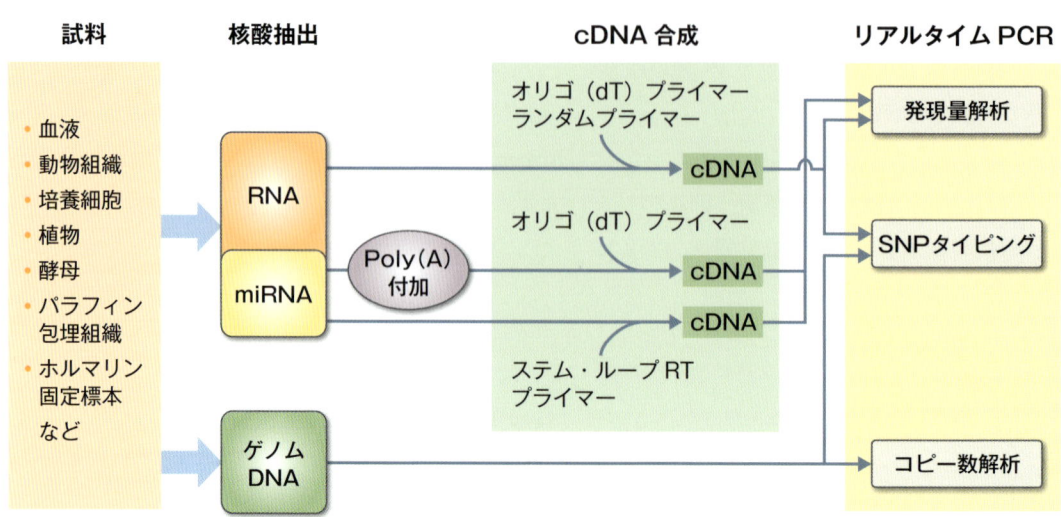

実践編　各項目へのナビゲーション

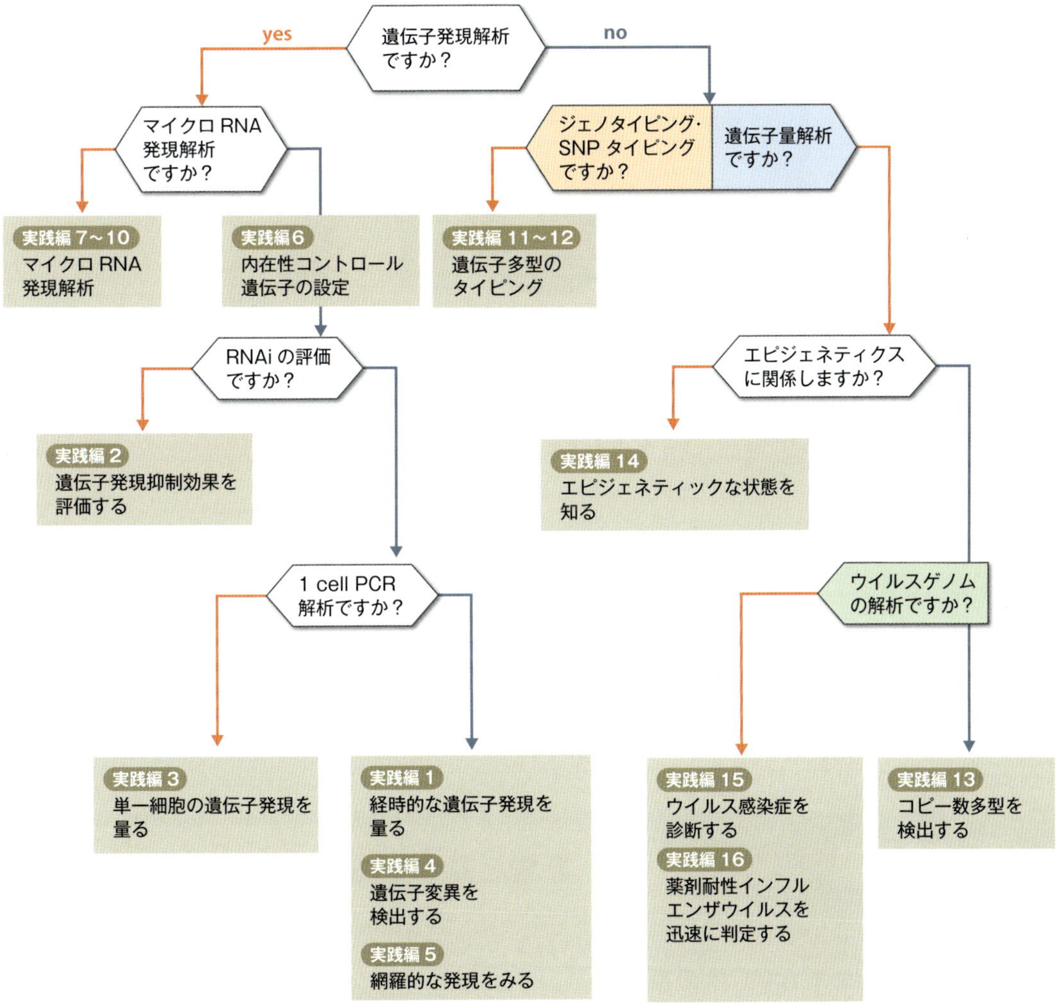

```
                    遺伝子発現解析
              yes      ですか？       no
           ┌──────────┴──────────┐
           │                     │
      マイクロRNA          ジェノタイピング・  遺伝子量解析
      発現解析ですか？        SNPタイピング     ですか？
    ┌────┴────┐           ですか？
    │         │        ┌────┴────┐
  実践編7〜10  実践編6   実践編11〜12       │
  マイクロRNA  内在性コントロール  遺伝子多型の
  発現解析    遺伝子の設定     タイピング
              │                              │
           RNAiの評価                  エピジェネティクス
           ですか？                   に関係しますか？
         ┌──┴──┐                   ┌──┴──┐
       実践編2                    実践編14
       遺伝子発現抑制効果を         エピジェネティックな状態を
       評価する                   知る
              │                              │
          1 cell PCR                  ウイルスゲノム
          解析ですか？                 の解析ですか？
        ┌───┴───┐                 ┌───┴───┐
     実践編3   実践編1            実践編15   実践編13
     単一細胞の  経時的な           ウイルス感染症を  コピー数多型を
     遺伝子発現を 遺伝子発現を       診断する      検出する
     量る      量る
              実践編4              実践編16
              遺伝子変異を          薬剤耐性インフル
              検出する             エンザウイルスを
                                 迅速に判定する
              実践編5
              網羅的な発現をみる
```

実践編のプロトコールについて

実践編に掲載のプロトコールは基本的に以下のような流れになっています．

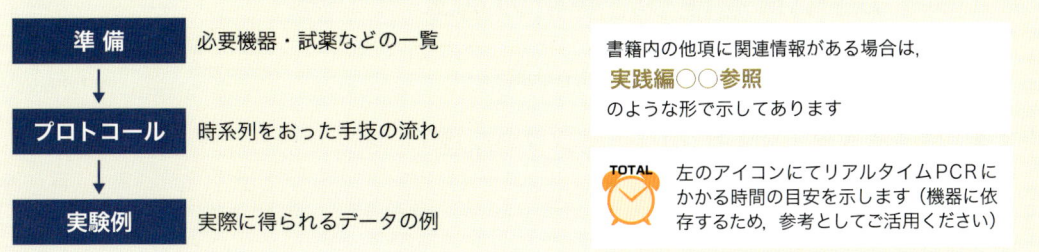

準備　必要機器・試薬などの一覧

プロトコール　時系列をおった手技の流れ

実験例　実際に得られるデータの例

書籍内の他項に関連情報がある場合は，
実践編○○参照
のような形で示してあります

TOTAL　左のアイコンにてリアルタイムPCRにかかる時間の目安を示します（機器に依存するため，参考としてご活用ください）

実験医学別冊

最強のステップUpシリーズ

原理からよくわかる リアルタイムPCR 完全実験ガイド

CONTENTS

- 序 .... 北條浩彦
- 本書の構成 4
- 初心者のためのリアルタイムPCR用語解説30 10

基本編 —原理と基本知識—

1 リアルタイムPCRの原理 .... 北條浩彦 14

2 リアルタイムPCRの定量方法 .... 北條浩彦 22
協力／ロシュ・ダイアグノスティックス株式会社，ライフテクノロジーズジャパン株式会社

リアルタイムPCRを使った解析の基本

3 転写産物からの遺伝子発現解析の流れ .... 吉崎美和 31

4 遺伝子変異（SNP）のタイピングの原理① TaqMan® プローブを使う .... 勝本 博 36

CONTENTS

5 遺伝子変異（SNP）のタイピングの原理② HybProbe, HRMを使う
　　　　　　　　　　　　　　　　　　　　　　　　　　　　片山知秀　42

6 遺伝子変異（SNP）のタイピングの原理③ CycleavePCR法　吉崎美和　51

7 特異的アレルの検出の原理　castPCR法による体細胞変異の検出　勝本 博　55

8 遺伝子発現量の測定の実際　　　　　　　　　　　　　　　白神 博　59

9 プライマー/プローブの設計の手順①　インターカレーション法とプローブ法の場合
　　　　　　　　　　　　　　　　　　　　　　　　　　　　大瀬 塁　64

10 プライマー/プローブの設計の手順②　マルチプレックスPCRの場合
　　　　　　　　　　　　　　　　　　　　　　　　北條浩彦, 清水則夫　72

実践編 ―プロトコールを中心に―

I章 遺伝子発現解析

1 経時的な遺伝子発現を量る　時計遺伝子の概日発現リズムを例に　小川雪乃, 程 肇　75

2 遺伝子発現抑制効果を評価する　siRNAによるRNAiを例に
　　　　　　　　　　　　　　　　　　　　　　西 賢二, 日野公洋, 程久美子　83

3 単一細胞の遺伝子発現を量る　Single cell cDNA amplification法とリアルタイムPCR解析
　　　　　　　　　　　　　　　　　　　　　　　　　中村友紀, 斎藤通紀　91

4 遺伝子変異を検出する　腫瘍細胞におけるEGFR遺伝子変異を例に
　　　　　　　　　　　　　　　　　　　　　庄司月美, 渡邉珠緒, 大森勝之　102

5 網羅的な発現をみる　マイクロアレイとの比較を例に　　　鈴木孝昌　111

6 内在性コントロール遺伝子の設定　　　　　　　　　　　萩原圭祐　122

II章 マイクロRNA発現解析

7 マイクロRNA（miRNA）のcDNA合成　　　　　　　　　北條浩彦　129

8 新規バイオマーカーを探す　加齢老化と関連するmiRNAを例に　高橋理貴, 北條浩彦　134

CONTENTS

9 分泌型miRNAを捉える　血清・血漿に存在するmiRNAを例に … 北野敦史，大井久美子　141

10 miRNA生合成経路をみる　MCPIP1がmiRNA生合成に与える影響を例に
　　　　　　　　　　　　　　　　　　　　　　　　　　　　　　　鈴木　洋，宮園浩平　149

Ⅲ章 遺伝子多型のタイピング

11 3アレル性のタイピングを検出する　炎症関連遺伝子のSNPを例に
　　　　　　　　　　　　　　　　　　　　　　　　　　　　　　　村松正明，池田仁子　161

12 SNPハプロタイプを判定する　ハンチンチン遺伝子を例に ……… 高橋理貴，北條浩彦　167

Ⅳ章 遺伝子量解析

13 コピー数多型を検出する　CYP2D6の遺伝子多型を例に ………………………… 勝本　博　175

14 エピジェネティックな状態を知る　がんとDNAメチル化を例に ……………… 山下　聡　180

15 ウイルス感染症を診断する　ウイルスゲノムの定性的検査と定量的検査
　　　　　　　　　　　　　　　　　　　　　　　　　　　清水則夫，渡邊　健，外丸靖浩　192

16 薬剤耐性インフルエンザウイルスを迅速に判定する
　　CycleavePCR法によるH274Y変異検出を例に
　　　　　　　　　　　　　　　　齋藤孔良，鈴木康司，近藤大貴，日比野亮信，齋藤玲子　203

次世代編　―デジタルPCRがわかる―

1 デジタルPCRの原理と応用 ……………………………………………………… 北條浩彦　214

2 微量サンプルから正確なコピー数を計測する　乳がん感受性CNV解析を例に
　　　　　　　　　　　　　　　　　　　　　　　　　　　　　　　　　　　末広　寛　222

◆索　引　　230

執筆者一覧

◆編　集

北條浩彦　　国立精神・神経医療研究センター神経研究所神経薬理研究部

◆執筆者　[五十音順]

池田仁子	東京医科歯科大学難治疾患研究所分子疫学分野	鈴木康司	農業・食品産業技術総合研究機構動物衛生研究所インフルエンザ・プリオン病研究センター
大井久美子	株式会社キアゲン	高橋理貴	国立精神・神経医療研究センター神経研究所神経薬理研究部
大瀬塁	ロシュ・ダイアグノスティックス株式会社	程久美子	東京大学大学院理学系研究科生物化学専攻
大森勝之	京都大学医学部附属病院検査部遺伝子細胞検査部門	程肇	金沢大学理工研究域自然システム学系
小川雪乃	筑波大学最先端研究開発支援プログラム分子行動科学研究コア	外丸靖浩	東京医科歯科大学難治疾患研究所ウイルス治療学
片山知秀	ロシュ・ダイアグノスティックス株式会社	中村友紀	京都大学大学院医学研究科生体構造医学講座機能微細形態学分野
勝本博	ライフテクノロジーズジャパン株式会社テクニカルサポート	西賢二	東京大学大学院理学系研究科生物化学専攻
北野敦史	株式会社キアゲン	萩原圭祐	大阪大学大学院医学系研究科漢方医学寄附講座
近藤大貴	新潟大学大学院医歯学総合研究科国際保健学分野	日野公洋	東京大学大学院理学系研究科生物化学専攻
齋藤孔良	新潟大学大学院医歯学総合研究科国際保健学分野	日比野亮信	新潟大学大学院医歯学総合研究科国際保健学分野
斎藤通紀	京都大学大学院医学研究科生体構造医学講座機能微細形態学分野	北條浩彦	国立精神・神経医療研究センター神経研究所神経薬理研究部
齋藤玲子	新潟大学大学院医歯学総合研究科国際保健学分野	宮園浩平	東京大学大学院医学系研究科病因・病理学専攻分子病理学
清水則夫	東京医科歯科大学難治疾患研究所ウイルス治療学	村松正明	東京医科歯科大学難治疾患研究所分子疫学分野
庄司月美	京都大学医学部附属病院検査部遺伝子細胞検査部門	山下聡	国立がん研究センター研究所エピゲノム解析分野
白神博	ライフテクノロジーズジャパン株式会社テクニカルサポート	吉崎美和	タカラバイオ株式会社バイオ研究所
末広寛	山口大学大学院医学系研究科臨床検査・腫瘍学分野	渡邊健	東京医科歯科大学難治疾患研究所ウイルス治療学
鈴木孝昌	国立医薬品食品衛生研究所遺伝子細胞医薬部	渡邉珠緒	京都大学医学部附属病院検査部遺伝子細胞検査部門
鈴木洋	東京大学大学院医学系研究科病因・病理学専攻分子病理学		

初心者のための
リアルタイムPCR用語解説30

◆ **cSNP** → 実践編-12 参照

Coding SNP．タンパク質をコードする遺伝子領域内に存在するSNP．

◆ **Linear Probe** → 基本編-6 参照

リアルタイムPCRに使用する蛍光標識プローブは，Linear ProbeとStructured Probeに大別される．Linear Probeは直鎖状のプローブで切断により蛍光を発するもので，TaqMan®プローブやサイクリングプローブが挙げられる．Structured Probeは二次構造を利用したプローブで，インタクトな状態では二次構造を形成して消光し，目的配列へのハイブリダイゼーションにより直鎖状になって蛍光を発する．例としてMolecular beaconなどが挙げられる．

◆ **non-coding RNA** → 実践編-7 参照

タンパク質をコードしないRNA．

◆ **PCR増幅曲線** → 基本編-1 参照

PCR産物が蛍光検出可能な範囲に達し，増幅している状態を示す．

◆ **PNA Clamp** → 実践編-4 参照

PNA（peptide nucleic acid）-LNA（locked nucleic acid）PCR（polymerase chain reaction）clamp．1塩基のミスマッチによってTm値が大きく減少するPNA，LNAをClampプライマー，プローブとして利用した手法．増幅時にはPNA clampプライマーにより野生型アレルの増幅を阻害し，変異型アレルを優先的に増幅する．検出時にはLNA mutantプローブが変異型アレルに結合する．野生型アレルにはClampプライマーの拮抗およびミスマッチの存在によって結合しない．

◆ **RISC** → 実践編-7 参照

RNA-induced silencing complex．RNAの切断活性（スライサー活性）をもつAgo2タンパク質を中心としたリボ核タンパク質複合体．取り込んだ小さなRNA（siRNAやmiRNA）の配列に基づく遺伝子の発現抑制を惹起する．

◆ **RNase H** → 基本編-6 参照

RNAを分解するリボヌクレアーゼ（ribonuclease）の一種で，DNA/RNAハイブリッドを特異的に認識してRNAを切断する酵素．CycleavePCR法では，リアルタイムPCR反応液に添加して用いるので，耐熱性のRNase Hを使用している．

◆ **SNP** → 基本編-4 参照

Single Nucleotide Polymorphism：一塩基多型．ある生物集団内のゲノム塩基配列上に一塩基の変異がみられ，その頻度が集団内で1％以上である変異を一塩基多型（SNP）と呼ぶ．約30億塩基対あるヒトゲノムは個人間で異なっており，SNPは約1,000塩基に1つの割合で存在すると考えられている．

◆ **Tm値** → 基本編-1 参照

融解温度（melting temperature）．二本鎖DNAが解離して，その半分が一本鎖DNAになるときの温度．

◆ **V1,V3タグ** → 実践編-3 参照

AscI，BamHI，SalI，XhoIなどといった制限酵素サイトをいくつかつないだ，少なくとも哺乳類には存在しない人工的配列．

◆ **遺伝子特異的プライマー** → 基本編-3 参照

特定の遺伝子のみを検出する場合には，遺伝子特異的プライマーを逆転写反応に使用できる．この場合，PCR用のReverseプライマーを逆転写用プライマーとして使用する．通常，遺伝子発現解析では複数の遺伝子を検出するので，遺伝子特異的プライマーの使用は適さない．

◆ **インターカレーション** → 基本編-1 参照

　二本鎖の核酸（DNAまたはRNA）は，水素結合による塩基対を形成し，それらが層状に積み重なった構造をしている．この層の間に入り込むことをインターカレーションと呼び，それができる化合物をインターカレーターという（例えば，SYBR Green I，エチジウムブロマイドなど）．

◆ **オリゴdTプライマー** → 基本編-3 参照

　poly (A) tailからの逆転写反応を行いたい場合には，オリゴdTプライマーを使用する．その際，PCR増幅位置がpoly (A) tailから離れすぎていると，その部分まで効率よく逆転写することができない場合がある．できるだけ，poly (A) tailから1.5 kb以内に設計されたPCR用プライマーと組み合わせて使用すると良い．また，poly (A) tailからPCR増幅位置までの間に強固な二次構造がある場合や，mRNAが分解を受けている可能性がある場合にも注意を要する．

◆ **外部コントロール** → 実践編-9 参照

　外部コントロールは，主にサンプル抽出，精製，調製過程で起こるサンプル間のバラツキを補正するためにサンプルの処理前に加えられる識別可能な人工のオリゴDNA配列などである．同じ量の外部コントロール（オリゴDNA）をそれぞれのサンプルに加え，処理後その残存量にしたがって処理したサンプル量を補正することができる．

◆ **キャリブレーターサンプル** → 基本編-2 参照

　例えば，190個のサンプルを96ウェルPCRプレート2枚で解析する場合，プレート間のバラツキ（1枚目プレートのPCRと2枚目プレートのPCRの誤差）を補正する目的で1枚目と2枚目のプレートに全く同じサンプルを1つ載せて解析する．このサンプルをキャリブレーターサンプルと呼び，そのデータをもとにプレート内の他のサンプルを補正し，異なる2つのプレートにまたがる190個すべてのサンプルを同じ条件下で解析できるようにする．つまり，キャリブレーターサンプルは，独立した複数の解析セットを同じ条件下で解析できるようにするために各セットに加えられる同一のコントロールサンプルである．

◆ **クエンチャー** → 基本編-1 参照

　FRETによる消光をクエンチングといい，近傍にあるレポーターからの蛍光を消す作用のある蛍光物質をクエンチャーという．

◆ **グローバルノーマライゼーション法** → 実践編-9 参照

　マイクロアレイで使用されてきた補正方法であり，比較サンプル間で一部の遺伝子の変動があっても，全体としての発現レベルはほぼ変わらないと考え，全体の平均値または中央値を一致させる補正方法である．サンプルごとに発現しているすべてのmiRNAの平均値を，リファレンス値として代用する．

◆ **蛍光物質** → 基本編-1 参照

　特定波長の光（励起光＝エネルギー）を吸収して，励起した状態（励起状態）となり，そこから元の状態（基底状態）に戻るときに光（蛍光）としてエネルギーを放出する特性をもった物質．

◆ **コピー数** → 基本編-8 参照

　遺伝子発現解析におけるコピー数は対象とする遺伝子配列を含む核酸が1分子あることを意味する．実際の遺伝子発現解析では，逆転写されたcDNA分子がどれだけあるか検量線法で絶対定量し，mRNAのコピー数（転写量）として解析する．

◆ **重亜硫酸処理** → 実践編-14 参照

　メチル化解析に頻用される重要な反応．一本鎖DNA上のシトシンはbisulfite（重亜硫酸ナトリウム）により低pHでスルホン化，加水脱アミノ化反応し，引き続きNaOHで高pHにすることにより脱スルホン化することでウラシルに変換される．5-メチルシトシンはスルホン化が非常に遅いため，脱アミノ反応によるチミンの生成に至らない．すなわち，重亜硫酸処理によってメチル化状態の違いが塩基配列の違い（C→T，メチル化C→C）へと変換される．

◆ **人工遺伝子合成** → 基本編-8 参照

　目的の配列を有するDNAを人工的に合成する手法で，目的の長さの塩基数をもつ任意配列のDNAを人工合成することができる．複数のメーカーからサービスが提供されており，自らクローニングするよりも比較的安価に利用できるメリットがある．

◆ **ハウスキーピング遺伝子** → 基本編-2参照

　　housekeeping gene．ほとんどすべての細胞で発現している遺伝子で，細胞が生きていくために必要な基本的機能を担っている遺伝子群を指す．例えば，構造タンパク質（β-アクチン，α-チューブリン），エネルギー代謝系の酵素（GAPDH），その他の代謝系の酵素（HPRT），タンパク質合成にかかわる遺伝子（L19），免疫系で働くもの（β2-マイクログロブリン，Cyclophilin A），膜タンパク質（Transferrin R）などである．ハウスキーピング遺伝子〔その遺伝子産物（RNAやタンパク質）〕は，主にポジティブコントロールとして用いられ，ターゲット遺伝子の発現量の比較や定量化のためのリファレンス遺伝子として利用される．

◆ **ハプロタイプ** → 実践編-12参照

　　対立遺伝子の組み合わせ．**実践編-12**のようにSNPに注目している場合，同一の染色体上に存在するSNP塩基の組み合わせが"SNPハプロタイプ"となる．

◆ **プライマーとプローブ** → 基本編-1参照

　　いずれもオリゴDNAであるが，プライマーは，DNAポリメラーゼがDNA合成を開始するために必要な17～20数塩基長のオリゴDNA．鋳型DNAと相補的な配列を有し，アニーリングによって鋳型DNAと二本鎖を形成する．そして，そのプライマーの3′末端から鋳型DNAと相補的な新規DNA鎖がDNAポリメラーゼによって合成される．プローブは，目的（ターゲット）のDNA配列を探索し，特定するためのオリゴDNA．ターゲットのDNA配列と相補的な配列を有し蛍光色素などで標識されている20塩基長以上のオリゴDNA．

◆ **プラトー現象** → 基本編-2参照

　　プラトー現象を引き起こす原因としては，PCR産物の基質（dNTPsやPCRプライマー）が枯渇することやPCR阻害物質の蓄積などが考えられている．

◆ **融解曲線分析** → 基本編-1参照

　　dissociation curveの確認．PCR増幅産物のTm値を分析すること．このTm値の分析によって複数のTm値が観察された場合には複数のPCR増幅産物が存在すると考えられ，PCRプライマーの再設計など条件の再検討が必要になる．

◆ **ランダムプライマー** → 基本編-3参照

　　ランダムプライマーを使用すると，mRNA全長にわたって効率よく逆転写することができ，PCR増幅位置によらずターゲット遺伝子を効率良く検出できる．

◆ **リファレンス遺伝子** → 基本編-2参照

　　遺伝子発現解析の場合，ターゲット遺伝子の発現量をサンプル間で比較する際，直接得られたターゲット遺伝子の発現データをサンプル（細胞）間で発現が安定している遺伝子（例えば，ハウスキーピング遺伝子）の発現量を用いて補正する．この補正の基準となる遺伝子をリファレンス（内在性コントロール）遺伝子と呼ぶ．また，細胞数単位当たりで比較解析を行うような場合（ウイルスのコピー数解析など），細胞数を反映させる細胞ゲノム上に存在する単一遺伝子が内在性コントロール遺伝子となる．

◆ **レアバリアント** → 次世代編-1参照

　　rare variant．頻度1％未満の遺伝子変異．

◆ **励起** → 基本編-1参照

　　外部からエネルギーを得て，初めの状態よりも高いエネルギーをもった状態（励起状態）に移ること．

実験医学別冊

最強の
ステップUp
シリーズ

原理からよくわかる
リアルタイム PCR
完全 実験ガイド

基本編

1 リアルタイムPCRの原理

北條浩彦

> リアルタイムPCRは，PCRによって増幅する核酸（DNA）をリアルタイムでモニタリングする方法である．増幅するDNAをモニターする方法として，主に3つの方法がある．インターカレーション法，ハイブリダイゼーション法，そしてその中間の特徴をもったLUX法である．これらの方法によって得られたPCR産物の増幅曲線を使って，PCRの初期鋳型となったDNA量を求めることができる．

はじめに

　PCR（Polymerase Chain Reaction）は，図1で示すような3つのステップ，①熱変性，②アニーリング，③伸長反応によって目的のDNA領域を増幅させる方法である．このPCRによって増幅するDNA（PCR産物）をリアルタイムに測定（モニタリング）する方法が，リアルタイムPCR法である．では，PCRの反応過程で増幅するDNAをどうやって検出，測定するのだろうか？　それは，簡単に言うと，**蛍光物質**[※1]**を利用して増幅するDNAを測定**する．そして，その検出方法には，大きく3つの方法がある．1つがインターカレーション[※2]法，もう1つがハイブリダイゼーション法，そして3つ目がその中間の性質をもったLUX（Light Upon eXtension）法である．表にそれぞれの特徴をまとめた．以下に，それぞれの方法について解説する．

インターカレーション法

　インターカレーション法は，SYBR® Green Iなどの蛍光物質（インターカレーター）が二本鎖DNAに入り込み励起[※3]光の照射によって蛍光を発する特性を利用してDNA量を測定する方法である（図2）．蛍光の強さ（蛍光強度）は核酸の量に比例して強くなるため，蛍光強度を測定することでDNA量（PCR産物量）を知ることができる．PCRのステップの中では，二本鎖のDNAが合成される③伸長反応のときに蛍光物質が二本鎖の中に入り込み，増幅したDNAを捉えることができる．

　この方法は，低コストで簡便な方法であるが，1つだけ注意しなければならない点がある．それは，ターゲット以外の領域が増えてしまった場合，そのようなDNA（PCR産物）も含めて測定されてしまうという点である．蛍光物質は特異性がなく，どの二本鎖DNAに

※1　**蛍光物質**
特定波長の光（励起光＝エネルギー）を吸収して，励起した状態（励起状態）となり，そこから元の状態（基底状態）に戻るときに光（蛍光）としてエネルギーを放出する特性をもった物質．

※2　**インターカレーション**
二本鎖の核酸（DNAまたはRNA）は，水素結合による塩基対を形成し，それらが層状に積み重なった構造をしている．この層の間に入り

込むことをインターカレーションと呼び，それができる化合物をインターカレーターという（例えば，SYBR Green I，エチジウムブロマイドなど）．

※3　**励起**
外部からエネルギーを得て，初めの状態よりも高いエネルギーをもった状態（励起状態）に移ること．

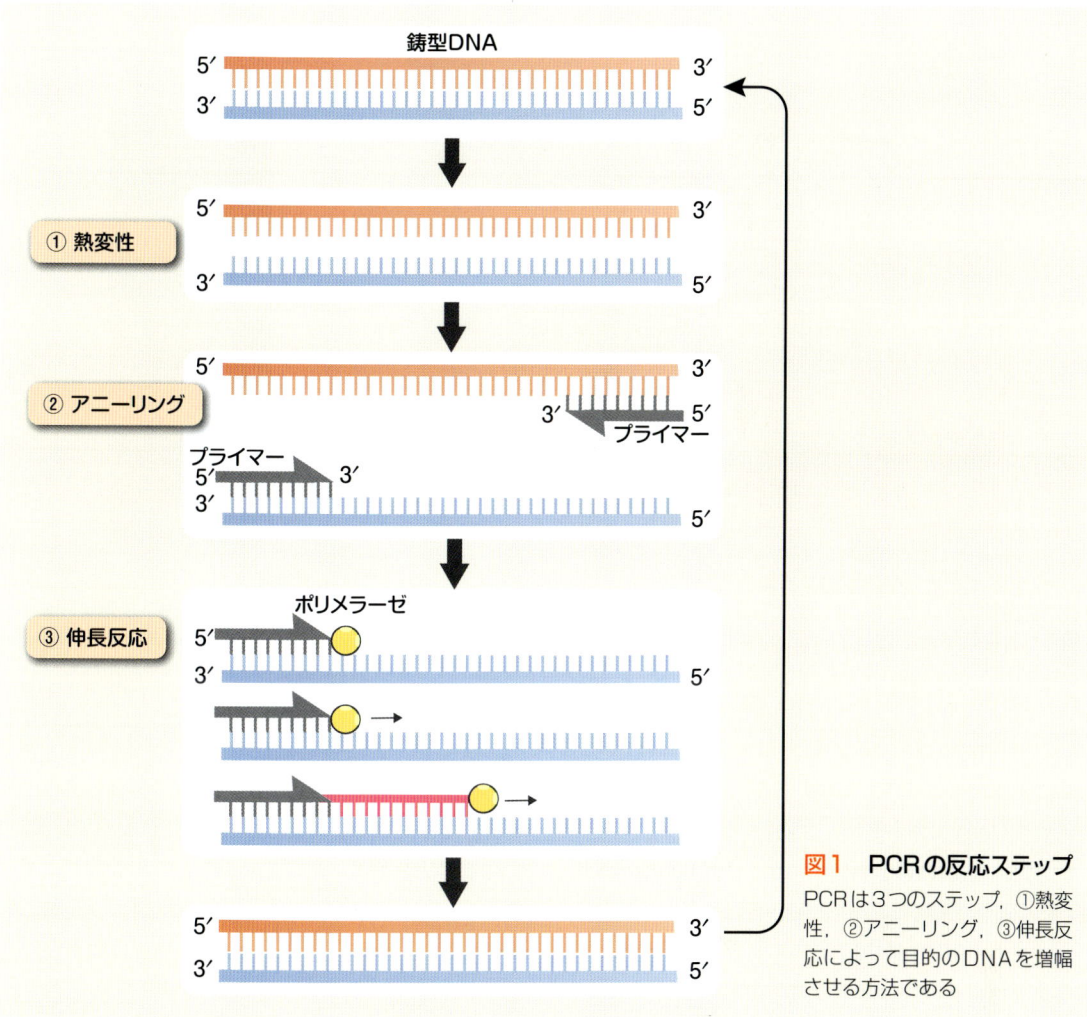

図1　PCRの反応ステップ

PCRは3つのステップ，①熱変性，②アニーリング，③伸長反応によって目的のDNAを増幅させる方法である

表　リアルタイムPCR法における検出方法

検出方法	蛍光色素（代表例）	蛍光検出時期	特徴 長所	特徴 短所
インターカレーション法	SYBR® Green I Era Green®	伸長反応	安価 融解曲線分析が可能	非特異的に増幅したPCR産物も測定してしまう 複数同時解析（マルチプレックス解析）が不可能
ハイブリダイゼーション法： FRETプローブ	ドナー蛍光色： 　フルオレセイン（FITC） アクセプター蛍光色： 　Cy5, LC-Red640	アニーリング	特異性が高い バックグラウンド値が低い	高価 融解曲線分析不可能 マルチプレックス解析が困難
TaqMan®プローブ	レポーター色素：FAM, VIC クエンチャー：TAMURA	伸長反応	特異性が高い バックグラウンド値が低い	高価 融解曲線分析不可能 マルチプレックス解析が困難
LUX法	FAM, JOE, Alexa546	伸長反応	マルチプレックス解析が可能 バックグラウンド値が低い 融解曲線分析が可能	解析に適したヘアピンプライマーを設計する必要がある

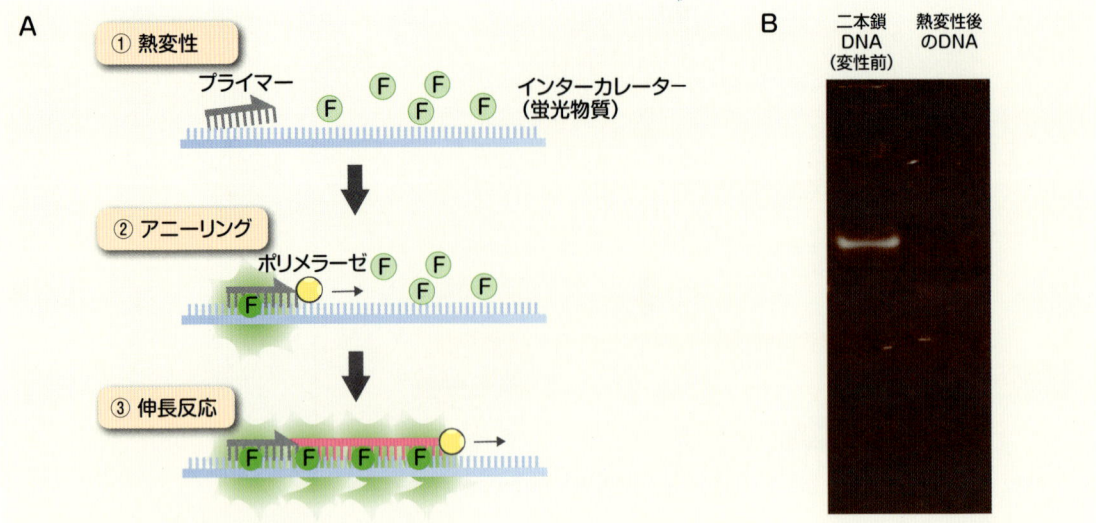

図2　インターカレーション法
A) インターカレーション法の概要．B) SYBR® Green I を用いた DNA の染色．二本鎖 DNA（変性前）とそれを熱変性したもの（熱変性後の DNA）をゲル電気泳動し，SYBR® Green I で染色した．SYBR® Green I は，二本鎖 DNA に入り込み（インターカレーション），その二本鎖 DNA を染色することができるが，熱変性した一本鎖の DNA には結合できないため DNA が染色されない

も結合するためにこのようなことが起こる．ターゲット以外の DNA 領域が増幅したか否かは，リアルタイム PCR 後の融解曲線分析（dissociation curve の確認）※4 によって知ることができる（図3）．もし，ターゲット以外の領域が増幅している疑いがある場合は，PCR プライマーの設計のやり直しなど，条件の検討が必要である．

ハイブリダイゼーション法

ハイブリダイゼーション法は，PCR プライマー※6 に加え，蛍光物質で標識した DNA プローブを使って目的の PCR 産物だけを検出する方法である．つまり，蛍光ラベルした DNA プローブが目的の DNA（PCR 産物）にハイブリダイゼーションすることで，そのハイブリダイズした DNA（量）が検出される．したがって，前述のインターカレーション法よりもさらに特異性が高い測定方法である．

このハイブリダイゼーション法には，もう1つ重要な工夫が施されている．それは蛍光共鳴エネルギー転移（Fluorescence Resonance Energy Transfer：FRET）という原理に基づく工夫である（図4）．これは，励起状態（エネルギーが高い状態）にある蛍光物質のそばに別の蛍光物質が存在すると，共鳴によって励起エネルギーの移動が起こり，励起状態にあった蛍

※4　融解曲線分析（dissociation curve の確認）
PCR 増幅産物の Tm 値※5 を分析すること．この Tm 値の分析によって複数の Tm 値が観察された場合には複数の PCR 増幅産物が存在すると考えられ，PCR プライマーの再設計など条件の再検討が必要になる．

※5　Tm 値
融解温度（melting temperature）．二本鎖 DNA が解離して，その半分が一本鎖 DNA になるときの温度．

※6　プライマー（Primer）とプローブ（Prove）
いずれもオリゴ DNA であるが，プライマーは DNA ポリメラーゼが DNA 合成を開始するために必要な 17〜20 数塩基長のオリゴ DNA．鋳型 DNA と相補的な配列を有し，アニーリングによって鋳型 DNA と二本鎖を形成する．そして，そのプライマーの3′末端から鋳型 DNA と相補的な新規 DNA 鎖が DNA ポリメラーゼによって合成される．プローブは目的（ターゲット）の DNA 配列を探索し，特定するためのオリゴ DNA．ターゲットの DNA 配列と相補的な配列を有し蛍光色素などで標識されている 20 塩基長以上のオリゴ DNA．

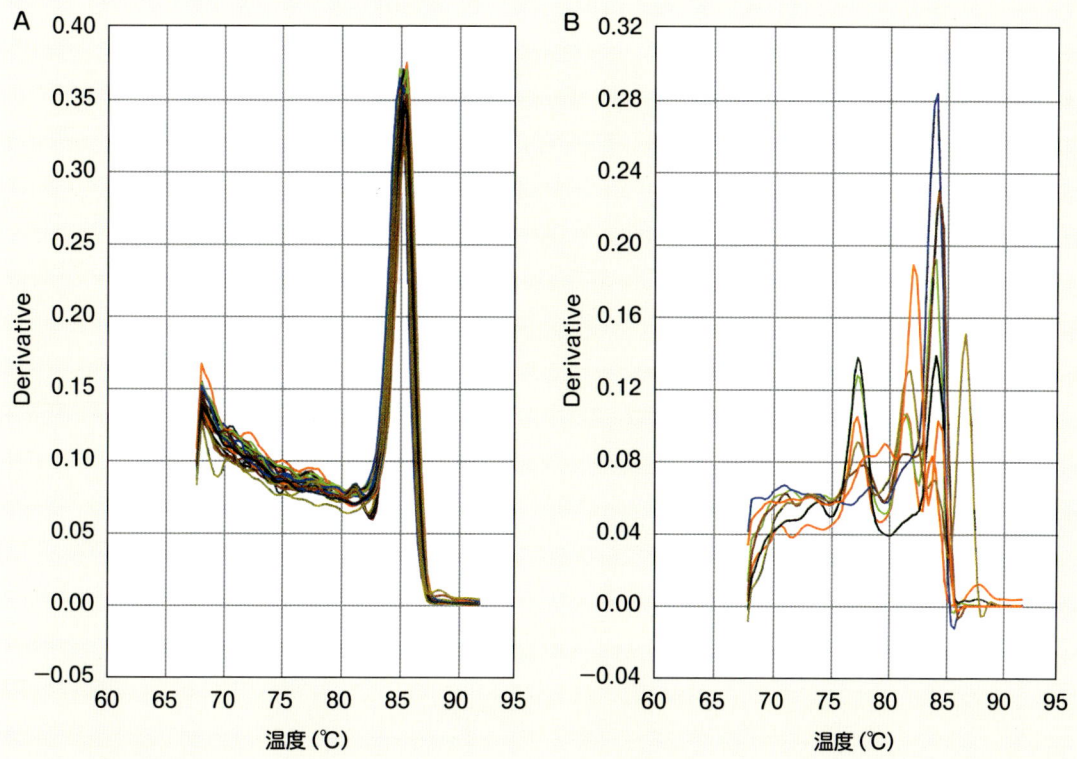

図3　融解曲線分析

融解曲線分析の例を示す．Aは，PCR産物が均一であるため1種類の融解曲線が現れている．それに対してBは，さまざまなPCR産物が存在するために複数種類の融解曲線が現れている．つまり，Aは，目的のPCR産物だけが増幅している状態でリアルタイムPCRが成功していることを示す．Bは，PCR条件の再検討が必要である

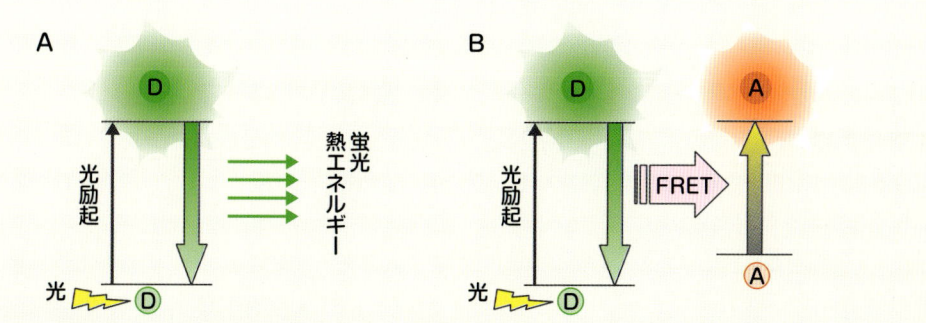

図4　蛍光共鳴エネルギー転移（FRET）

A）蛍光物質は，励起光（エネルギー）を吸収して励起した状態（励起状態）となり，そこから蛍光や熱エネルギーを放出して元の状態（基底状態）に戻る．B）蛍光共鳴エネルギーの転移（FRET）：励起状態にある蛍光物質のそばに別の蛍光物質が存在すると，共鳴によって励起エネルギーの移動が起こり，励起状態にあった蛍光物質が（エネルギーを失って）基底状態に戻り，そばにある別の物質が（そのエネルギーを得て）励起状態になる．励起エネルギーを与える蛍光物質をドナー（Donor），励起エネルギーを受ける蛍光物質をアクセプター（Acceptor）という．Ⓓ：ドナー，Ⓐ：アクセプター，●：励起状態

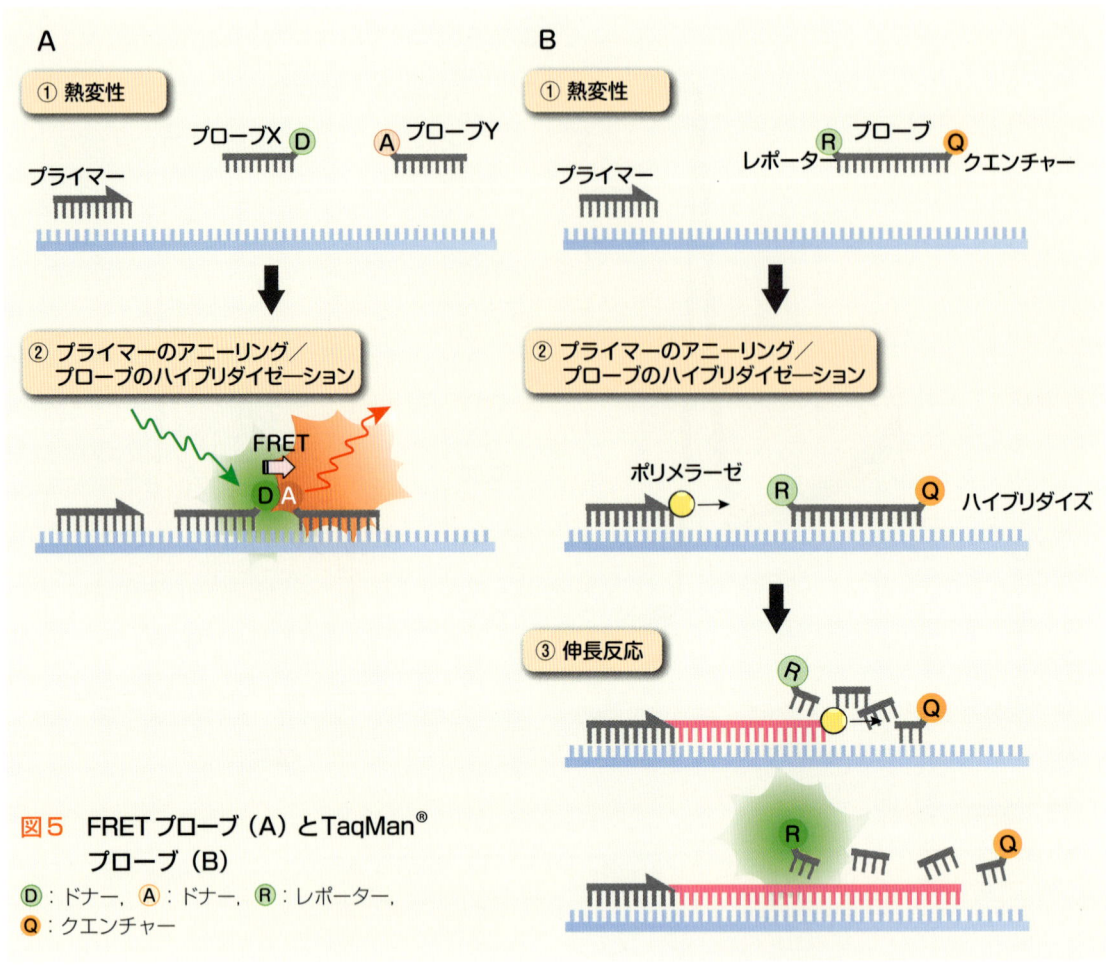

図5 FRETプローブ（A）とTaqMan® プローブ（B）
Ⓓ：ドナー，Ⓐ：ドナー，Ⓡ：レポーター，
Ⓠ：クエンチャー

光物質が（エネルギーを失って）基底状態にもどり，そばにある別の蛍光物質が（そのエネルギーを得て）励起状態になるという原理である．前者の（エネルギーを与える）蛍光物質をドナー（Donor），後者の（エネルギーを受ける）蛍光物質をアクセプター（Acceptor）という．この原理をプローブに応用することで正確性と特異性をさらに向上させることができる．ハイブリダイゼーション法で用いられる代表的なプローブとしてFRETプローブとTaqMan®プローブがある．以下に，それらについて解説する．

1. FRETプローブ（図5A）

前節で説明したFRETの原理をそのまま応用したプローブである．近接するように設計された2つの配列特異的なプローブは，それぞれドナー（プローブX），アクセプター（プローブY）の異なる蛍光物質で標識される．これらの標識プローブは，PCR過程のアニーリング期にPCR産物（DNA）にハイブリダイズし，異なる2つの蛍光物質が近接する．その結果，FRETが起こり，ドナーによって励起されたアクセプター蛍光物質から発せられた蛍光を測定することで目的のPCR産物量を知ることができる（発せられる蛍光強度は，ターゲットのPCR産物量に比例する）．PCRの伸長反

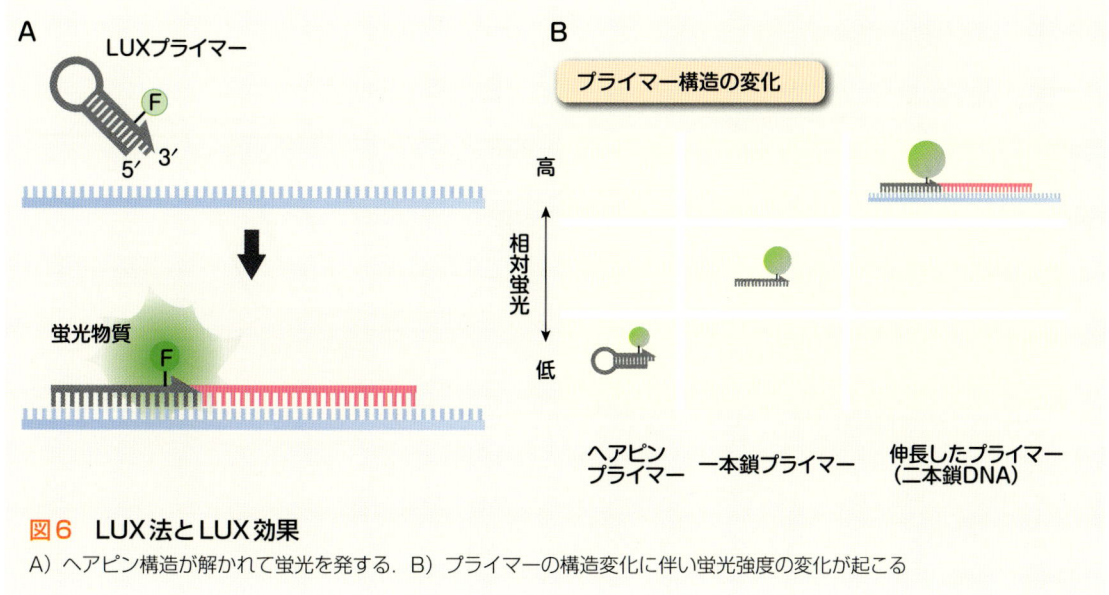

図6 LUX法とLUX効果
A) ヘアピン構造が解かれて蛍光を発する．B) プライマーの構造変化に伴い蛍光強度の変化が起こる

応と熱変性のステップでは，それぞれのプローブはPCR産物のターゲット部位から解離している（ハイブリダイズしていない）ため，FRETは起こらず，アクセプターからの蛍光は検出されない．

2. TaqMan® プローブ（図5B）

TaqMan® プローブの場合は，1つの配列特異的なプローブ（TaqMan® プローブ）をPCR産物検出に用いる．TaqMan® プローブ上にはレポーターとクエンチャー[※7]の2つの蛍光物質が近接して標識されている．TaqMan® プローブは，PCRのアニーリング期にPCR産物上のターゲット部位にハイブリダイズするが，この状態では，レポーターからの蛍光は近傍のクエンチャーによって消光させられているために光を発することができない．

次にTaq DNAポリメラーゼによるPCRの伸長反応が進み，これが重要なステップとなる．このとき，Taq DNAポリメラーゼがもつ5'→3'エキソヌクレアーゼ活性によって，ハイブリダイズしたTaqMan® プローブが加水分解されレポーターとクエンチャーが分離する．その結果，クエンチャーから解放されたレポーターの蛍光物質が蛍光シグナルを発することができるようになり，それを検出することでPCR産物量を測定することができる．

LUX法（図6）

LUX法は，オリゴ核酸に標識した蛍光物質の蛍光シグナルが，そのオリゴ核酸の形状（配列や一本鎖または二本鎖など）によって影響される性質を利用したものである．実際のリアルタイムPCRでは，1種類の蛍光物質で標識したPCRプライマー（LUXプライマー）とこれに対する何も標識していないPCRプライマーを用いてリアルタイムPCRを行う．LUXプライマーは，蛍光物質を3'末端付近に標識してあり，5'末端との間でヘアピン構造をとるように設計されている（図6A）．LUXプライマーがヘアピン構造の状態のときは，消光

※7 クエンチャー
FRETによる消光をクエンチングといい，近傍にあるレポーターからの蛍光を消す作用のある蛍光物質をクエンチャーという．

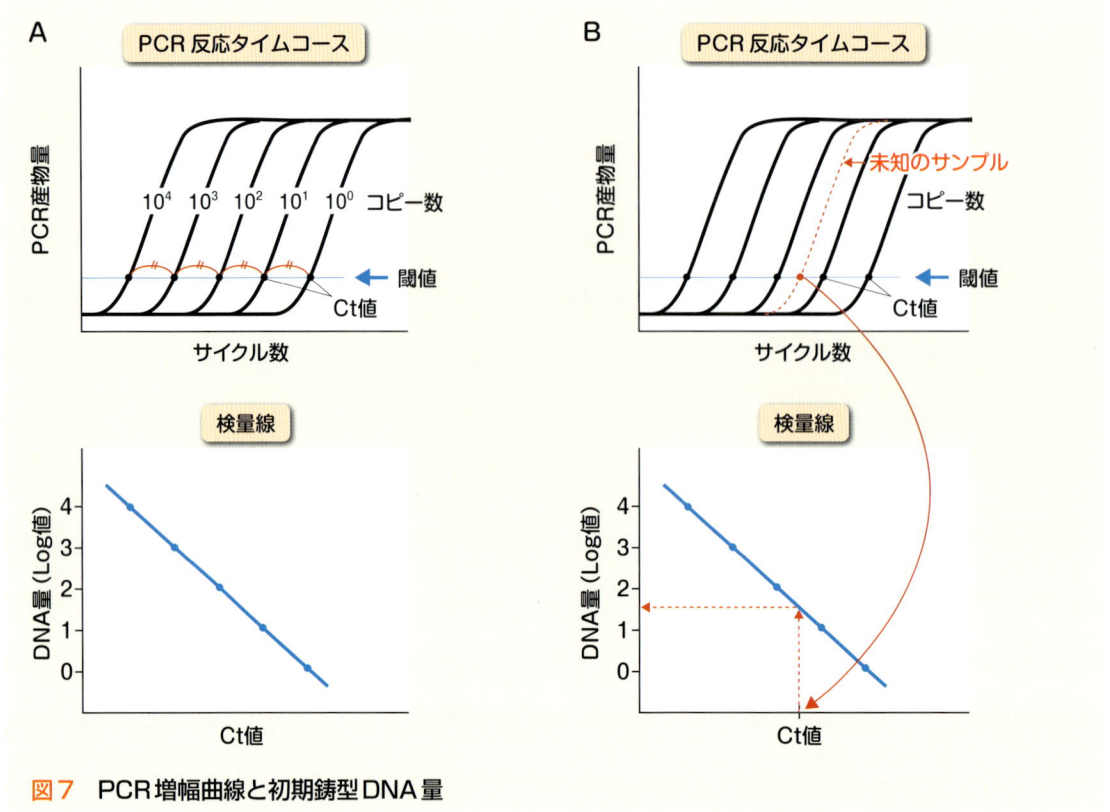

図7　PCR増幅曲線と初期鋳型DNA量

能力があり蛍光を発しないが，PCRのアニーリング期，そして伸長反応期にLUXプライマーがPCR産物内（二本鎖DNA内）に取り込まれると消光効果が解かれて蛍光シグナルが増大するようになる（図6B）．このシグナルの増大を測定することによって，PCR産物量を測定することができる．また，LUXプライマーを用いて増幅したPCR産物は，インターカレーション法と同様に融解曲線分析を行うことができる．したがって，LUX法はインターカレーション法とハイブリダイゼーション法の両方の特徴を兼ね備えた方法といえる．

※8　実際のリアルタイムPCRでは，さまざまな条件や影響によって増幅効率が変わる場合がある．また，異なるPCR産物間の増幅効率も異なる場合がある．そのような状況下でも正確な定量ができるように，さまざまな方法がある．詳しくは，基本編-2で解説する．

リアルタイムPCRによってなぜ元のDNA量が判定できるのか？

リアルタイムPCRによってDNAの増幅過程をモニタリングする方法について説明してきたが，では，このモニタリングによってなぜ元のDNA量が判定できるのだろうか？

理論的にはPCRは，1サイクル進むごとにPCR産物が2倍，2倍，2倍…と増えていく．つまり，2のn乗倍（2^n倍：n＝サイクル数）に従った指数関数的な増幅が起こる[※8]．この増幅をモニタリングすると，図7に示すような増幅曲線が得られる．そして，PCRに用いる鋳型DNA量が多ければ多いほど，この増幅曲線が早いPCRサイクルで立ち上がってくる．段階希

釈した鋳型DNAサンプルを用いてリアルタイムPCRを行った場合，DNA量が多い順に増幅曲線が立ち上がり，さらに**等間隔に並んだ曲線**が得られる（図7A上）．この等間隔に並んだ増幅曲線に対して，あるPCR増幅量を閾値（Threshold）として設定した場合，その閾値とそれぞれの増幅曲線が交わる点，Ct（Threshold Cycle）値が決定できる．段階希釈した鋳型DNA量と決定したCt値をグラフにプロットすると，両者は**直線で表される関係**にあることがわかる（図7A下）．そして，これを検量線として用いると，未知のサンプルに対してそのCt値を調べることによってPCRに用いた初期鋳型のDNA量を求めることができる（図7B）．つまり，リアルタイムPCR法によるDNA量の判定は，初期鋳型となるDNA量に依存したPCR増幅曲線[※9]の立ち上がりに基づいている．加えて，このDNA量の判定は，指数関数的なPCR増幅が起こっているサイクル数の範囲内で行われなければならない．

リアルタイムPCRを使った定量法には，いくつかの方法がある．詳しくは**基本編-2**で解説するが，それぞれ特徴があり，実際の解析ではそれらの特徴を理解して適したものを選ぶことが大切である．

※9　PCR増幅曲線
PCR産物が蛍光検出可能な範囲に達し，増幅している状態を示す．

◆ 参考文献

1） Nazarenko, I. et al.：Nucl. Acids Res., 30：2089-2195, 2002
2） 実験医学別冊「検出と定量のコツ」（森山達哉/編），羊土社，2005

基本編

2 リアルタイムPCRの定量方法

北條浩彦

協力／ロシュ・ダイアグノスティックス株式会社，
ライフテクノロジーズジャパン株式会社

リアルタイムPCRを使った定量方法は表（p.25）にあるように，大きく分けて絶対定量法と相対定量法の2種類の定量方法がある．さらに相対定量法には検量線を用いる方法と検量線を用いない方法がある．それぞれにメリットや注意点があるので，実際の目的に合わせて選択することが必要である．

■ リアルタイムPCRで定量できる原理

1．定量が行える条件

基本編-1の20ページ（「リアルタイムPCRによってなぜ元のDNA量が判定できるのか？」）で簡単に述べたが，ここではさらに詳しく解説する．

PCRは，理論的には，反応が1サイクル進むごとにPCRプライマーで増幅されるターゲット領域のDNAが2倍ずつ増えていく（2^n倍：n＝サイクル数）．このとき，横軸にPCRのサイクル数，縦軸に対数をとり，増幅するPCR産物（DNA）量をプロットすると，指数関数的なPCR増幅を直線で表すことができる（図1A）．しかし，実際のリアルタイムPCRでは，PCR産物（DNA）の増幅に伴う蛍光の増加を測定するので，縦軸には蛍光の検出量（蛍光強度）があてられる．そのためPCRの初期ではその蛍光強度が検出限界以下にあるため増幅曲線を得ることができない（図1B）．また，PCR後期でも，厳密な意味での定量性を確保することが難しくなる．それは，PCRサイクルの後半ではプラトー現象[※1]と呼ばれる増幅曲線が"寝てしまう"状態が起こり，初期DNA濃度に数倍の差があっても，数十回のPCRサイクル後には増幅産物の量に差が見られない状態となってしまうからである．したがって，

リアルタイムPCRで定量を行う場合，**指数関数的なPCR増幅が観察できる増幅曲線の範囲内で行うこと**が絶対条件となる．

2．PCR増幅曲線と初期DNA濃度の関係

リアルタイムPCRは，反応チューブ内で増幅するDNA（PCR産物）をサイクルごとに蛍光物質で標識し，その蛍光強度を測定することで増幅曲線を作成する．では，得られた増幅曲線を使ってどのようにして初期DNA濃度を知るのだろうか？　そのポイントは**ある一定の蛍光レベルに達するPCRサイクル数とそれらの間隔**にある．具体的には，PCR増幅曲線上のある一定の蛍光レベルに達するサイクル数を求めるために，1本の補助線を引いて考える．この補助線を閾値線（Threshold Line）と呼び，増幅曲線と交差する点（交点）をCt値という（図2A）．このThreshold Lineは，解析ソフトウェアで自動的に設定することや手動でも設定することができるので任意の位置にThreshold Lineを決めることができる．ここで大切なことは，そ

※1　プラトー現象

プラトー現象を引き起こす原因としては，PCR産物の基質（dNTPsやPCRプライマー）が枯渇することやPCR阻害物質の蓄積などが考えられている．

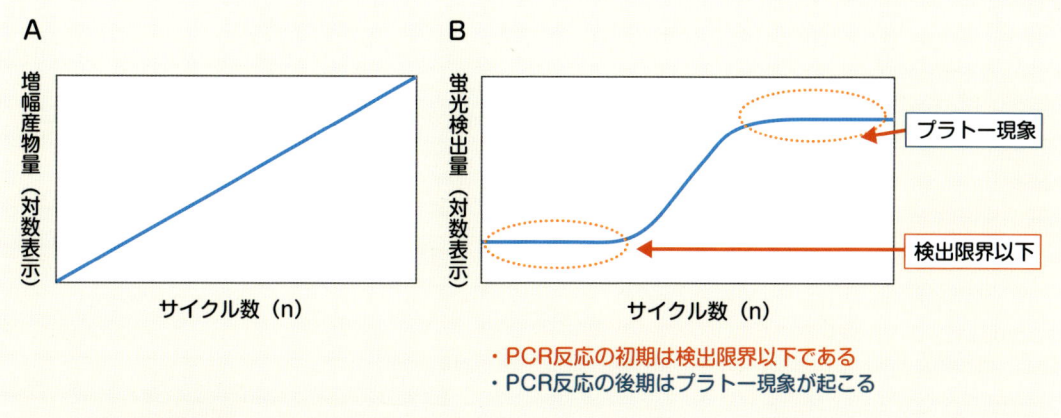

図1　PCR増幅曲線
A) PCRサイクル数（n）とPCR増幅産物量の関係．PCRは理論上，1回のサイクルでターゲット領域のDNAが2倍に増幅する．（n回PCR反応後の）PCR産物量濃度＝テンプレートの初期濃度×2^n．B) 実際のDNA蛍光標識によるリアルタイムPCRの増幅曲線．実際のリアルタイムPCRでは，理論的な増幅（1回のサイクルでターゲット領域のDNAが2倍に増幅）が観察される領域は限られている

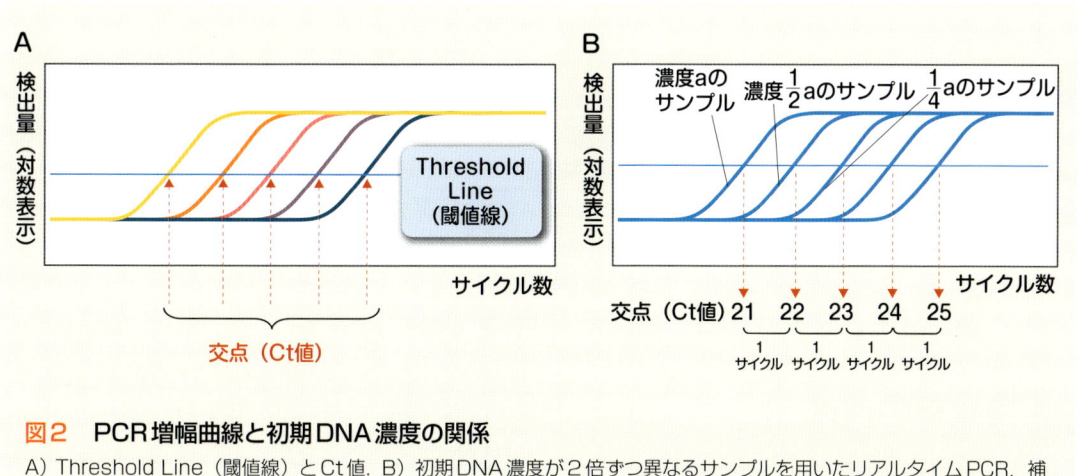

図2　PCR増幅曲線と初期DNA濃度の関係
A) Threshold Line（閾値線）とCt値．B) 初期DNA濃度が2倍ずつ異なるサンプルを用いたリアルタイムPCR．補助線（Threshold Line）と増幅曲線の交点（Ct値）をみると，2倍の初期濃度の差は，1サイクルの差になる

のThreshold Lineを設定する位置となるが，各サンプルの増幅曲線が指数関数的に増幅し，直線的にプロットされている領域であればどこに引いてもよい．

では，Threshold Lineを引いた図2Aを見ていただきたい．それぞれ濃度が異なる同一（同種）サンプルの増幅曲線は互いに平行になり，したがって，Threshold Lineを上下に平行移動させてもその**交点（Ct値）の間隔は一定に保たれる**．Ct値はThreshold Lineに依存して値が変化するが，その値自体には大きな意味がなく，Ct値とCt値の間隔（差分）に意味があるのである．例えば，初期DNA濃度が2倍異なるサンプル間の場合（図2B），初期濃度の高いサンプルが先にThreshold Lineにぶつかり，その半分の濃度のサンプルが1サイクル遅れてThreshold Lineにぶつかる[※2]．その結果，Ct値で1の差が生じる．2倍ずつ濃度が異なる希釈系列のスタンダードサンプルを用いて

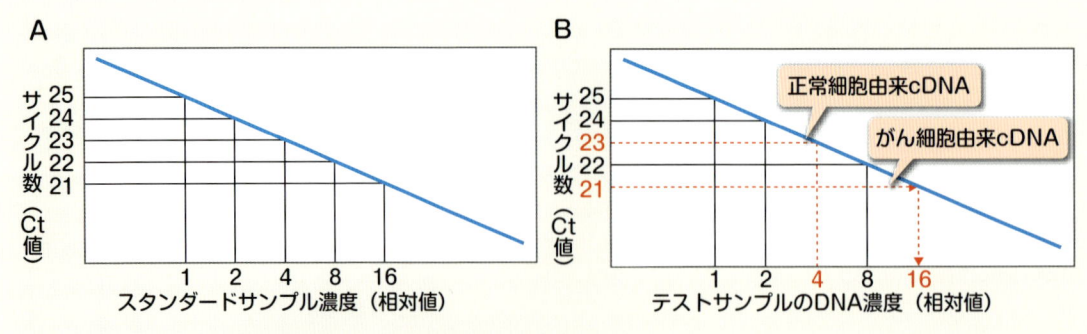

図3　検量線（A）と検量線に基づいたDNA濃度判定（B）
例えば，リアルタイムPCRの結果からターゲット遺伝子のCt値が正常細胞で23，がん細胞では21であった場合，検量線からターゲット遺伝子の発現量を表すと，がん細胞の値：16，正常細胞の値：4となる

リアルタイムPCRを行い，それぞれのCt値を求めてスタンダードサンプルの濃度（絶対値や相対値）とCt値の関係をプロットすると図3Aのような直線の関係で示される．これが濃度測定の「ものさし」となる検量線になる．したがって，未知DNA濃度のテストサンプル（測定するサンプル）と検量線作成のためのスタンダードサンプルを同じ条件下でリアルタイムPCR解析し，未知DNA濃度サンプルのCt値を算出して検量線に当てはめることで，そのDNA濃度を知ることができる（図3B）．

検量線の作成

検量線は，遺伝子量，遺伝子発現量の差異を測定する「ものさし」としての役割を果たす．そして，目的に合ったスケールの「ものさし」を選ぶ（検量線を作成する）ことが大切である．例えば，細胞内の微妙な発現変動を観察する場合にはスケールの細かい「ものさし」を使って測定する．また，刺激などを加えて何百倍も遺伝子発現が変動する場合には幅の広いスケールをもった「ものさし」を使う．「ものさし」となる検量線は濃度の異なる希釈系列のスタンダードサンプルを使って作成する．原理的には濃度の異なる溶液が2種類あれば直線を作成することができるが，定量性やその精度を確保するために，複数（〜5点）の希釈系列を用いて作成する．

検量線を使った絶対定量と相対定量

絶対定量と相対定量の大きな違いは，検量線を作成するためのスタンダードサンプルの違いにある．前者は，DNA濃度（または遺伝子のコピー数）があらかじめわかっているスタンダードサンプルを使って検量線を作成し未知濃度のサンプルの定量を行うもので，後者は，DNA濃度がわかっていなくても基準となるサンプルを決めて，そのサンプルの希釈系列から検量線を作成し，未知濃度サンプルの相対的濃度数値を求めて**比較定量**する方法である．比較定量とは，解析するターゲット遺伝子の量（相対的濃度数値）をリファレンス遺伝子[※3]の量で補正〔ターゲット遺伝子量/リファレンス遺伝子量〕し，その補正した値を用いてサンプル間で比較することである．次に，それぞれの定量方法について解説する．

※2　【注意】理想的なPCR増幅（2^n倍：n＝サイクル数）の場合であり，すべてのリアルタイムPCRがこのような増幅をしているとは限らない．

表　リアルタイムPCRによる定量方法の種類

分類	名称	検量線の必要性	特徴	多用されているアプリケーションや研究分野	長所	短所
絶対定量法		必要	絶対数（コピー数など）の判明しているサンプルから検量線を作成して定量する手法	細菌・ウイルスの定量，遺伝子組換え食物の定量，ノロウイルスの定量など	実際の反応におけるPCR増幅効率（※8解説参照）を反映した検量線を用いて定量するため，厳密な発現解析が必要なときや，発現量の差異が微量の場合でも高い精度の結果が得られる	正確な測定のために毎回検量線作成用サンプルを用意する必要があり，1回に解析できる検体数が限られる
相対定量法	PCR効率補正モデル	必要	cDNAサンプルの希釈率などの相対値で検量線を作成して，発現量を相対的な数字，もしくはそこから得られるPCR増幅効率を用いて比較定量する手法	正常細胞とがん細胞でのがん遺伝子の発現変動，薬剤処理濃度や時間経過による発現変動，RNAiの効果測定など		
	ΔΔCt法	必要なし	1サイクルで2倍に増幅するPCRの基礎原理を利用した解析方法で，基準とするサンプルとのサイクル数の比較で相対的な濃度差を算出する手法	複数のターゲット遺伝子における多検体での発現解析，RNAiの効果測定など	検量線作成のためのサンプルが必要ないので，多検体処理が可能でコストも安くなる．複数遺伝子の発現量の比較が可能である	PCR増幅効率が一定である前提での計算式なので，実際の増幅効率とずれる可能性がある．基準となるサンプルとの濃度差が大きくなるにつれて誤差が大きくなる傾向がある

1．絶対定量法

　絶対定量は，表に示すように細菌・ウイルス量の定量に代表されるような微生物ゲノムの量（コピー数[※4]）を求めたい場合に適した方法と言える．例えば，ある種の細菌・ウイルス量の経時的変化を追う場合や，細菌・ウイルスへの薬物効果の判定，そしてそれらの存在有無を判定する場合などに用いられる．細菌またはウイルスのコピー数（またはゲノム量）があらかじめわかっている希釈系列のスタンダードサンプルを用いて絶対定量のための検量線を作成する．測定した未知サンプルのCt値から，検量線に基づき，そのサンプル内の細菌やウイルスのコピー数を知ることができる．

　重要な点だが，絶対定量では，測定するサンプルとスタンダードサンプルのPCR増幅効率が一致していることが大前提となる．また，あるターゲット遺伝子に対して作成した検量線は，別の異なる遺伝子の定量に（原則的に）用いることができない．そして，注意する点であるが，絶対定量では特に**偽陰性**に注意しなければならない．偽陰性とは，核酸抽出やPCR（もしくはRT-PCR）がうまくいかなくて陰性と判定されてしまうことである．細菌やウイルスが本当に存在していないのか，もしくは検出限界以下であるために陰性となっ

※3　リファレンス（内在性コントロール）遺伝子

遺伝子発現解析の場合，ターゲット遺伝子の発現量をサンプル間で比較する際，直接得られたターゲット遺伝子の発現データをサンプル（細胞）間で発現が安定している遺伝子（例えば，ハウスキーピング遺伝子）の発現量を用いて補正する．この補正の基準となる遺伝子をリファレンス（内在性コントロール）遺伝子と呼ぶ．また，細胞数単位当たりで比較解析を行うような場合（ウイルスのコピー数解析など），細胞数を反映させる細胞ゲノム上に存在する単一遺伝子が内在性コントロール遺伝子となる．

※4　コピー数とは？

遺伝子発現解析で絶対定量の際に出てくるコピー数とはいったいどのような意味をもつのだろうか？　PCRでは特定の遺伝子配列が一定の長さ（通常は150 bp以下）で増幅されている．この増幅されるPCR産物1本分の分子1単位をコピー数として表現している．真核生物，とりわけヒト細胞の場合では，細胞1つ当たりに染色体は2セットで存在しているので，通常の遺伝子であれば，1細胞当たりに2コピーの遺伝子単位がゲノムDNAにコードされていることになる．しかしながら，遺伝子発現解析の場合はゲノムDNAではなくて，mRNAの発現レベルを知りたいので，転写されたmRNA分子がどれだけあったのか，逆転写されたcDNAの値を介して便宜的にオリジナルのコピー数として表している．

てしまったのかを判断しなければならない．そのために，絶対定量法ではしばしばインターナルコントロールと呼ばれる，必ずPCR増幅が観察される核酸断片をあらかじめ（多くの場合抽出段階から）加えて，ターゲット遺伝子とともに解析することがある．このインターナルコントロールは，ターゲット遺伝子を増幅するのと同じPCRプライマーで増幅され，ターゲット遺伝子とは異なる蛍光プローブ（つまり，内部の配列がターゲット遺伝子と異なる配列）で検出される核酸断片で，ターゲット遺伝子のPCRとできるだけ競合しないように設計されている．もし，目的の細菌・ウイルス（ターゲット遺伝子）が存在しない場合には，このインターナルコントロールだけが増幅され検出されるので，偽陰性という判定を防ぐことができる．

2. 相対定量法

相対定量が最もよく使われるのは，遺伝子発現の定量を行う場合である．いわゆるmRNAの発現量の変化を追う場合にこの方法が用いられる．相対定量の場合，「ものさし」となる検量線はターゲット遺伝子の絶対量がわかっていないサンプルで作成する．以下，遺伝子発現解析を例にとって解説する．

遺伝子発現解析の場合，調べようとする細胞・組織から抽出したトータルRNAをもとに逆転写酵素で合成したcDNAがそのスタンダードサンプルになる．そしてターゲット遺伝子の検量線作成のために，そのスタンダードサンプルの希釈系列※5，例えば1，1/2，1/4，1/8，1/16希釈をつくり，ターゲット遺伝子のリアルタイムPCRからそれぞれのCt値を求め，ターゲット遺伝子の1〜16倍までの変動を観察できる「ものさし＝検量線」を作成することができる（図4A）．未知サンプルをスタンダードサンプル（希釈系列）と一緒にリアルタイムPCR解析を行い，得られたCt値が検量線上にのっていればそこから相対的濃度値を求めることができる（図3B）．しかし，この値（相対的濃度数値）はあくまでも任意の「ものさし」で測った相対的な値であるため，これだけでは未知のサンプル間で濃度比較をすることができない．そこで，基準となるリファレンス遺伝子の発現量を同様に解析して※6，その相対的濃度値をもとにターゲット遺伝子の発現量を補正（ターゲット遺伝子発現量／リファレンス遺伝子発現量）し，未知サンプル間でのターゲット遺伝子の発現量の変化を解析する（図4B）．ここで重要なポイントは，リファレンスとなる遺伝子の選択である．通常，遺伝子発現解析の場合，どの組織・細胞でもほぼ一定の（安定した）発現が観察されるハウスキーピング遺伝子※7をリファレンス遺伝子として解析する．

リアルタイムPCRではPCR増幅効率が重要なファクターとなるが（詳細は※8を参照），検量線を用いた相対定量の場合，ターゲット遺伝子とリファレンス遺伝子のそれぞれのPCR増幅効率が異なっていてもターゲット遺伝子の発現量を比較定量することができる．さらに，実際のPCR反応におけるそれぞれのPCR増幅効率を反映した検量線を用いて定量するため精度の高い解析ができる（表）．

※5　検量線作成の希釈溶液

検量線作成のためのサンプル希釈を行う際に滅菌蒸留水やTEなどを用いて希釈するケースがほとんどであるが，希釈倍率が大きい場合に，低濃度側の濃度が極端に薄くなり安定したPCRを行うことができないことがある．その場合には，Yeast tRNAなどのキャリア（担体）を用いて希釈を行うことで安定したPCRを行うことができる．希釈系列溶液の低濃度側の増幅曲線が想定されるサイクルからずれる場合や，低濃度サンプルの複製を作製し，そのメイト（同一濃度サンプル）が一致しない場合などに効果がある．

※6【注意】 ターゲット遺伝子と同様にリファレンス遺伝子に対する検量線を作成し，それに基づいて未知サンプル内のリファレンス遺伝子の相対的濃度値を求める．

※7　ハウスキーピング遺伝子（housekeeping gene）

ほとんどすべての細胞で発現している遺伝子で，細胞が生きていくために必要な基本的機能を担っている遺伝子群を指す．例えば，構造タンパク質（β-アクチン，α-チューブリン），エネルギー代謝系の酵素（GAPDH），その他の代謝系の酵素（HPRT），タンパク質合成にかかわる遺伝子（L19），免疫系で働くもの（β2-マイクログロブリン，Cyclophilin A），膜タンパク質（Transferrin R）などである．ハウスキーピング遺伝子〔その遺伝子産物（RNAやタンパク質）〕は，主にポジティブコントロールとして用いられ，ターゲット遺伝子の発現量の比較や定量化のためのリファレンス遺伝子として利用される．

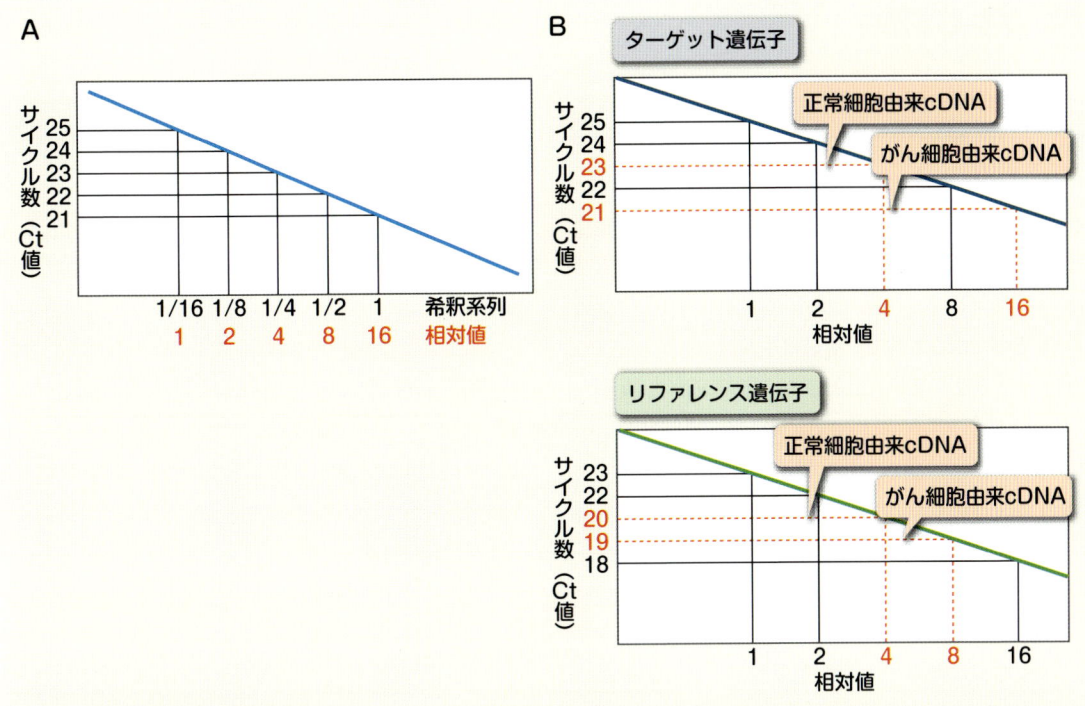

図4 検量線と相対定量の例

A) 相対定量法の場合．B) スタンダードサンプルの希釈系列を用いてターゲット遺伝子とリファレンス遺伝子（内在性コントロール遺伝子）のそれぞれの検量線を作成し，それらに基づいて正常細胞とがん細胞で発現するターゲット遺伝子とリファレンス遺伝子の相対発現量を算出する．リアルタイムPCRの結果，ターゲット遺伝子のCt値は，正常細胞で23，がん細胞では21となり，ターゲット遺伝子の検量線からそれぞれの相対発現量は4と16となる．しかし，これらの値は補正していないので直接比較することができない．次に，どの細胞・組織でもほぼ一定の（安定した）発現を示すリファレンス遺伝子の発現量を調べる．その結果，リファレンス遺伝子のCt値は，正常細胞で20，がん細胞で19となり，検量線からそれぞれの相対発現量は4と8になる．このリファレンス遺伝子の値を用いてターゲット遺伝子の発現量を補正する（ターゲット遺伝子発現量/リファレンス遺伝子発現量）．その結果，正常細胞のターゲット遺伝子の発現量は1（4/4），がん細胞では2（16/8）となり，がん細胞でターゲット遺伝子が2倍多く発現していることが示唆される

※8 PCR増幅効率の検証方法

PCR産物の増幅効率は以下の式で算出できる．
希釈系列を用いて検量線を作成するとマイナスの傾き（Slope）をもった関数を得ることができる．この関数の傾きを以下の数式に代入すると，設定した希釈系列においてのおおよその増幅効率を算出することができる．

増幅効率：$E = 10^{(-1/\text{Slope})} - 1$

例えば，検量線の傾きの値が－3.323の場合（下図），
$$E = 10^{(-1/-3.323)} - 1$$
$$= 10^{0.301} - 1$$
$$= 1.999 - 1$$
$$= 0.999$$

この場合，1サイクルで100％近い効率でターゲット遺伝子領域が良好に増幅していることがわかる．

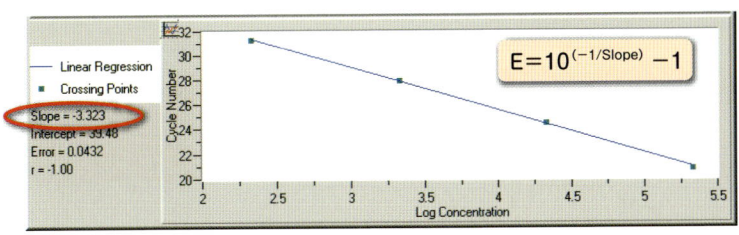

ΔΔCt法

検量線を使った遺伝子発現の相対定量について先に解説したが，相対定量の中には検量線を引かなくてもターゲット遺伝子とリファレンス遺伝子のCt値を求めるだけで未知サンプル間のターゲット遺伝子の発現量を比較定量できる方法がある．それは，ΔΔCt法（デルタ・デルタCt法）またはComparative Ct法（比較Ct法）と呼ばれる方法で，検量線を作成せず，ターゲット遺伝子とリファレンス遺伝子のCt値の差（ΔCt値：デルタCt値）をもとに，さらに未知サンプル間のΔCt値の差（ΔΔCt）から比較定量する方法である．検量線を作成する必要がないのでサンプル数や遺伝子数が多い場合でも簡便に遺伝子発現解析することができる．また，同じ細胞・組織内の複数の異なる遺伝子について，それぞれの発現量の違いを比較解析することもできる．しかしながら，この便利な方法を実行するためには下記に示す条件を満たさなければならない[※9]．

条件1：ターゲット遺伝子とリファレンス遺伝子の増幅効率が等しい

条件2：それぞれの増幅効率（E）は，限りなく1と等しくなる

ΔΔCt法では，ターゲット遺伝子であってもリファレンス遺伝子であっても解析するすべての遺伝子の増幅効率はほとんど1であり，2つのサンプル間で1サイクルのPCR増幅（Ct値）の違いがあった場合，それは2倍の濃度差があることを示す．実際の解析では，計算式（$2^{-\Delta\Delta Ct}$）に値を代入することで，ターゲット遺伝子の発現量を比較することができる（詳細は[※10]を参照）．

簡単な例として，図5Aを見ていただきたい．未知サンプルAとBの間でターゲット遺伝子Xの発現量を

[※9]【注意】設計したPCRプライマーセットが上記の条件を満たすかどうかは，検量線を作成し，そのSlopeの値から増幅効率を算出して確かめることができる（[※8]を参照）．

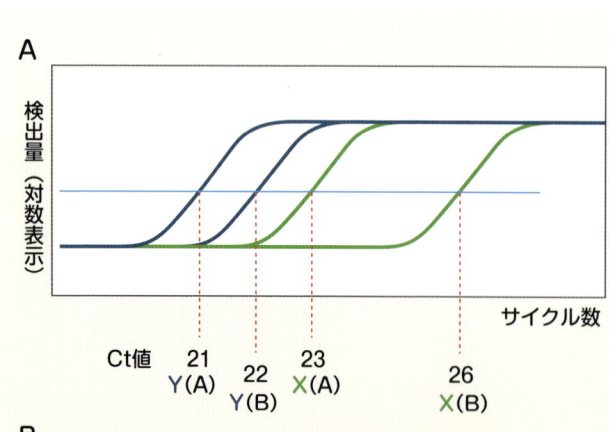

	X遺伝子のCt値 （ターゲット遺伝子）	Y遺伝子のCt値 （リファレンス遺伝子）	ΔCt（x−y）	ΔΔCt（a−b）
サンプルA	23	21	2	−2
サンプルB	26	22	4	

図5　ΔΔCt法
A）ΔΔCt法の例．B）X，Y遺伝子のCt値に基づくΔCt値とΔΔCt値

比較する．リファレンス遺伝子Yも同時に解析する．リアルタイムPCRで得られたそれぞれの増幅曲線からCt値を求める．結果は，サンプルAのターゲット遺伝子XのCt値〔X（A）〕は23，そしてリファレンス遺伝子Y〔Y（A）〕は21となる．同様にサンプルBについてもターゲット遺伝子X〔X（B）〕とリファレンス遺伝子Y〔Y（B）〕のそれぞれのCt値を求める（図5B）．

次に，それぞれのサンプル内でX遺伝子のCt値とY遺伝子のCt値の差〔ΔCt（x−y）〕を求める．そして得られたサンプルAとBのΔCt（x−y）値からさらにそのΔCt（x−y）の差，すなわちΔΔCt（a−b）値を求める．それぞれの値の意味は以下の通りである．

1. ΔCt（x−y）値

ターゲット遺伝子の発現量をリファレンス遺伝子で補正した値である．さらに言えば，ターゲット遺伝子がリファレンス遺伝子と同じPCR増幅量（同じThreshold Line）に達するまでにあとどれだけPCRサイクルが必要かを示している．先に述べた「1サイクルにつき2倍の濃度差」に基づくと，リファレンス遺伝子の発現量を基準にして何倍ターゲット遺伝子の発現量が低いかを示すこともできる．

2. ΔΔCt（a−b）値

補正したターゲット遺伝子の発現量〔ΔCt（x−y）〕

※10 相対計算を行うにあたっての数式「$2^{-\Delta\Delta Ct}$」の算出方法

① PCRの増幅に関しては図1キャプションでも述べたが厳密には以下の式で表すことができる．

$$X_n = X_0 \times (1 + E_x)^n$$

X_n ＝特定のサイクル数（n）におけるターゲット遺伝子コピー数（PCR産物量濃度）
X_0 ＝初期サイクルにおけるターゲット遺伝子コピー数（テンプレートの初期濃度）
E_x ＝ターゲット遺伝子のPCR増幅効率（※8参照）
n ＝PCRにおけるサイクル数

② 特定のThreshold Lineを設定して蛍光の値が一定の値に達するサイクルを算出し，上記の数式にあてると以下のように表すことができる．

$$X_T = X_0 \times (1 + E_x)^{Ct,x} = K_X$$

X_T ＝ターゲット遺伝子コピーのThresholdでのコピー数
Ct,x ＝増幅ターゲット遺伝子のThresholdでのサイクル数
K_X ＝ターゲット遺伝子増幅に関しての定数K

③ リファレンス遺伝子に関しても同様の等式を作成すると以下のようになる．

$$R_T = R_0 \times (1 + E_R)^{Ct,R} = K_R$$

R_T ＝リファレンス遺伝子のThresholdでのコピー数
R_0 ＝初期サイクルにおけるリファレンス遺伝子のコピー数
E_R ＝リファレンス遺伝子のPCR増幅効率
Ct,R ＝リファレンス遺伝子のThresholdでのサイクル数
K_R ＝リファレンス遺伝子増幅に関しての定数K

④ ここでX_TをR_Tで除算すると以下のような数式となる．

$$\frac{X_T}{R_T} = \frac{X_0 \times (1 + E_x)^{Ct,x}}{R_0 \times (1 + E_R)^{Ct,R}} = \frac{K_X}{K_R} = K$$

Kを定数として，増幅効率がターゲット遺伝子とリファレンス遺伝子がそれぞれ等しい場合（p28条件1）には，

$$E_X = E_R = E$$

となる．そのため，上記式は以下のように変換することができる．

$$\frac{X_0}{R_0} = (1 + E_x)^{Ct,x - Ct,R} = K$$

そして，

$$X_N \times (1 + E)^{\Delta Ct} = K$$

ここで，
$X_N = (X_0 / R_0)$
　ターゲット遺伝子の発現量をリファレンス遺伝子の値で除算した値
$\Delta Ct = (Ct,x - Ct,R)$
　ターゲット遺伝子とリファレンス遺伝子のThreshold Lineにおけるサイクル数の値の差
となる．
そして，上記式の形式を変化させると，

$$X_N = K \times (1 + E)^{-\Delta Ct}$$

と式を変形させることができる．

⑤ 最終段階として，発現解析の対象となるサンプルの値を基準となるキャリブレーター※11の値で除算を行うので，上記式から，

$$\frac{X_{N,q}}{X_{N,cb}} = \frac{K \times (1 + E)^{-\Delta Ct,q}}{K \times (1 + E)^{-\Delta Ct,cb}} = (1 + E)^{-\Delta\Delta Ct}$$

ここでは，
q ＝発現解析の対象となるテストサンプル
cb ＝発現解析の基準となるスタンダードサンプル（キャリブレーター）
$\Delta\Delta Ct = (\Delta Ct,q - \Delta Ct,cb)$
　対象サンプルのサイクル数の差分からキャリブレーターサンプルのサイクル数の差分を差し引く
となる．
ターゲット遺伝子とリファレンス遺伝子のPCRプライマーが適切に設計され，それぞれのPCR増幅効率が限りなく1に近接している場合（p28条件2），それぞれの増幅効率（E）の値に1を代入すると，上記式は以下のような数式に集約することができる．

$$2^{-\Delta\Delta Ct}$$

※11 キャリブレーターサンプル

例えば，190個のサンプルを96ウェルPCRプレート2枚で解析する場合，プレート間のバラツキ（1枚目プレートのPCRと2枚目プレートのPCRの誤差）を補正する目的で1枚目と2枚目のプレートに全く同じサンプルを1つ載せて解析する．このサンプルをキャリブレーターサンプルと呼び，そのデータをもとにプレート内の他のサンプルを補正し，異なる2つのプレートにまたがる190個すべてのサンプルを同じ条件下で解析できるようにする．つまり，キャリブレーターサンプルは，独立した複数の解析セットを同じ条件下で解析できるようにするために各セットに加えられる同一のコントロールサンプルである．

組織	ターゲット遺伝子 $c-myc$の平均Ct値	リファレンス遺伝子（内在性コントロール遺伝子） GAPDHの平均Ct値	ΔCt値 Ct値(c-myc) − Ct値(GAPDH)	ΔΔCt (各臓器のΔCt値) − (脳のΔCt値)	$2^{-\Delta\Delta Ct}$ 乗数項に代入	相対発現量 $c-myc$の発現比較（GAPDHで補正）	相対比
脳	30.49	23.63	30.49 − 23.63 = 6.86	6.86 − 6.86 = 0	$2^0 = 1$	1	1
腎臓	27.03	22.66	27.03 − 22.66 = 4.37	4.37 − 6.86 = −2.5	$2^{2.5} = 5.6$	5.6	5.6
肝臓	26.25	24.60	26.25 − 24.60 = 1.60	1.60 − 6.86 = −5.21	$2^{5.21} = 37$	37	37
肺	25.83	23.01	25.83 − 23.01 = 2.81	2.81 − 6.86 = −4.05	$2^{4.05} = 16.5$	16.5	16.5

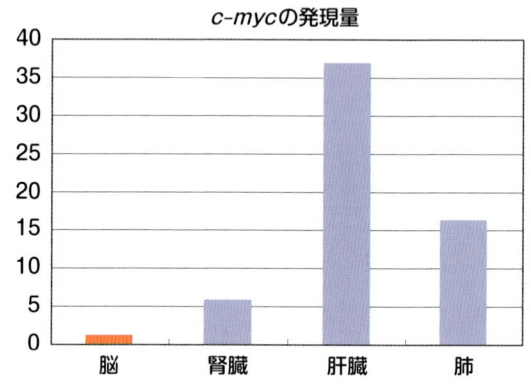

図6　$c-myc$遺伝子の各組織の発現量のΔΔCt法による比較

GAPDH遺伝子（ハウスキーピング遺伝子）をリファレンス遺伝子として解析し，そして脳で発現する$c-myc$遺伝子（ターゲット遺伝子）の発現量を1とした場合の各臓器における$c-myc$遺伝子の相対的発現量を調べた．脳で発現する$c-myc$遺伝子の発現量を1とした場合，腎臓ではその5.6倍，肝臓では37倍，肺では16.5倍の発現量がある

をサンプルAとサンプルBで比較し，その差を示した値である．前述のように，ΔCt（x − y）値からリファレンス遺伝子の発現量を基準にしてターゲット遺伝子の発現量が何倍低いかを示すことができる．そして，リファレンス遺伝子にはたいていどの細胞でも（サンプルA，Bでも）発現の安定したハウスキーピング遺伝子を用いているので，このΔCt（x − y）値の差，つまりΔΔCt（a − b）値は，2つのサンプル間で発現するターゲット遺伝子の発現量の差を反映することになる．

さて，図5の例で得られたΔΔCt（a − b）値，'−2'を計算式（$2^{-\Delta\Delta Ct}$）に代入する．

Answer：$2^{-(-2)} = 4$

答えは4となり，この意味は，「サンプルAで発現するターゲット遺伝子Xの発現量は，サンプルBで発現するターゲット遺伝子Xの発現量よりも4倍発現が高い」ことを示している．

図6は，さらに具体的に各組織で発現する$c-myc$遺伝子の発現量をΔΔCt法を用いて比較解析した例を示す．

ΔΔCt法は，前述してきたように簡単で便利な方法であるが，一方で充分注意しなければいけない点もある（表）．これらの定量法の長所・短所をよく理解し，そしてその精度を理解して研究目的に合った定量方法を選択することが大切である．

◆ 参考文献

1) "Real-time PCR"（Dorak, M. T. ed.），Taylor & Francis, 2006
2) 「バイオ実験で失敗しない！ 検出と定量のコツ」（森山達哉/編），羊土社，2005

基本編　リアルタイムPCRを使った解析の基本

3 転写産物からの遺伝子発現解析の流れ

吉崎美和

　遺伝子発現解析においてリアルタイムRT-PCRは簡便かつ正確性の高い手法として広く用いられている．実験方法は比較的簡単で，リアルタイムPCR装置以外には特別な機材なども必要ない．初心者でも取り組みやすい実験だが，実験方法や解析手順につき，いくつか注意すべきポイントがあるので，本項ではそれらを中心に解説する．すでにリアルタイムRT-PCRによる遺伝子発現解析を行っている研究者にとっても，ふだん感じていたちょっとした疑問を解決するための一助となれば幸いである．

■ リアルタイムRT-PCRによる遺伝子発現解析の流れ

　リアルタイムRT-PCRによる遺伝子発現解析では，組織や培養細胞から抽出したRNAを鋳型として逆転写反応によりcDNAを合成し，このcDNAを鋳型としてリアルタイムPCRを行う（図1）．RNAの抽出には市販のキットを用いることが多い．またcDNA合成のステップはリアルタイムPCRのステップと別々に行うツーステップRT-PCRというやり方と同時に行うワンステップRT-PCRというやり方の2通りがある．

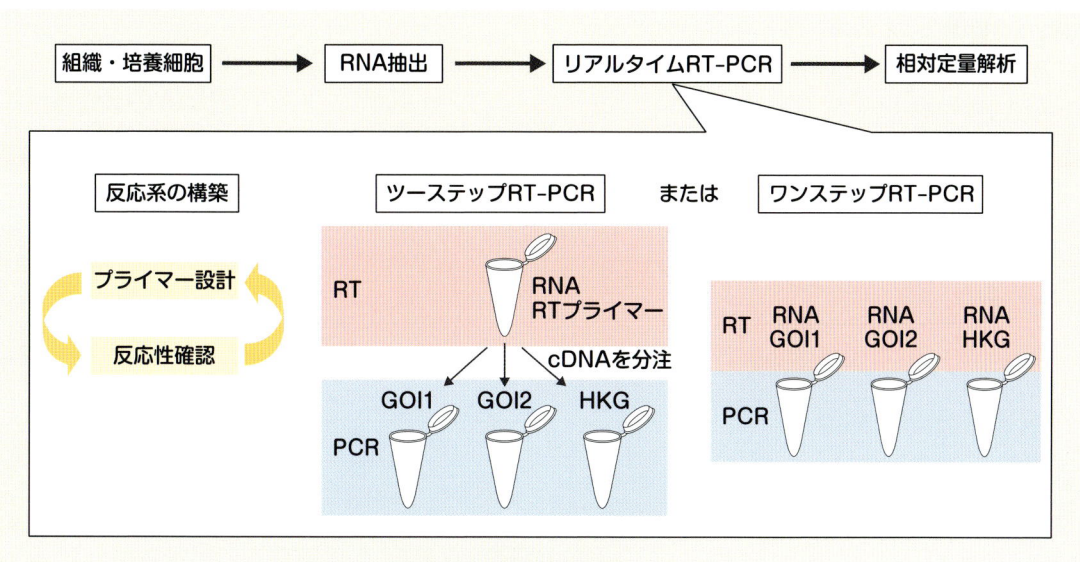

図1　リアルタイムRT-PCRによる遺伝子発現解析の流れ
GOI：Gene of Interest（定量ターゲット遺伝子），HKG（ハウスキーピング遺伝子）

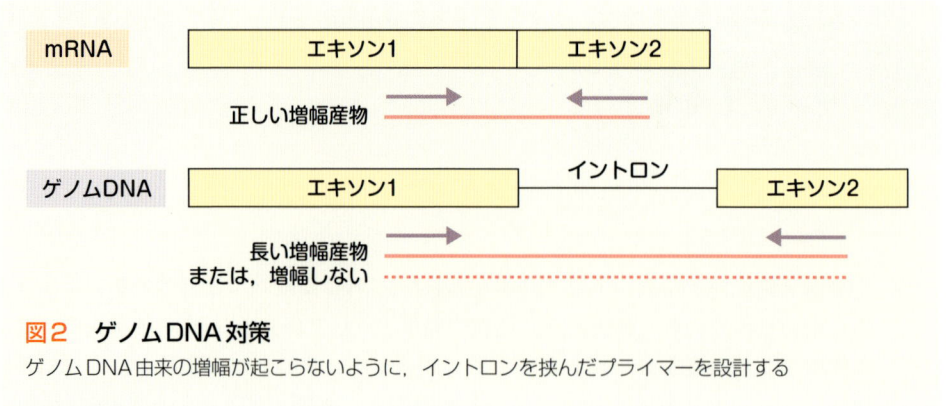

図2　ゲノムDNA対策
ゲノムDNA由来の増幅が起こらないように，イントロンを挟んだプライマーを設計する

■ リアルタイムRT-PCR実験のポイント

1. ゲノムDNA対策と確認方法

　トータルRNAサンプルにはゲノムDNAが混入していることがあり，ゲノムDNAもPCRの鋳型となりうるため，そのような試料を用いると解析結果が不正確になる．それを避けるために，①ゲノムDNA由来の増幅が起こらないようなプライマーを設計する，あるいは，②DNase I 処理によりゲノムDNAを除去する，といった対策をとる．なお，ゲノムDNA由来の増幅の有無は，逆転写酵素を加えないコントロール実験により確認することができる．

1) ゲノムDNA由来の増幅が起こらないプライマー設計

　ゲノムDNAのエキソン-イントロン構造を利用して，ゲノム由来の増幅が起こらないプライマーを設計する．まず，ターゲット遺伝子のゲノム構造を確認し，サイズの大きなイントロンを選定する．そして，このイントロンを挟む2つのエキソン上に上流プライマー，下流プライマーをそれぞれ設計する（図2）．

2) DNase I 処理によるゲノムDNAの除去

　トータルRNAを抽出した後，DNase I により混入したゲノムDNAを分解する．DNase I 処理後，フェノール／クロロホルム抽出およびエタノール沈殿によりDNase I を除去する．なお，市販のリアルタイムRT-PCR用の逆転写キットの中には，ゲノムDNAを簡単に除去できる試薬が添付されているものがあり，これらを利用すると便利である．

2. ワンステップRT-PCRとツーステップRT-PCRの使い分け

　リアルタイムRT-PCRの反応は，ワンステップまたはツーステップで行う．
　ワンステップRT-PCRの逆転写反応には遺伝子特異的なプライマー[※1]（PCRの下流プライマー）を用いるのに対し，ツーステップRT-PCRではオリゴdTプライマー[※2]やランダムプライマー[※3]も使用できる．後者

[※1]　**遺伝子特異的プライマー**
特定の遺伝子のみを検出する場合には，遺伝子特異的プライマーを逆転写反応に使用できる．この場合，PCR用のReverse Primerを逆転写用プライマーとして使用する．通常，遺伝子発現解析では複数の遺伝子を検出するので，遺伝子特異的プライマーの使用は適さない．

[※2]　**オリゴdTプライマー**
poly（A）tailからの逆転写反応を行いたい場合には，オリゴdTプラ

イマーを使用する．その際，PCR増幅位置がpoly（A）tailから離れすぎていると，その部分まで効率よく逆転写することができない場合がある．できるだけ，poly（A）tailから1.5kb以内に設計されたPCR用プライマーと組み合わせて使用すると良い．また，poly（A）tailからPCR増幅位置までの間に強固な二次構造がある場合や，mRNAが分解を受けている可能性がある場合にも注意を要する．

の方法で合成したcDNAは，さまざまな遺伝子の検出に利用することができ，必要に応じて凍結保存も可能なので，通常，遺伝子発現解析はツーステップRT-PCRで行うことが多い．ただし，サンプル数が多い場合には，ツーステップRT-PCRで行うと，多数の逆転写反応を行った後でそれぞれをPCR反応チューブに移す作業が煩雑になるので，ワンステップRT-PCRを用いた方が便利である．

3. 検量線の作成と反応性の確認

リアルタイムPCRにおける相対定量法としては，検量線を用いる方法と検量線を用いない$\Delta\Delta Ct$法の2通りの方法がある（基本編-2参照）が，$\Delta\Delta Ct$法で解析する場合にも，初めて使用するプライマーについてはあらかじめ検量線を作成して反応性を確認しておくとよい．検量線の作成により，PCR増幅効率や定量可能範囲など，重要な情報を得ることができる．

1）スタンダードサンプル

検量線用のスタンダードサンプルにはできるだけ実サンプルに近い形状のもの〔すなわち，cDNA（一本鎖で線状）ならばcDNA，ゲノムDNA（二本鎖，長鎖長）ならばゲノムDNA〕が適している．遺伝子発現解析では，ターゲット遺伝子が発現している検体のトータルRNAを鋳型として逆転写反応を行い，そのcDNAを段階希釈してスタンダードサンプルとするのがよい．たとえ増幅領域の配列が同じでも鋳型全体の形状が大きく異なるとPCR効率にも違いが生じる場合があるので注意する．

なお，複数遺伝子の解析を行う場合には，それらがすべて発現しているトータルRNAを使用するのが便利だが，それに適したトータルRNAがない場合には，複数のトータルRNAを混合して用いるという手もある．

2）検量線作成のためのスタンダードサンプルの段階希釈

スタンダードサンプルを適当な希釈率で5～7段階に希釈する．検量線はできるだけ広い濃度範囲で作成するのがよいが，発現量が低い遺伝子のcDNAを使用する場合はそれが困難なので，希釈率を小さくする．信頼性の高い検量線作成のためには，少なくとも5段階の濃度でターゲット遺伝子を検出できることが望ましい．

なお，核酸は低濃度の状態では不安定になることがあるので，希釈にはtRNAやrRNAなどのキャリアが添加されたバッファーを用いるとよい．その他に，核酸を希釈するための専用のバッファーも市販されている．

3）反応性の確認（PCR効率と定量可能範囲）

PCR効率は検量線の傾きから算出することができ，一般的に80～120％が適正範囲とされている．しかし，この値は絶対的なものではなく，PCR効率が低くてもその値が安定していれば正確な定量は可能である．逆にPCR効率が理論値を大きく超える場合には，非特異的増幅やPCR阻害物質の混入が疑われるので反応系を見直した方がよい．

定量可能範囲は検量線の直線性と非特異的増幅の有無に基づいて判断する（図3）．検量線の直線性は決定係数（相関係数を二乗した値：R^2）で評価し，その値が0.98以上であることが望ましい．低濃度あるいは高濃度のポイントが直線から外れる場合には，それらのポイントを除いて決定係数が0.98以上になるようにする．濃度に関係なくバラつきがあり決定係数が0.98に満たない場合は，反応系を見直したほうがよい．なお，インターカレーション法では非特異的増幅も検出されるので，融解曲線分析の結果から非特異的増幅の有無を併せて確認する．検量線の直線性が保たれている範囲内でも，非特異的増幅が生じた場合には，定量可能範囲から除外する．

4. リファレンス遺伝子の選択

理想的には細胞数またはmRNA量あたりの発現量を比較したいところだが，それは現実的には困難である．

※3　ランダムプライマー

ランダムプライマーを使用すると，mRNA全長にわたって効率よく逆転写することができ，PCR増幅位置によらずターゲット遺伝子を効率良く検出できる．

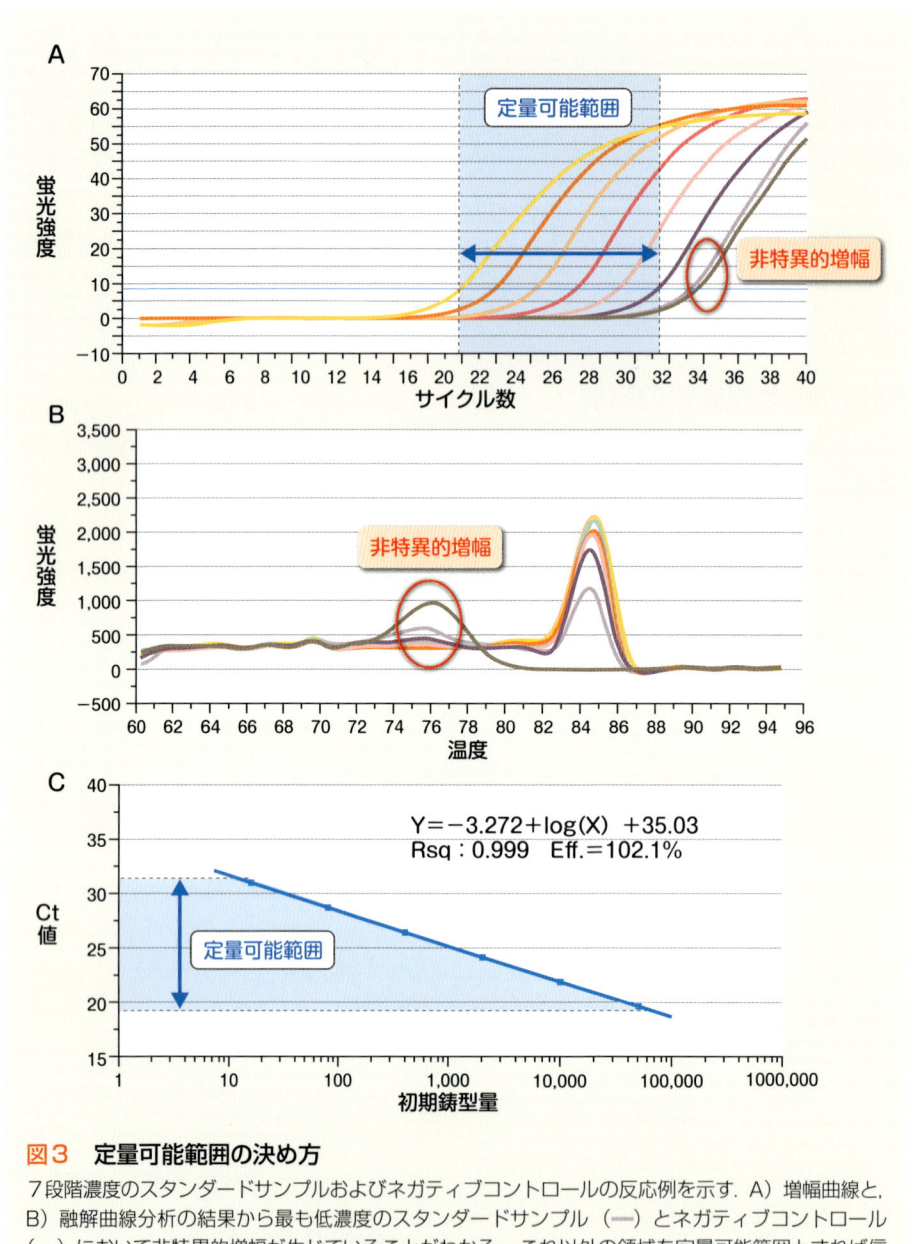

図3　定量可能範囲の決め方
7段階濃度のスタンダードサンプルおよびネガティブコントロールの反応例を示す．A) 増幅曲線と，B) 融解曲線分析の結果から最も低濃度のスタンダードサンプル（━）とネガティブコントロール（━）において非特異的増幅が生じていることがわかる．これ以外の領域を定量可能範囲とすれば信頼性の高い検量線を作成し正確な定量を行うことができる（C）

そこで，リアルタイムRT-PCRによる発現解析では，ハウスキーピング遺伝子の発現量で補正を行うことが多い．これは「mRNA量をハウスキーピング遺伝子の発現量で見積もる」という考え方だが，例えば，アポトーシスなどの実験系ではmRNA量自体が減少するため，リファレンスとしては不適切な場合がある．ハウスキーピング遺伝子の他にも，リボソームRNA（rRNA）の発現量やトータルRNA量で補正する考え

方もあり，実験系や解析目的に応じて選択するとよい．

1）ハウスキーピング遺伝子

正確な解析結果を得るには，その実験系で発現量が変動しないハウスキーピング遺伝子を選んで用いることが重要であり，そのようなハウスキーピング遺伝子は，実験系ごとに異なるので，その都度，選びなおさなくてはならない．なお，1種類のハウスキーピング遺伝子では正確な補正を行うには不充分であり，現在，もっとも信頼性が高いとされている補正方法は，複数のハウスキーピング遺伝子を用いる方法である．この方法では，いくつかのハウスキーピング遺伝子の発現量を測定し，その中で変動が小さいと思われるものを選択して使用する．最適な補正用遺伝子を選択するソフトウェアも開発されているので，利用するとよい．

2）リボソーマル RNA

リボソーマル RNA がリファレンスとして用いられることもあるが，その場合にはいくつか注意すべき点がある．まず，rRNA を転写する RNA ポリメラーゼは mRNA のそれとは異なるため，両者で発現の状態が異なる可能性がある．そして，rRNA の存在量は，mRNA に比べて圧倒的に多いため，正確な補正が難しいことがある．また，rRNA には poly（A）tail がないので，オリゴ dT プライマーを用いる場合には，rRNA による補正はできない．

rRNA による補正は，ハウスキーピング遺伝子のように実験系ごとに選定する必要がないので便利なのだが，上述のような制約事項があることを踏まえて結果を解釈する必要がある．

3）トータル RNA

トータル RNA の量により補正する方法もあるが，濃度測定が正確に行われていることが前提である．また，トータル RNA に含まれる mRNA の量が一定とは限らず，そのようなことが保証できない実験系では適用できない．

おわりに

首尾よく実験が完了したら，最後の関門は解析である．手作業で相対定量解析を行うと，誤差範囲の算出などに意外と手こずることがあるが，リアルタイム PCR 装置付属のソフトウェアなどを用いれば解析は自動的に行われる．リファレンス遺伝子の設定などを変更した場合にも，ボタン1つで再解析できるので，非常に便利である．ただし，その際にどのような手順で計算が行われているかを把握しておくことは，結果を正しく解釈するために必要である．実験や解析の原理を理解しつつ，利用できるものは利用して研究を効率的に進めていただきたい．

基本編

リアルタイムPCRを使った解析の基本

遺伝子変異（SNP）の タイピングの原理①
TaqMan® プローブを使う

勝本　博

> ヒトゲノム計画およびそれに続く国際HapMapプロジェクト[1]により，ヒトゲノム全体に分布する数千万SNPの情報，SNP間の関連性が解明された．これらの知見を利用し，SNPタイピングによる疾患関連遺伝子，薬物応答関連（薬物代謝酵素，薬物トランスポーター）遺伝子探索の研究が行われている．ここでは，ほぼPCRするだけという非常に簡素な手法であり，さまざまなスループットにも対応することができるTaqMan® アッセイによるSNPタイピングについて紹介する．

はじめに

　ヒトゲノム30億塩基対のうち，99.9％の配列は個体間で一致しているが，残りの0.1％は異なっているといわれている．この配列の違いを構成する主要なものに一塩基多型[※1]（Single Nucleotide Polymorphism：SNP）があり，疾患の罹り易さ，薬の効き方などの個人差に影響を及ぼすものとして盛んに研究が行われ，オーダーメイド医療の実現化に寄与している．これまでにNCBI（National Center for Biotechnology Information，米国）のdbSNP[2]には数千万のヒトSNPが登録され，JSNP[3]には日本人サンプルより探索された約20万のSNPが登録，公開されている．研究のアプローチや段階によって使用するSNP数とサンプル数は異なってくるが，TaqMan® アッセイによるSNPタイピングは操作が非常に簡便であり，プレートフォーマットやサーマルサイクラーの組み合わせにより，さまざまなスケールの研究に対応することができる手法である．

TaqMan® アッセイによる SNPタイピングの基本原理

　TaqMan® アッセイによるSNPタイピングは，1対のPCRプライマーと，各々のアレルに特異的な2種類のTaqMan® MGBプローブ（VIC® プローブおよびFAM™プローブ）が必要となる（図1）．VIC® プローブは5′末端がVIC色素で標識され，片方のアレルに特異的にハイブリダイズするように設計される（図1ではCをもつテンプレートに特異的にハイブリダイズする）．
　一方FAM™プローブは5′末端がFAM色素で標識され，もう一方のアレルに特異的にハイブリダイズするように設計される（図1ではTをもつテンプレートに特異的にハイブリダイズする）．
　これら1対のPCRプライマーと2種類のプローブおよび専用PCR試薬を混合し，ゲノムDNAをテンプレー

※1　SNP
一塩基多型（Single Nucleotide Polymorphism）．ある生物集団内（今回の場合はヒトが対象）のゲノム塩基配列上に一塩基の変異がみられ，その頻度が集団内で1％以上である変異を一塩基多型（SNP）と呼ぶ．約30億塩基対あるヒトゲノムは個人間で異なっており，SNPは約1,000塩基に1つの割合で存在すると考えられている．

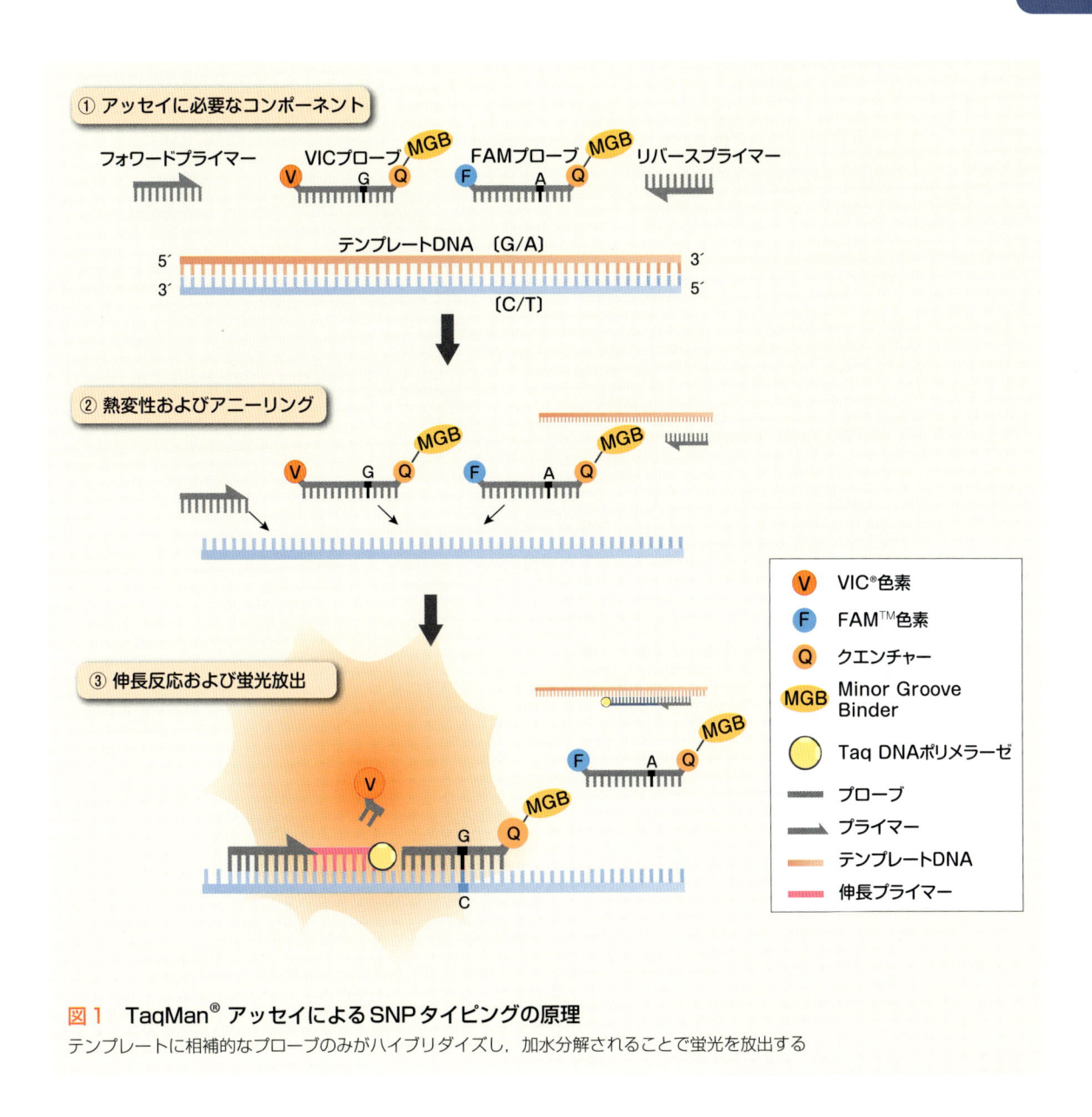

基本編 リアルタイムPCRを使った解析の基本 **4**

図1 TaqMan® アッセイによるSNPタイピングの原理
テンプレートに相補的なプローブのみがハイブリダイズし，加水分解されることで蛍光を放出する

トとしてPCRを行う．図1-③のようにテンプレートにCが存在する場合，PCRの伸長反応期に相補的配列をもつVIC® プローブがハイブリダイズする．一方，FAM™ プローブはSNPサイトの配列が異なるためにミスマッチが生じ，プローブのTmが低下するためにハイブリダイズしない．ハイブリダイズしたVIC® プローブは専用PCR試薬に含まれるTaq DNAポリメラーゼの5´→3´エキソヌクレアーゼ活性により加水分解される．その結果，5´末端のVIC色素が3´末端のクエンチャー（消光物質）から遊離することにより，VIC色素の蛍光強度が増加する．もう一方のTアレルが存在する場合にはFAM™ プローブがハイブリダイズし，加水分解されることによりFAM色素の蛍光強度が増加する（C/Tをもつヘテロサンプルの場合，両プローブが

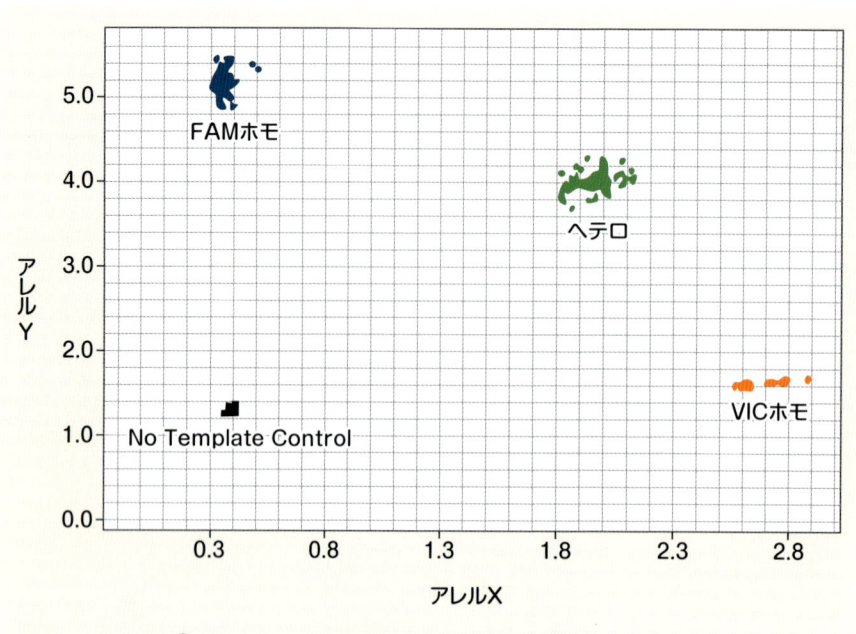

図2 TaqMan® アッセイによるSNPタイピング一例
縦軸：FAM蛍光強度，横軸：VIC蛍光強度

ハイブリダイズして加水分解される）．PCR反応後にプレートリードを行い，VICおよびFAMの蛍光強度を測定すると，VICの蛍光強度のみが増加しているクラスター，FAMの蛍光強度のみが増加しているクラスター，両方の蛍光強度が増加しているクラスターに集束分離され，SNPのタイピングが可能となる（図2）．

TaqMan® MGBプローブ

前述の通りTaqMan® アッセイによるSNPタイピングは，ほぼ1塩基しか違わない2種類のプローブを同時に含んだ競合的反応によりアレル識別を行うが，その識別において最も重要なのが，完全にマッチしたプローブ（特異的プローブ）とミスマッチを生じているプローブ（非特異的プローブ）のTmの差である．つまり，ミスマッチを生じているプローブ（本来ハイブリダイズするべきでない側のプローブ）のTmが，完全にマッチするプローブのTmである65〜67℃からどれだけ低下しているかが識別の鍵となる．従来のTaqMan® プローブは3'末端に蛍光色素であるTAMRAがラベルされているが，現在SNPタイピングに使用されているTaqMan® MGBプローブは3'末端にNon-Fluorescent Quencher（非蛍光クエンチャー）およびMGB（Minor Groove Binder）を有する．このMGBがプローブとテンプレートのハイブリダイゼーションを安定化することによりプローブのTmを上昇させるため[4]，従来プローブと比較して，より短い配列で同等のTmをもつプローブを設計することができる．この性質はプローブデザインが長くなりがちであるATリッチな領域で特に重要である．ATリッチな領域として，薬物代謝酵素*TMPT*遺伝子のrs1142345についてプローブを設計したところ，従来のプローブでは38塩基必要であったのに対し，MGBプローブでは17塩基で同程度のTmをもつプローブが設計できた（図3）．38塩基のTaqMan® プローブで

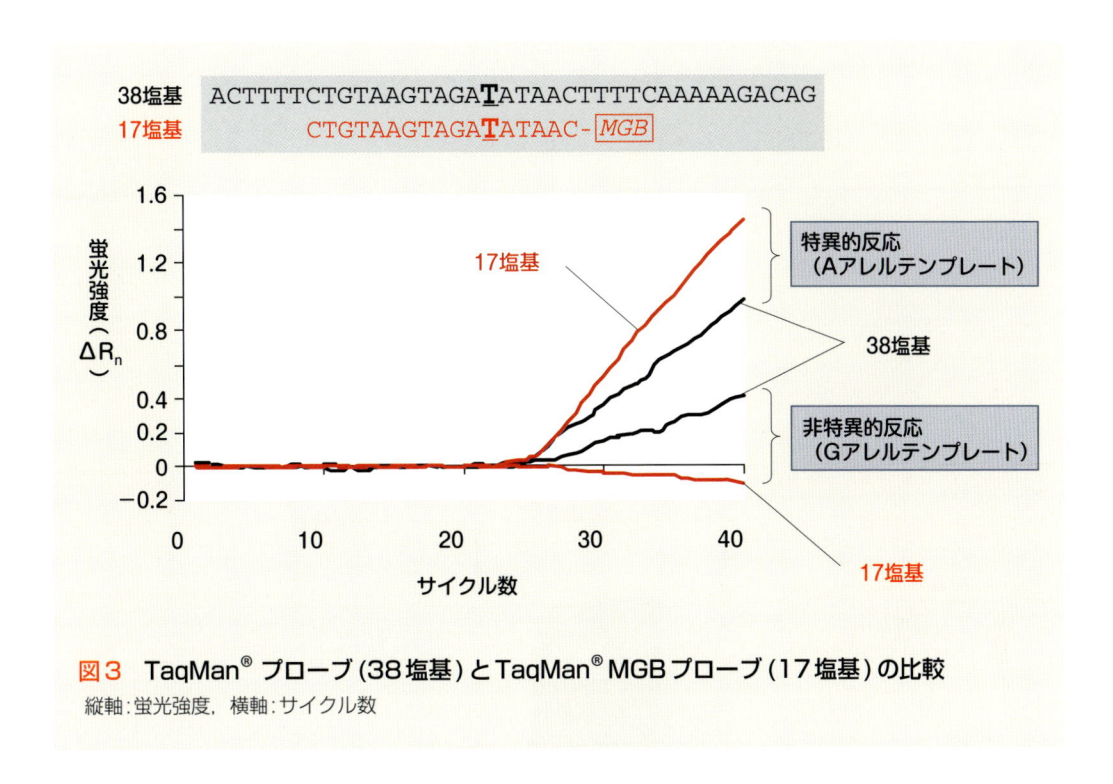

```
38塩基   ACTTTTCTGTAAGTAGATATAACTTTTCAAAAAGACAG
17塩基   CTGTAAGTAGATATAAC-MGB
```

図3 TaqMan® プローブ (38塩基) と TaqMan® MGB プローブ (17塩基) の比較
縦軸：蛍光強度，横軸：サイクル数

はTm低下が充分ではないため，本来ハイブリダイズするべきではないGアレルテンプレートにおいてもハイブリダイズしており，非特異的なプローブの分解が認められている．一方17塩基のMGBプローブでは，ミスマッチを生じるGアレルテンプレートに対して充分にTmが低下しているためハイブリダイズせず，非特異的な蛍光シグナルの増加が認められない．このようにTaqMan® MGBプローブを使用することにより，非特異的反応を抑えた明確なSNPタイピングが可能となる．

実際の操作

実験全体のワークフローを図4に示す．TaqMan®アッセイによるSNPタイピングの工程はきわめてシンプルで，基本的にはプライマー，プローブのミックスであるTaqMan® SNP Genotyping assay，専用PCR試薬，ゲノムDNAを混合し，PCRおよびプレートリードを行うのみである．サンプル数分（＋α）のプレミックスを作製してプレートに分注し，その後にゲノムDNAを加えてPCRをかけるという流れが一般的であるが，事前に分注，乾燥[※2]させたゲノムDNAを使用することも可能である．

TaqMan® SNP Genotyping assayは，同一のサーマルサイクルコンディションを用いて最適化されているため，アッセイごとに条件検討を行う必要はなく，1プレート上で複数のSNPタイピングを行うことができる．現在ライフテクノロジーズ社で採用している3種類のプレートフォーマットにおける反応組成およびサーマルサイクルコンディションはp.41参考を参照．

反応時間がおよそ1時間40分程度なので，機器の設定も含めておよそ2時間でSNPタイピングが可能であ

※2　ゲノムDNAを乾燥させる場合は常温で行う．熱をかけて乾燥すると，PCR反応に影響を及ぼす場合がある．

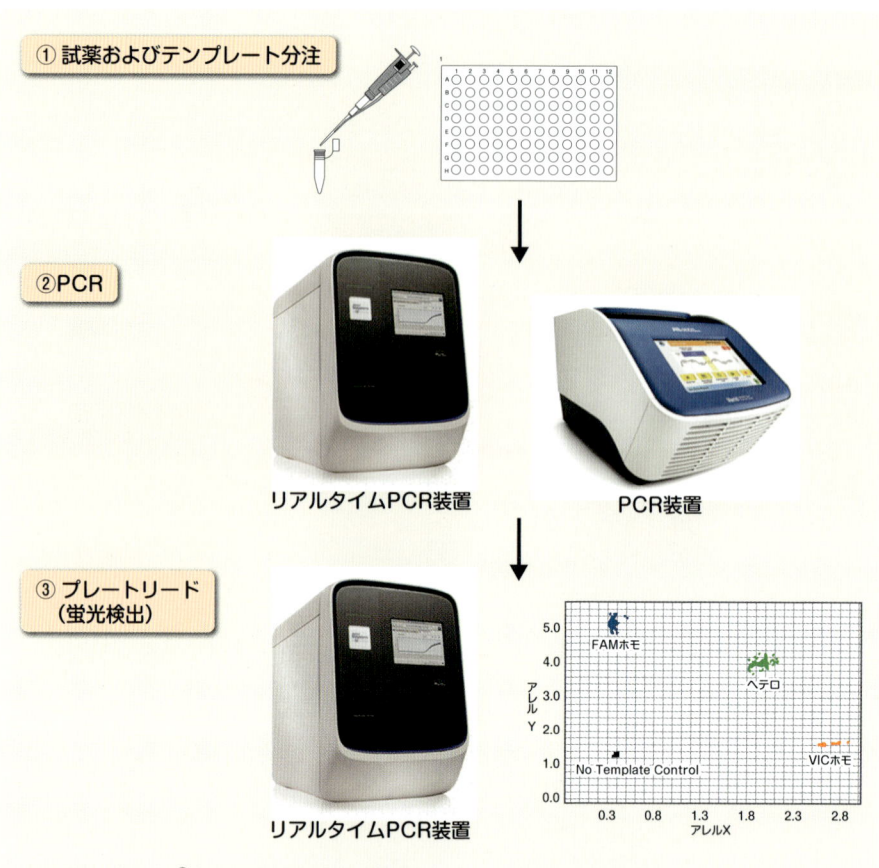

図4 TaqMan® アッセイによる SNP タイピングワークフロー

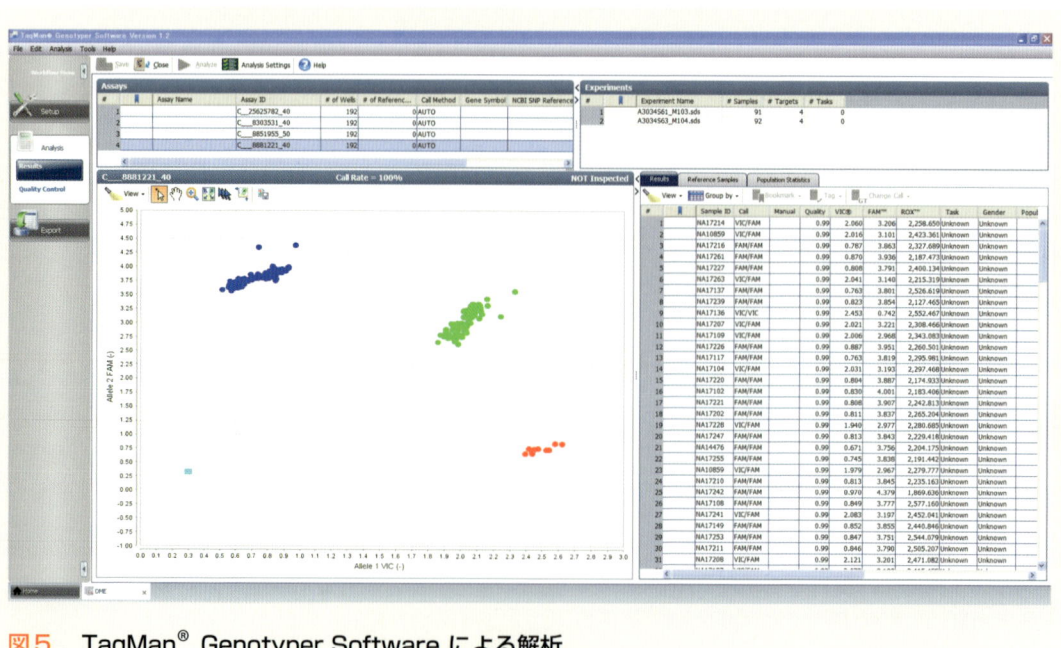

図5 TaqMan® Genotyper Software による解析

40 原理からよくわかるリアルタイム PCR 完全実験ガイド

る．それぞれのデータについてはライフテクノロジーズ社リアルタイムPCR装置付属のソフトウェアで解析可能であるが，複数プレートの結果を合わせた解析や，プロジェクトとして複数プレートの結果を管理したい場合，TaqMan® Genotyper Software（図5，フリーダウンロード）により解析，管理することができる．

ライフテクノロジーズ社ではHapMapプロジェクトでタイピングされたSNPを含む約450万種のヒトSNPに対するデザイン済みTaqMan® SNP Genotyping assayを販売している．またマウスについては系統管理などに使用できる約1万種のSNPに関してデザイン済みである．それ以外の生物種や新規SNPに対しては Custom TaqMan® SNP Genotyping assayでカスタムデザインを行うことが可能である．詳細はライフテクノロジーズ社HPを参照されたい[5]．

◆ 参考文献

1) 国際HapMapプロジェクトHP　http://hapmap.ncbi.nlm.nih.gov/index.html.ja
2) NCBI dbSNP　http://www.ncbi.nlm.nih.gov/projects/SNP/
3) JSNP　http://snp.ims.u-tokyo.ac.jp/index_ja.html
4) Kutyavin, I. V. et al.：Nucleic Acids Res., 28：655-661, 2000
5) http://www.appliedbiosystems.jp/website/jp/home/index.jsp

参考

【384ウェルプレート5μL反応系】

2×TaqMan® Genotyping Master mix[※1]	2.500 μL
40×TaqMan® SNP Genotyping assay[※2]	0.125 μL
ゲノムDNA（1〜20ng/well）＋Nuclease free water	2.375 μL
Total	5.000 μL

【96ウェルFastプレート10μL反応系】

2×TaqMan® Genotyping Master mix	5.00 μL
40×TaqMan® SNP Genotyping assay	0.25 μL
ゲノムDNA（1〜20ng/well）＋Nuclease free water	4.75 μL
Total	10.00 μL

【96ウェルプレート25μL反応系】

2×TaqMan® Genotyping Master mix	12.500 μL
40×TaqMan® SNP Genotyping assay	0.625 μL
ゲノムDNA（1〜20ng/well）＋Nuclease free water	11.875 μL
Total	25.000 μL

〈PCR反応条件〉

Taq DNA ポリメラーゼの活性化	95℃	10分
↓		
熱変性	95℃	15秒 ⎫ 40サイクル
アニーリング＆伸長反応	60℃	1分 ⎭

※1：TaqMan® Universal PCR Master Mixも可．Fastプロトコールで行う場合にはTaqMan® GTXpress Master Mix推奨．サーマルサイクルコンディションは機種によって異なるので注意を要する．

※2：TaqMan® SNP genotyping assayには，合成スケールなどにより20×，40×，80×ミックスのものがあるため，確認のうえ適宜調製されたい．また，ミックスになっていない試薬を使用される場合（個別に合成したものなど），終濃度はプライマー各900nM，プローブ各200nMになるように調製して使用．

基本編

5 遺伝子変異（SNP）の タイピングの原理②
HybProbe, HRM を使う

リアルタイムPCRを使った解析の基本

片山知秀

> 本項では遺伝子変異解析システムであるHybProbeとHigh Resolution Melting（HRM）について解説する．近年，HRMのアプリケーションに対応したリアルタイムPCR装置やHRM用に開発された蛍光色素が増加している．また，PCR後に一連の流れでHRMを実施できる試薬も多くのメーカーから供給されるようになり，HRMは新規変異スクリーニングとともに既知変異のタイピングを低コストで実施する目的で使用されるようになってきた．これらの解析の原理，実験のフローについて述べる．

■ はじめに

リアルタイムPCRを用いた変異解析としては，既知の変異に対して，おのおののサンプルをタイピングする**ジェノタイピング**のアプリケーションと新規の変異スクリーニングを目的とした**ジーンスキャニング**のアプリケーションが多くの研究者の間で利用されている．前者のアプリケーションとしては，加水分解プローブを用いる方法や，ハイブリダイゼーションプローブを用いる方法などがある．ロシュ・ダイアグノスティックス社は，ハイブリダイゼーションプローブとして，HybProbe[1]を長年にわたり提供している．

また，後者のアプリケーションとしてはHRM（High Resolution Melting）がある．今までは，新規の変異スクリーニングの際にはシークエンサーを用いてその配列を実際に読むことしかできなかったが，HRMにより低コストで変異スクリーニングをより簡便に行えるようになってきた．

さらに，近年リアルタイムPCR装置の温度正確性が向上し，これによりHRMは新規変異スクリーニングだけではなく既知変異のタイピングを低コストで実施する目的で使用されるようになってきた．本項では，このHybProbeを用いたジェノタイピングおよび，HRMを用いたジーンスキャニングとジェノタイピングについて説明する．

■ HybProbeを用いたジェノタイピング

1. HybProbeの原理

HybProbeはFRET現象を利用した蛍光フォーマットである．フォワードプライマーとリバースプライマーの間に，あらかじめ近接するようにデザインされた2本の配列特異的なプローブのおのおのの5′末端と3′末端にドナー蛍光色素（例：FITC）とアクセプター蛍光色素（例：LC Red640）のようなFRET現象を起こす蛍光ペアを別々に標識しておき，いずれかのプローブが変異部位を覆うようにデザインしておく（図1A）．PCRにて変異部位を含む領域が増幅された後，融解曲線分析を行い，変異が含まれているかどうかを確認することができる．

低い温度においては，プローブ上にミスマッチを含む変異型テンプレートにおいても，またプローブ上に

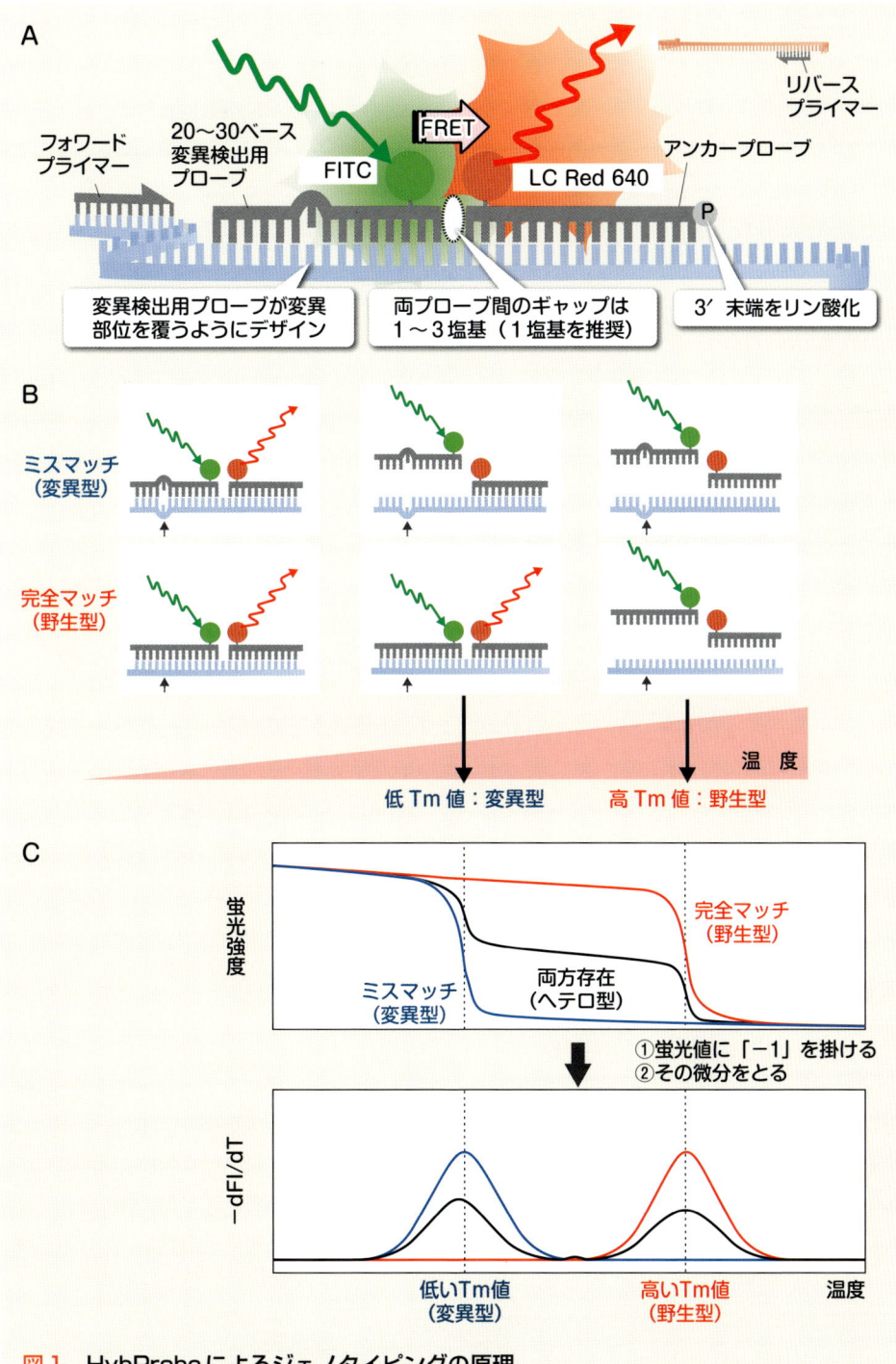

図1　HybProbeによるジェノタイピングの原理

A) HybProbeのデザイン．なおTm値はプライマー（55～65℃）＜変異検出用プローブ＜アンカープローブ＜77℃，それぞれの差の目安は5～10℃，3～5℃とする．Tm値はGC含有量または長さで調整する．B) その変異検出原理．C) リアルタイムPCRでの実際の検出

ミスマッチ領域を含まない野生型テンプレートにおいてもプローブがハイブリダイズしている．この状態においては，ドナー蛍光色素とアクセプター蛍光色素が近傍に存在しているため，リアルタイムPCR装置の光源（励起光）によってドナー蛍光色素が励起され，そのエネルギーが共鳴転移して近傍のアクセプター蛍光色素が励起される．そして，このアクセプター蛍光色素が蛍光を発するようになる（基本編-1参照）．融解曲線分析において，徐々に温度が上昇すると，ミスマッチを含む変異型テンプレートにハイブリダイズしたプローブが先に解離する．これにより，FRET現象が発生しなくなるので，アクセプター蛍光色素の蛍光が消失する．その後，ミスマッチを含まない野生型のテンプレートにハイブリダイズしたプローブも解離するので，野生型テンプレートではより高い温度にて蛍光が消失することになる．この蛍光消失温度の違いにより，テンプレートが野生型か変異型かを検出するのがHybProbeによるジェノタイピング法である（図1B）．

HybProbeのアッセイデザインについてはLightCycler® Probe Design Software2.0（ロシュ・ダイアグノスティックス社）を利用することで簡単に実施することができる．また，株式会社日本遺伝子研究所においてはHybProbeの合成のみならず，デザインも請け負っている．

2. HybProbeでの変異検出方法

リアルタイムPCRを用いた変異検出法について説明する．テンプレートとしてホモの野生型と変異型そしてヘテロ型が存在していたとする．融解曲線分析を行うために，温度を徐々に上げていくと，テンプレートが変異型のホモの場合には低い温度にてHybProbeがミスマッチにより解離するので，そのピークは低い温度に出現する（図1C：青色線）．これに対して，野生型のホモの場合には高い温度にてHybProbeが解離するので，そのピークは高い温度に出現する（図1C：赤色線）．ヘテロ型の場合には野生型と変異型はおのおのの半分量存在するので，低い温度と高い温度の両方において，蛍光量の減衰がみられる（図1C：黒色線）．

この融解曲線のピーク温度の違いを認識し，各タイピングを行う．よって，必ずしもプローブ上に1カ所の変異のみでなく，複数の変異やトリアレルであっても，融解曲線のピーク温度に反映されるものであればタイピングを行える[2]．

これがTaqMan® プローブのような加水分解プローブを用いた変異解析との違いとなる．また，加水分解プローブを用いた変異解析ではPCR反応中に2つのプローブの競合アッセイを行うために，反応がトリッキーになる可能性があるが，HybProbeではPCR反応はテンプレートの増幅反応として機能し，その後の融解曲線分析にて解析を分離して行うために，より明確なタイピングを行えるメリットがある．

■ HRMを用いたジーンスキャニング

1. HRMでのジーンスキャニングの原理

HRMはSYBR® Green I（SYBR）のようなインターカレーターを利用して，高解像度の融解曲線分析を行うシステムである．SYBRでは増幅産物の二本鎖DNAに対し不飽和状態で結合するために，一塩基変異などの微妙な融解状態の変動を蛍光強度の変化として反映することができない．この問題を解消するために，飽和型の蛍光色素として開発されたのが，ResoLight Dye（ロシュ・ダイアグノスティックス社）である．この蛍光色素は二本鎖DNAに飽和して結合するので，1塩基変異などに起因する微妙な融解状態の変動を蛍光変動として反映することができる．

PCRによる目的領域の増幅に続いて熱変性・急冷を行った後に，融解曲線分析を高解像度で行う．これにより，プライマー間に変異が存在していた場合には，有意な融解曲線の変動となり変異があることがわかるシステムである（図2A）[3)4)]．ただし，ホモの野生型と変異型ではその変異の状態によっては，その融解曲線における変動の差異が機微であるため，おのおのを

図2　HRMによるジーンスキャニングの原理
A) HRMによるジーンスキャニングの原理．B) Wild Type Spikeの原理．C) データ解析における補正

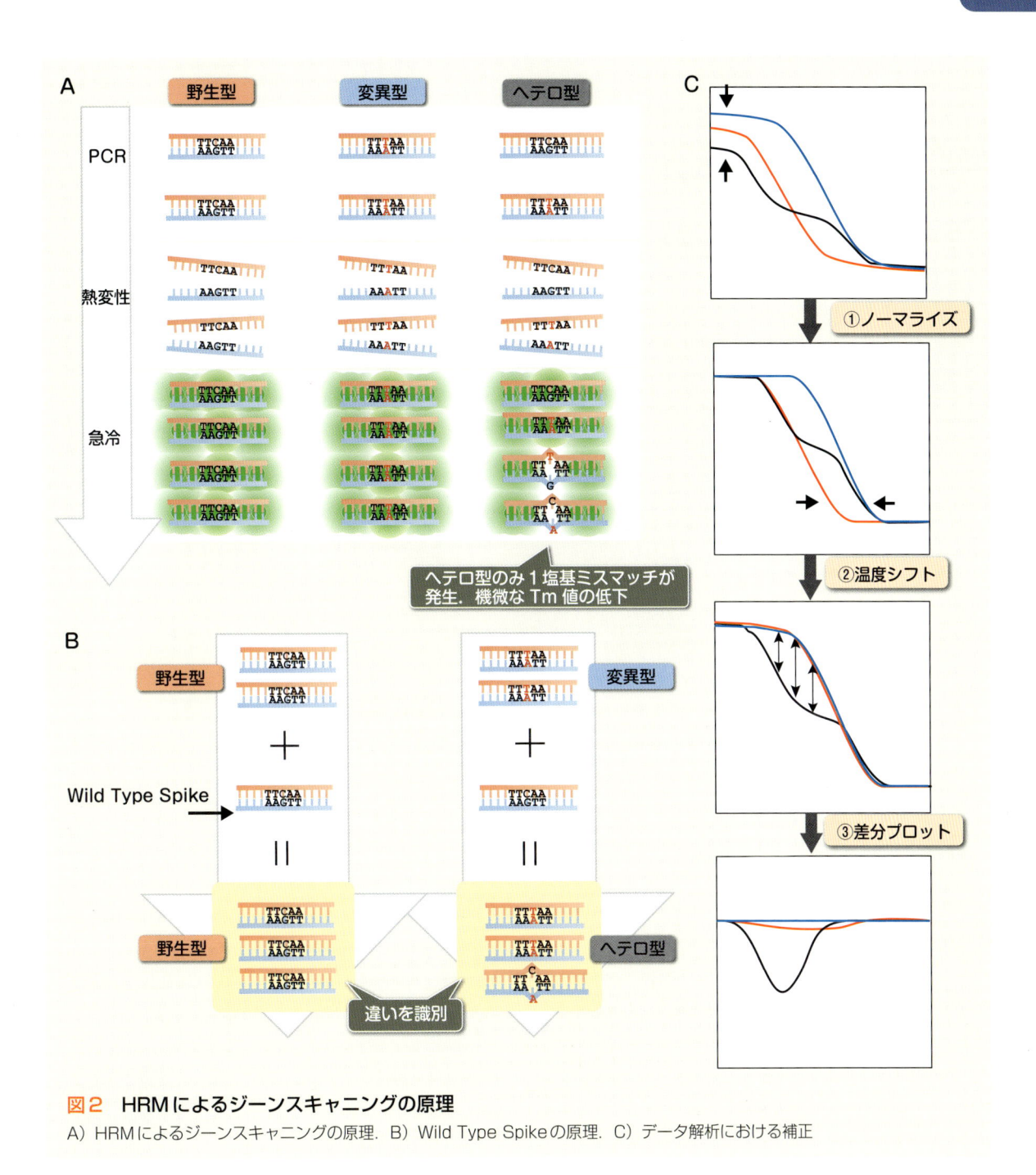

検出することが難しいことがある．これを解決するために，Wild Type Spikeという方法がある．

これはすべてのテンプレートに野生型のテンプレートを20％程度添加する方法である．これにより，ホモの野生型のテンプレートはテンプレート量が増加するだけとなり融解曲線に影響を与えないが，ホモの変異型のテンプレートは異なる野生型テンプレートが混在するためにヘテロな状態となり，ホモの野生型に比べ

融解曲線において有意な差異を生じることとなる（図2B）．これによりプライマー間に変異があれば，均一な融解曲線ではなく異なるタイプの融解曲線が描かれることになり，変異の存在を検出することができる．

2. HRMを用いたジーンスキャニング法

HRMを用いたジーンスキャニングの場合は前述のHybProbeを用いたジェノタイピングと異なり，変異があるとはいっても融解曲線の差異は非常に機微であるので，通常は次のようなデータ解析の前処理が必要となる．まず，融解曲線分析を行ったデータを生データとして取得する．このデータのままでは反応容器のウェル間差などによりその機微な変動が検出しにくいので2種類の補正を加える．

この補正では，まず最初に縦軸方向におのおのの曲線の上下のプラトー部分をそろえるノーマライズを行う（図2C-①）．次に，横軸方向，すなわち温度軸方向にそろえる温度シフトを行う（図2C-②）．最後に1つの検体（図2C：青色線）に対して，その差分をプロットする差分プロットを行う（図2C-③）．このような補正を行うことで融解曲線の温度ではなく，形状により変異スクリーニングを行うことができる．

この補正はヘテロ型の変異（図2C：黒色線）の識別については有効であるが，前述のWild Type Spikeを実施していない場合，変異型と野生型のホモのテンプレート（図2C：青，赤色線）については逆に分離能を落とす可能性があるので注意されたい．

3. プールした検体を用いた変異スクリーニング

Wild Type Spike法をさらに応用し，数検体をプールして1検体として変異スクリーニングを行うケースがある．変異スクリーニングを行う場合，できるだけ多くの検体をHRM解析に供することが必要になる．プール検体を使用することで，ランニングコストを下げ，変異スクリーニングを効率的に行うことが可能となる．

LightCycler® 480 System IIを用いてどれだけの検体数をプールしてHRM解析が可能かどうかを確認した（図3A）．ホモの変異型と野生型の混在比率を変えてHRM解析を行ったところ，ホモの野生型に対して，変異型が5％ほど含まれれば，野生型から分離できた．ヘテロ変異型をきちんと分離することを考えても，すべての検体の濃度を事前に均一にそろえることで，10検体をプールしてアプライすることが可能という計算になる．融解曲線に差異が認められれば，プールした検体のいずれかに変異があることがわかる．

4. HRMにおけるプライマーデザイン

まず一般にPCR産物が250 bpを超える場合は分離能が落ちる可能性があるため，これを超えないようにプライマーをデザインする．本点以外は，一般的なプライマーデザインコンセプトに準じて実施する（基本編-9参照）．融解曲線分析に大きく悪影響を与えるため，必ず非特異反応が生じないようにしなければならない．

5. HRM解析前のPCR反応

前述のとおり，HRM解析の前にはPCRにより目的領域を増幅する必要性がある．しかし，PCR反応時間を短縮して実施するFast PCRにおいて増幅が不完全となり，HRM解析においてうまく変異を分離できないことがありうる．

LightCycler® 480 System IIとSYBR用とHRM用の試薬（各「LightCycler® 480 SYBR® Green I Master」および「LightCycler® 480 High Resolution Melting Master」）を用いてPCR時の反応条件の比較を行った（図3B）．近年，機械と試薬の性能が向上し，反応時間を短縮したFast PCRを容易に実施できるようになった．リアルタイムPCRにおいて，SYBR試薬を使用する際は通常条件下においても，またFast PCR条件下においても増幅シグナルは大きくは変わらない．

しかし，HRM試薬を使用する際にはFast PCR条件下では充分な増幅が行われない場合がある．変異スクリーニングを高感度で実施するために，プラトー部分まで増幅していることを確認した後にHRM解析を行

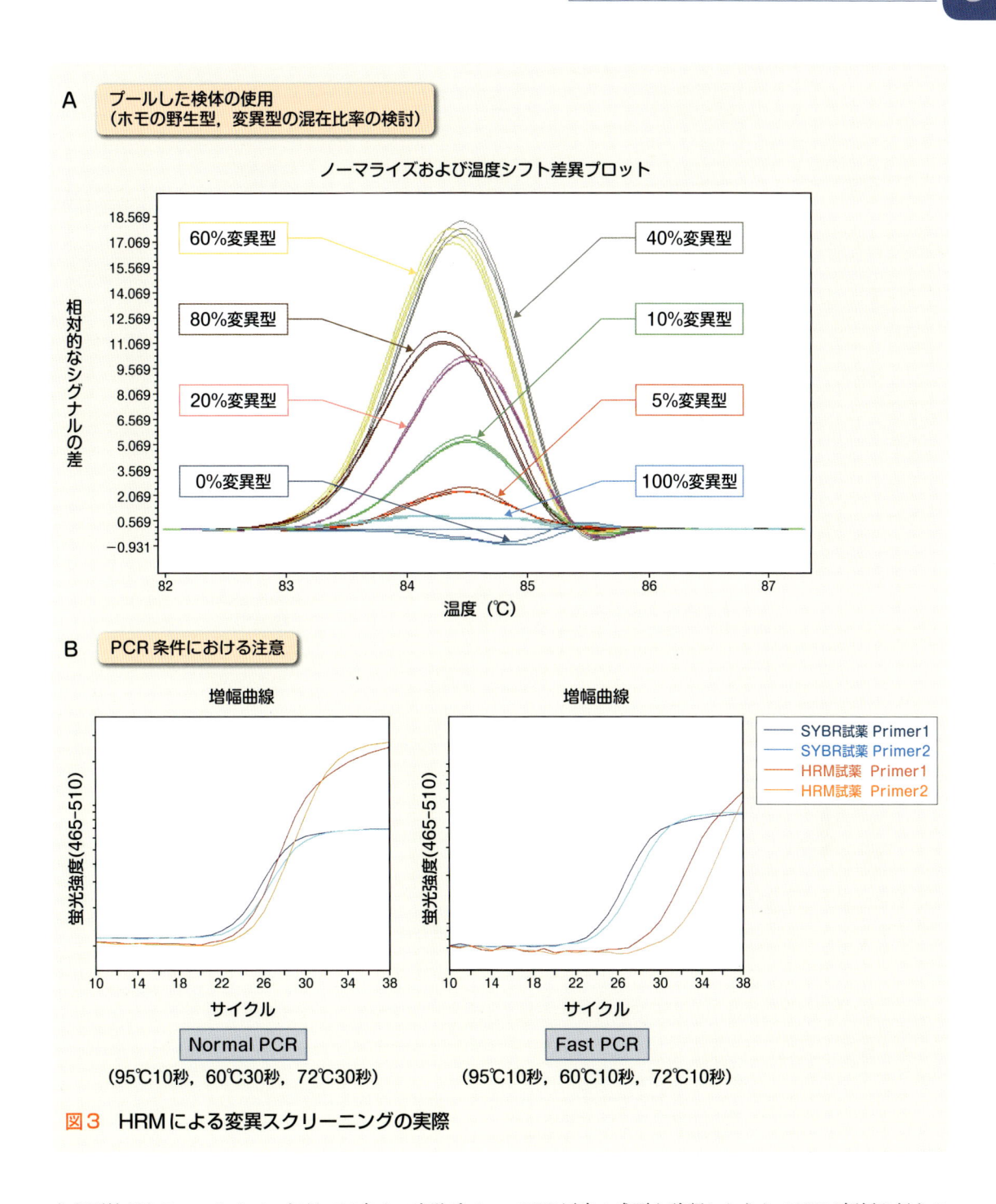

図3 HRMによる変異スクリーニングの実際

A プールした検体の使用
（ホモの野生型，変異型の混在比率の検討）

ノーマライズおよび温度シフト差異プロット

B PCR条件における注意

増幅曲線　　Normal PCR（95℃10秒，60℃30秒，72℃30秒）

増幅曲線　　Fast PCR（95℃10秒，60℃10秒，72℃10秒）

― SYBR試薬 Primer1
― SYBR試薬 Primer2
― HRM試薬 Primer1
― HRM試薬 Primer2

う必要性がある．これまでの知見では多くの実験系でFast PCR条件下では5～7サイクルほど，増幅サイクルが遅れている．まれに，全く増幅が認められない場合もある．リアルタイムPCRを用いたHRM解析では，PCR反応の成否も確認したうえでHRM解析を行うことができる．PCR後に，HRM解析のみを行う専用機もあるが，このような場合はPCR反応の成否を確認できないので別途確認が必要となる．

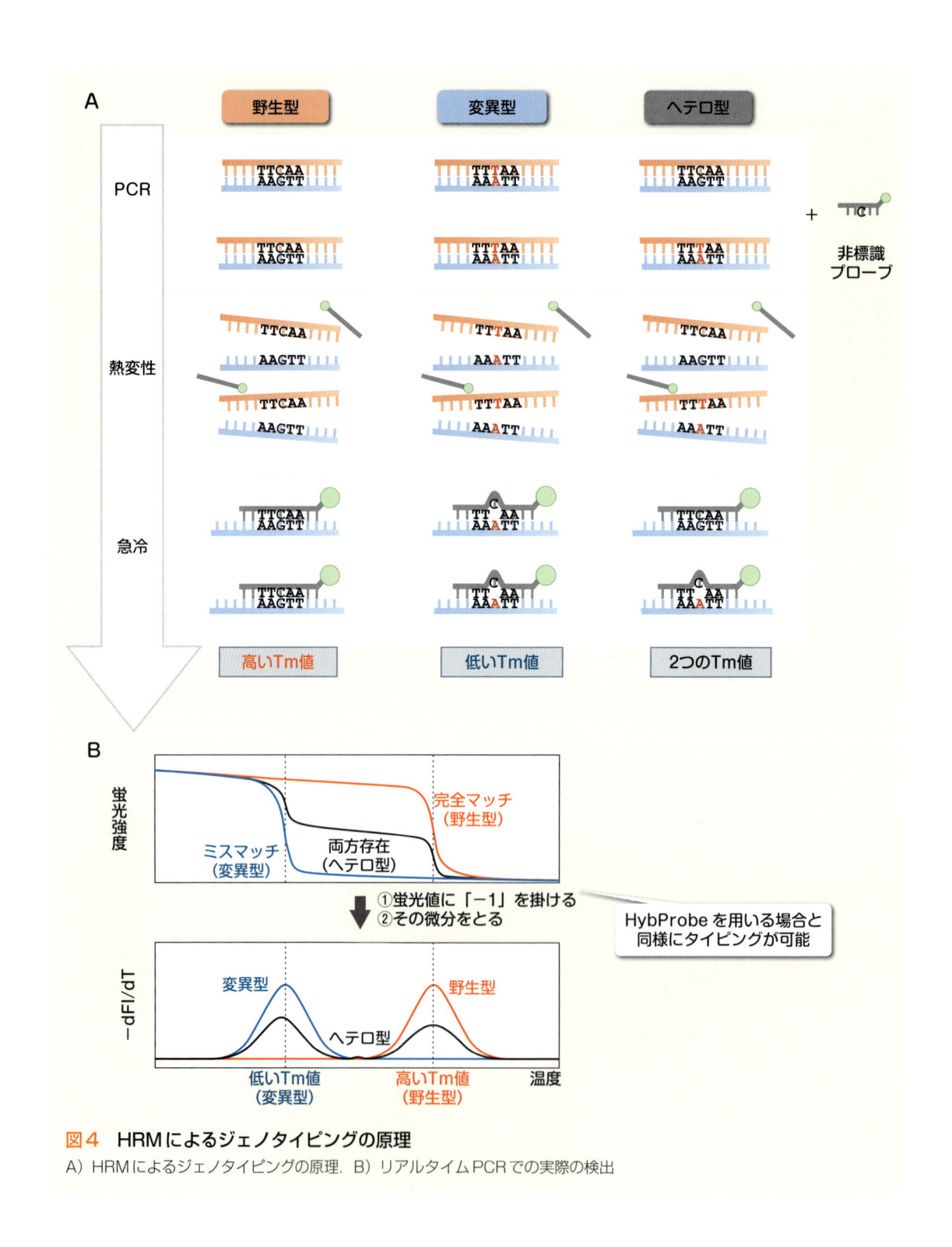

図4 HRMによるジェノタイピングの原理
A) HRMによるジェノタイピングの原理. B) リアルタイムPCRでの実際の検出

HRMを用いた ジェノタイピング

1. HRMでのジェノタイピングの原理

HRMではジェノタイピングを行うこともできる[5]．通常のようにプライマーを用いて，変異領域の増幅を行うためにPCRを行い，その後に融解曲線分析を用いてジェノタイピングを行う．前述のHybProbeでは蛍光標識プローブを必要とするが，HRMにはResoLight Dyeがすでに存在しているので，蛍光標識の必要性がない．既知の領域のジェノタイピングのためには，その領域を増幅するためのプライマーと，その間の変異部位にハイブリダイズする非標識のプローブがあれば充分となる．

非標識プローブが野生型ホモのテンプレートに対して相補的な配列をもっている場合，野生型ホモのテンプレートに対してはすべての塩基配列においてミスマッチすることがないので，高い温度で融解現象が起こる．これに対して，変異型のホモのテンプレートに対しては特定の塩基配列においてミスマッチが存在するので，前者と比べ明らかに低い温度にてPCR産物とプローブとの間で融解現象が起こる．また，ヘテロ体の場合にはその両方が等量含まれるので，低い温度での解離が起こった後に，高い温度での解離が起こることになる（図4A）．

2. HRMでのジェノタイピング検出方法

非標識プローブを用いたアッセイでは，通常の融解曲線分析においてジェノタイピングの分離ができるので，HybProbeと同様の方法論を用いてタイピングを行う（図4B）．このようなアッセイを行う場合，非標識プローブがプライマーとして作用しないよう，3′末端をリン酸化する必要がある．さらに，各プライマーを終濃度で1：5〜1：10程度になるように反応液を調整してアシンメトリックPCRを行うことにより，非標識プローブがハイブリダイズするDNA鎖が多く産生されるようにすることがポイントとなる[6]．

また，近年リアルタイムPCR装置の温度正確性が向上し，前述のソフトウェア上の補正やWild Type Spike，非標識のプローブを使用せずにHRMでジェノタイピングの分離が可能な場合がある[7]．ResoLight Dye存在下で，PCR産物の通常の融解曲線分析により，変異型と野生型のホモのテンプレートを分離できうる．ただし，融解動態の差異は非常に機微であるので，PCR増幅領域が短くなるようにプライマーを設計しておくことが重要となる．

おわりに

今までのリアルタイムPCRを用いた変異解析では，高価な蛍光標識プローブを用いる方法しかなかった．また，既知の変異をタイピングするジェノタイピングしか方法論がなかった．HRMアプリケーションの登場でシークエンサーに頼らざるを得なかった新規の変異スクリーニングも簡便にできるようになり，安価な非標識プローブを用いた方法でジェノタイピングが可能となった．またリアルタイムPCR装置の温度制御システムの向上により，プローブを用いず，PCR産物の融解曲線分析のみでジェノタイピングもできるようになった．これらの方法をより多くの研究者の方に身近に利用していただけることを願っている．

◆ 参考文献

1) "Rapid cycle real-time PCR. Methods and applications" (Meuer, S. et al. eds.) pp11–19, Springer Berlin, 2001
2) Randegger, C. C. & Hächler, H.：Antimicrob Agents Chemother. 45：1730–1736, 2001
3) Liew, M. et al.：Clin. Chem., 50：1156–1164, 2004
4) Hoffmann, M. et al.：Nat. Methods Application Notes, an17–an18, 2007
5) Zhou, L. et al.：Clin. Chem., 50：1328–1335, 2004
6) Erali, M. et al.：Methods Mol. Biol.,429：199–206, 2008
7) Derzelle, S. et al.：J. Microbiol. Methods, 87：195–201, 2011

> 参 考

◆HybProbeでのジェノタイピングアッセイ
【20μL反応系】

LightCycler® 480 Genotyping Master	4μL
MgCl$_2$溶液	適量[※1]
Primer Probe mix（10倍濃度の場合）	2μL（最終濃度で各0.2 uM）
Water（PCRグレード）	適量（上記合計が15μLになるように）
テンプレートDNA（10～50 ng程度）	5μL
Total	20μL

[※1]：マグネシウム濃度は事前に最適化するとよい．PCRが最も効率よくかかる濃度を使用する．

【PCR反応条件】

酵素活性化	95℃	10分
↓		
熱変性	95℃	10秒
アニーリング（蛍光取得）	60℃[※2]	10秒
伸長反応	72℃	5～20秒[※3]

40～45サイクル

↓		
メルティングカーブ		
熱変性	95℃	60秒
ハイブリダイゼーション	40℃	60秒
メルティング（連続蛍光取得）	80℃	

[※2]：プライマーの計算上のTm値から4℃引いた値で行う．

[※3]：予想されるPCRプロダクトサイズを25（DNAポリメラーゼが1秒間に25塩基以上を合成するため）で割った値で行う．

◆High Resolution Meltingでの遺伝子変異スクリーニングアッセイ
【20μL反応系】

LightCycler® 480 High Resolution Melting Master	10μL
MgCl$_2$溶液	適量[※1]
Primer mix（10倍濃度の場合）	2μL（最終濃度で各0.2 uM）
Water（PCRグレード）	適量（上記合計が15μLになるように）
テンプレートDNA（10～50 ng程度）	5μL
Total	20μL

【PCR反応条件】

酵素活性化	95℃	10分
↓		
熱変性	95℃	10秒
アニーリング	60℃[※2]	30秒
伸長反応（蛍光取得）	72℃	20～30秒[※4]

40～45サイクル

↓		
メルティングカーブ		
熱変性	95℃	60秒
ハイブリダイゼーション	40℃	60秒
メルティング開始	65℃	
メルティング（連続蛍光取得（25データポイント/℃）)		
	95℃	

[※4]：高濃度の蛍光色素を反応系に加えるため，通常よりPCRがかかりにくいことがある．アニーリングと伸長反応は記載の通り，HybProbeの場合より長めにとることをお勧めする．

基本編 6

リアルタイムPCRを使った解析の基本

遺伝子変異（SNP）のタイピングの原理③
CycleavePCR法

吉崎美和

　SNPのタイピングでは，1塩基の違いを識別する必要があるため，リアルタイムPCRの検出法に高い識別性が求められる．CycleavePCR法で用いるサイクリングプローブは，TaqMan®プローブと同様なLinear Probe[※1]の一種だが，プローブにRNA塩基が含まれており切断にRNase Hを使用している点が特徴的である．そのため，非常に特異性の高い検出が可能でありSNPのタイピングに適している．本項では，CycleavePCR法およびCycleavePCR法によるSNPタイピングの原理とともに，実際にこの手法を用いる場合の実験法の詳細を解説する．

■ CycleavePCR法の原理

　CycleavePCR法（サイクリングプローブ法）は，RNAとDNAからなるキメラプローブとRNase H[※2]の組み合わせによる高感度な検出法で，増幅中や増幅後の遺伝子断片の特定配列を効率よく検出することができる．プローブはRNA部分を挟んで一方が蛍光物質で，もう一方がその蛍光物質の発する蛍光を消光する物質（クエンチャー）で標識されている．このプローブは，インタクトな状態ではクエンチングにより蛍光を発することはないが，増幅産物中の相補的な配列とハイブリッドを形成した後にRNase HによりRNA部分で切断されることにより，強い蛍光を発するようになる（図1）．この蛍光強度を測定することで，増幅産物量をモニターすることができる．プローブのRNA部分がミスマッチであればRNase Hにより切断されることはないので，1塩基の違いも認識できる非常に特異性の高い検出方法である．

■ CycleavePCR法によるSNPタイピングの原理

　CycleavePCR法で一塩基多型（SNP）のタイピングを行うには，目的のSNP位置がサイクリングプローブ中のRNA切断位置となるように設計する．野生型と変異型のそれぞれを検出するためのプローブを用意し，別々の蛍光物質で標識することで，各アレルを識別して検出することが可能となる（図2）．

※1　**Linear Probe**
リアルタイムPCRに使用する蛍光標識プローブは，Linear ProbeとStructured Probeに大別される．Linear Probeは直鎖状のプローブで切断により蛍光を発するもので，TaqMan®プローブやサイクリングプローブが挙げられる．Structured Probeは二次構造を利用したプローブで，インタクトな状態では二次構造を形成して消光し，目的配列へのハイブリダイゼーションにより直鎖状になって蛍光を発する．例としてMolecular beaconなどが挙げられる．

※2　**RNase H**
RNAを分解するリボヌクレアーゼ（ribonuclease）の一種で，DNA/RNAハイブリッドを特異的に認識してRNAを切断する酵素．CycleavePCR法では，リアルタイムPCR反応液に添加して用いるので，耐熱性のRNase Hを使用している．

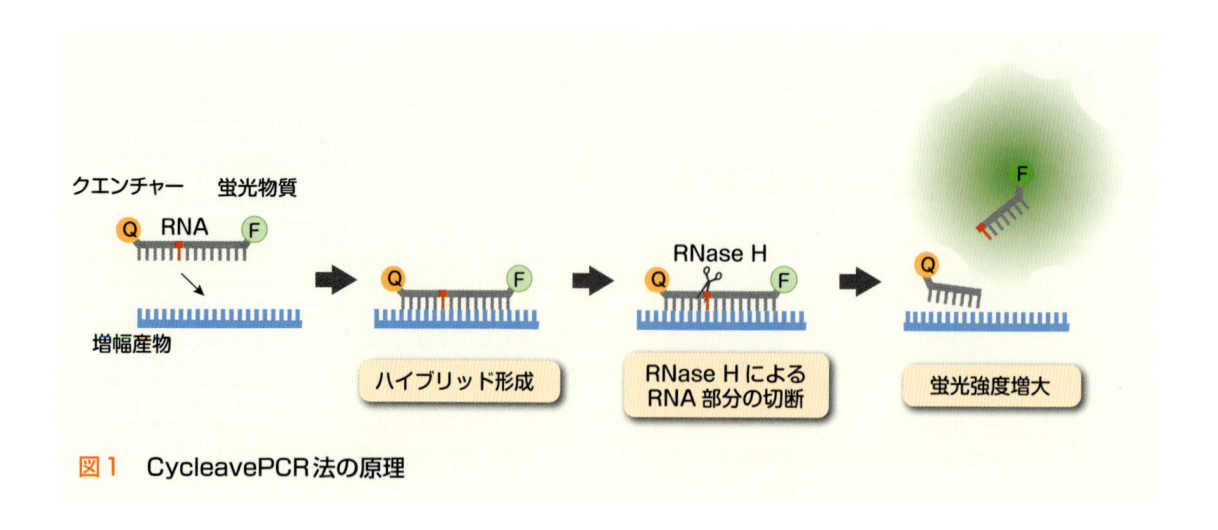

図1 CycleavePCR法の原理

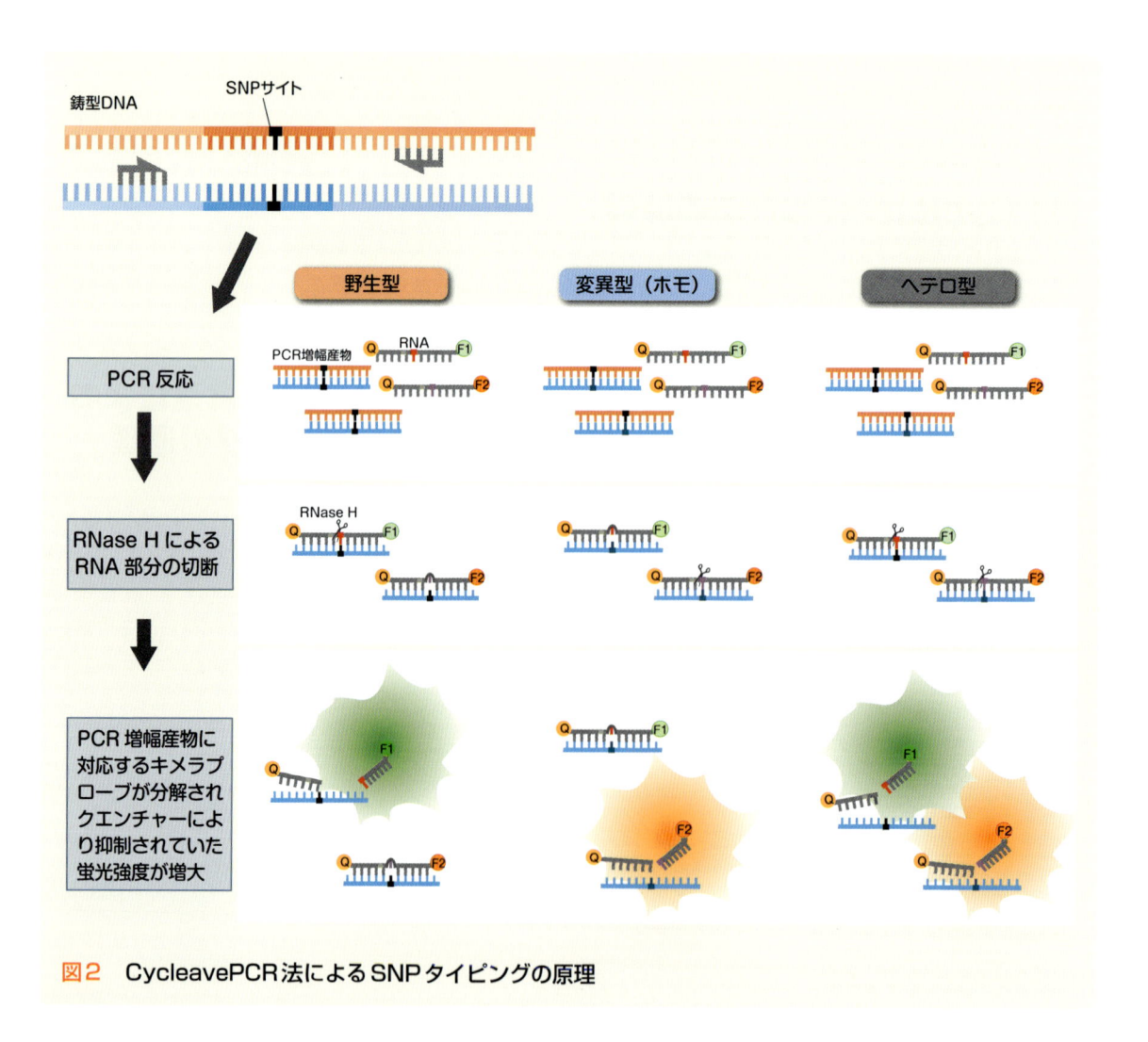

図2 CycleavePCR法によるSNPタイピングの原理

実際の操作

1. サイクリングプローブの設計

　サイクリングプローブを設計する際には，プライマー配列との相補性などを考慮する必要があるため，専用の設計ツールを利用する．タカラバイオ社のCycleave® PCR Assay Designer（SNPs）では，対象配列とSNPsの位置およびSNPsの塩基を指定するだけでサイクリングプローブとプライマーを設計することができる．

2. 実験方法

　CycleavePCR法には，耐熱性のRNase Hが添加されたリアルタイムPCR試薬を使用するので，市販の専用試薬を使用するとよい．新しく設計したプローブについては，タイプが明確な精製DNAサンプル（アレル1ホモ，アレル2ホモ）を用い，対応するプローブのみで検出できることを確認する．なお，ポジティブコントロールとしては，各タイプの増幅領域配列を有した人工合成遺伝子などを用いることができる．

おわりに

　SNPタイピングの方法にはリアルタイムPCR以外にもさまざまな手法が存在し，それぞれに長所と短所があるので目的に適した手法を選択するとよい．リアルタイムPCRを用いる場合には個々のSNPに対して検出系を構築する必要があるので，多種のSNPを解析するにはあまりよい選択肢とは言えないが，いったん検出系を構築してしまえば，実験自体は非常に簡単なので，特定のSNPについて多検体の解析をする場合にはその威力を発揮する．他の手法とも上手く組み合わせながら，リアルタイムPCR法をご活用いただければ幸いである．

◆ 参考文献

1) CycleavePCRアプリケーションデータ集　http://www.takara-bio.co.jp/prt/snps/sh1-3g.htm

> **参考**

◆CycleavePCR法によるSNPタイピングの実験例

Aldehyde dehydrogenase-2（ALDH2）遺伝子の一塩基多型の解析例を紹介する．ALDH2は，アルコールの中間代謝産物であるアセトアルデヒドを分解する酵素であり，そのエクソン12には，504Glu（GAA）→Lys（AAA）の一塩基多型が存在することが知られている．この一塩基多型は，飲酒に関連した体質の個人差に深く関係し，飲酒による発がんリスクに関与することがこれまでに報告されている．

【方法】
本実験では，Cycleave® Human ALDH2 Typing Probe/Primer Set と Cycleave® PCR Reaction Mix（タカラバイオ）を用いて解析を行った．鋳型としては，陽性コントロールとしてCycleave® Human ALDH2 Typing Probe/Primer Setに添付のALDH2 Positive Control（アレル1）およびALDH2 Positive Control（アレル2），未知サンプルとして数種のヒトゲノムDNAを使用し，製品説明書に従って反応を実施した．

【結果】
Cycleave® Human ALDH2 Typing Probe/Primer Setでは，野生型をアレル1として，変異型をアレル2として検出する．図Aには，ポジティブコントロールの反応結果を示した．ALDH2 Positive Control（アレル1）およびALDH2 Positive Control（アレル2）がそれぞれ特異的に検出されており，クロス反応がないことがわかる．
図Bに未知サンプルの反応例として，アレル1と判定されたサンプルの増幅曲線を示した．ポジティブコントロールと同様，アレル1検出用のプローブで検出され，アレル2検出用のプローブでのクロス反応は認められなかった．なお，このような反応結果から，各未知サンプルのジェノタイプはリアルタイムPCR装置付属のソフトウェアで自動判定され，図Cに示すようにアレル1，アレル2，ヘテロに明確に分類された．

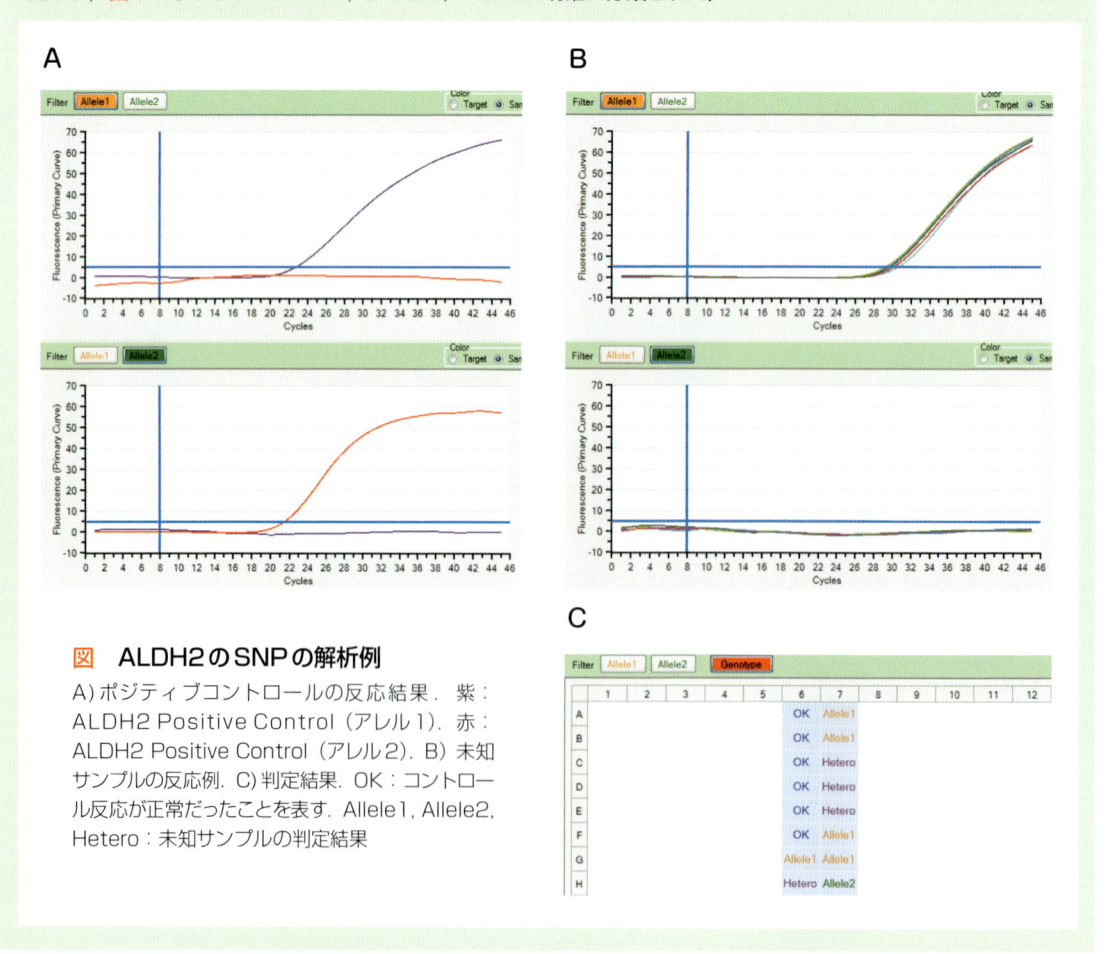

図 ALDH2のSNPの解析例

A）ポジティブコントロールの反応結果．紫：ALDH2 Positive Control（アレル1）．赤：ALDH2 Positive Control（アレル2）．B）未知サンプルの反応例．C）判定結果．OK：コントロール反応が正常だったことを表す．Allele1, Allele2, Hetero：未知サンプルの判定結果

基本編　リアルタイムPCRを使った解析の基本

7 特異的アレルの検出の原理
castPCR法による体細胞変異の検出

勝本　博

がん組織由来のサンプルでは，一般的に正常な野生型DNAと変異型DNAが混在しており，変異検出には高感度な手法が必要となる．ここでは，野生型DNAによるバックグラウンドをMGBが付加されたオリゴヌクレオチドによりブロックすることで変異型DNAを高感度に検出できるcastPCR法を紹介する．

はじめに

　がん組織由来のサンプルには，一般的に正常な野生型DNAと変異型DNAが混在して存在している．これまでにシークエンシング（サンガー法）や，リアルタイムPCRなどを用いた多くの体細胞変異検出法が開発，報告されてきたが，豊富に存在する野生型DNAの存在が変異型の検出に影響を与えるため，感度，特異性に関してさまざまな限界があった．TaqMan® Mutation Detection AssayはcastPCR（competitive allele-specific TaqMan®）テクノロジーをベースとして設計されている．変異型アレル特異的なTaqMan® PCRと野生型アレルからの非特異的な増幅を効果的に抑えるMGB（Minor Groove Binder）ブロッカーオリゴヌクレオチドを組み合わせることで，従来法と比較してより高感度の検出が可能となっている．

castPCRの基本原理

　castPCRによる体細胞変異の検出は，目的の変異を検出するためのMutant Allele Assayと，変異が存在する遺伝子に対するGene Reference Assayを組み合わせて行う．Mutant Allele Assayには，変異型アレルを特異的に検出する変異型特異的プライマー（ASP），野生型アレルにハイブリダイズすることにより非特異的増幅を抑える野生型特異的MGBブロッカー（ASB），蛍光検出のためのローカス特異的TaqMan®プローブ（LST），ローカス特異的プライマー（LSP）が含まれる（図1A）．豊富に存在する野生型アレルをASBでブロックする一方，変異型アレルをASPで特異的に増幅する．Gene Reference Assayには変異の含まれない領域にデザインされた，遺伝子特異的なFP（フォワードプライマー），RP（リバースプライマー），LSTが含まれ（図1B），サンプル中の変異が存在するターゲット遺伝子の総量を検出する．例えば，ある遺伝子の5種類の変異について検出する場合，その遺伝子のGene Reference Assayと5種類のMutant Allele Assayで実験を行うことになる（図2）．

　基本的には以下の2種類の実験を行う必要がある．

実際の操作

1. Detection ΔCt cutoff値決定実験

　実際に実験に使用するものと同じタイプ（FFPEサ

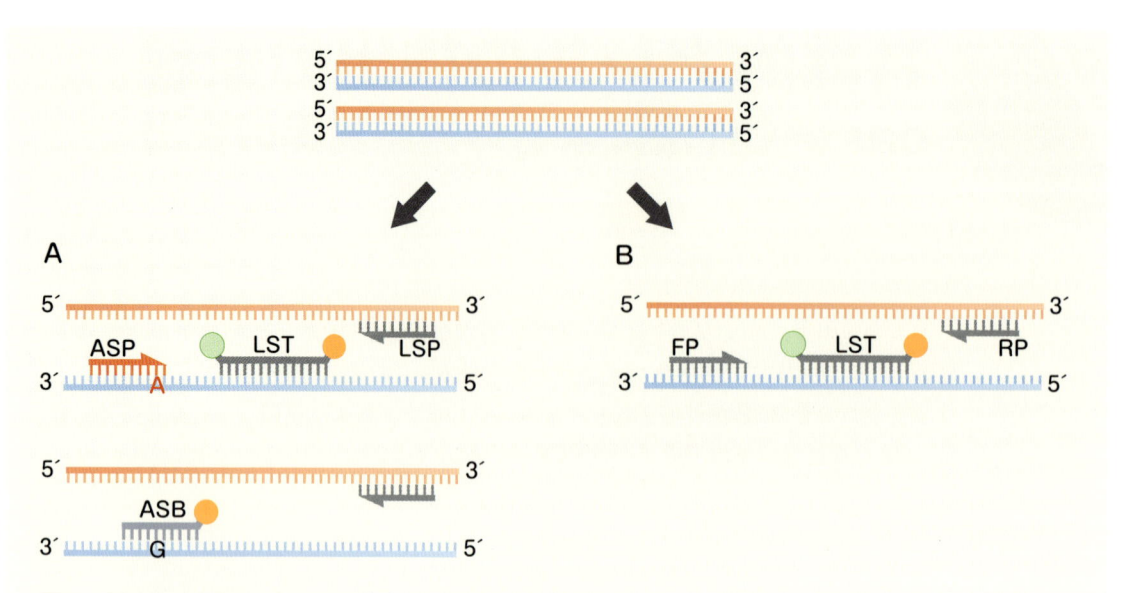

図1　Mutant Allele Assay（A）と Gene Reference Assay（B）

ASP：変異型特異的プライマー．ASB：変異型特異的MGBブロッカー．LST：ローカス特異的TaqMan® プローブ．LSP：ローカス特異的プライマーここではAが変異型アレルを表し，Gが野生型アレルを表す．FP：フォワードプライマー．RP：リバースプライマー

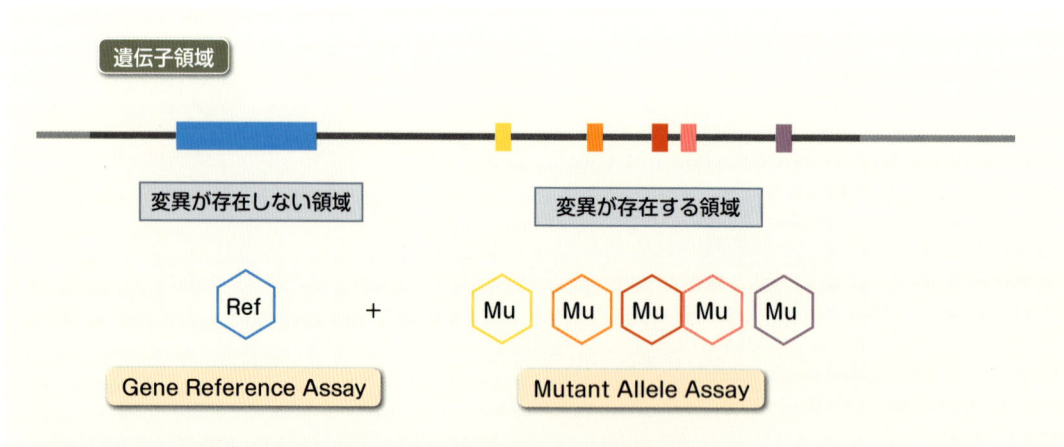

図2　TaqMan® Mutation Detection Assayによる変異検出

変異が存在しない領域に設計されたGene Reference Assayと各対象変異に設計されたMutant Allele Assayを使用する．ここでは同一遺伝子の5種類の変異について検出する場合を示している

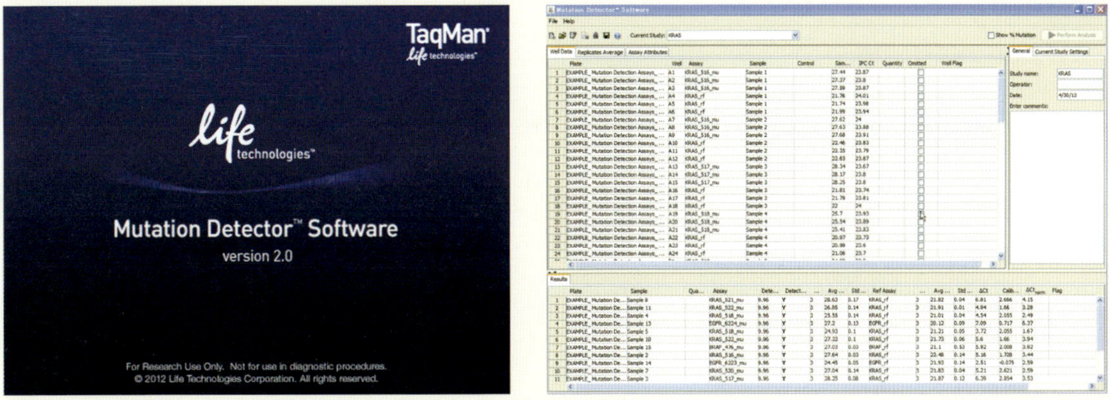

図3 専用解析ソフト Mutation Detector™ Software
ライフテクノロジーズ社HPより無償ダウンロード可能

ンプルなど）の野生型サンプルより抽出したDNAを用い，目的のMutant Allele Assayとその変異が存在する遺伝子のGene Reference Assayで実験する．少なくとも3種類のサンプルを各3反復で行うことを推奨している．ΔCt値（Mutant Allele Assay Ct値－Gene Reference Assay Ct値）を各サンプルについて算出してから平均ΔCt値を算出し，Detection ΔCt cutoff値とする（専用解析ソフト Mutation Detector™により算出，図3）．各Mutant Allele Assayについて，最初に1回行えばよい※．なお，このDetection ΔCt cutoff値が変異陽性または陰性の判断基準となる．

2. 変異検出実験

実際の検体より抽出したDNAを用い，目的のMutant Allele Assayとその変異が存在する遺伝子のGene Reference Assayで実験する．ΔCt値（Mutant Allele Assay Ct値－Gene Reference Assay Ct値）をDetection ΔCt cutoff値と比較しすることで判定を行う（専用解析ソフト Mutation Detector™により判定）．

サンプルのΔCt値＜Detection ΔCt cutoff 値
　　　　　　　　　　　　　　　　　→変異陽性

サンプルのΔCt値＞Detection ΔCt cutoff 値
　　　　　　　　　　　　　　　　　→変異陰性

おわりに

castPCRテクノロジーをベースとしたTaqMan® Mutation Detection Assayは，野生型バックグラウンド中に含まれる0.1〜1％程度の変異型アレルを検出できる高感度な体細胞変異検出用アッセイである．現在，がんに関連した46遺伝子の778変異についてのMutant Allele Assayがデザインされており，次世代シークエンサーによる網羅的体細胞変異の検出のバリデーションなどにも使用することができる．

◆ 参考文献
1) Shahabi, V. et al.: Cancer Immunol., 61:733-737, 2012
2) Didelot, A. et al.: Exp. Mol. Pathol., 92:275-280, 2012

※ KRAS, EGFR, BRAFの一部のMutant Allele assayについては，Detection ΔCt cutoff値があらかじめ算出されている．また，それらについてはCalibration ΔCt値（変異型と野生型同コピー存在する場合のMutant Allele assay とGene Reference AssayのCt値の差）も算出されているため，定量的な実験も可能である．

> **参考**

1）ゲノムDNAサンプル
各サンプルタイプの推奨使用量は以下である．
FFPEサンプル由来	推奨20 ng	10〜50 ng
新鮮凍結組織由来	推奨20 ng	1〜50 ng
細胞株	推奨20 ng	1〜100 ng

予備実験としてGene Reference Assayのみを行い，Ct値が18〜28（20μL系）もしくは17〜27（20μL系）になるように調製するとよい．

2）反応組成

【96ウェルプレート20μL反応系】

2×TaqMan® Genotyping Master mix	10.0μL
ゲノムDNAサンプル	2.0〜4.0μL
50×Exogenous IPC Template DNA[※1]	0.4μL
10×Exogenous IPC Mix[※1]	2.0μL
Nuclease-free water	適量
total	18.0μL

※1：（オプション）PCR阻害による偽陰性を確認するためにIPCの使用を推奨する．

【384ウェルプレート10μL反応系】

2×TaqMan® Genotyping Master mix	5.0μL
ゲノムDNAサンプル	1.0〜2.0μL
50×Exogenous IPC Template DNA[※1]	0.2μL
10×Exogenous IPC Mix[※1]	1.0μL
Nuclease-free water	適量
total	9.0μL

上記のミックスを，検出する変異数（Mutant Allele Assayの数）＋1（＝Gene Reference assay）ウェル分作製し，プレートに分注する（例：KRASの5種類の変異を検出する場合，5＋1＝6ウェル分）．分注したミックスにMutant Allele Assay（またはGene Reference Assay）を2μL（96ウェル），もしくは1μL（384ウェル）加え，シールをしてからスピンダウンする．

3）PCR条件
TaqMan® Mutation Detection assayは，同一のサーマルサイクルコンディションを用いて最適化されているため，アッセイごとに条件検討を行う必要はなく，1プレート上で複数の変異検出を行うことができる．サーマルサイクルコンディションは以下である．

（ランモードはStandardを選択）

Taq DNAポリメラーゼの活性化	95℃	10分
↓		
熱変性	92℃	15秒 ┐ 5サイクル
アニーリング＆伸長反応	58℃	1分 ┘
↓		
熱変性	92℃	15秒 ┐ 40サイクル
アニーリング＆伸長反応	60℃	1分 ┘

反応時間はおよそ1時間50分程度である．反応終了後，Thresholdを0.2に設定してCt値（results data）をエクスポートし，専用解析ソフト Mutation Detector™ により解析を行う．Mutation Detector™ ソフトウェアの詳細についてはライフテクノロジーズ社HPを参照されたい．

基本編　リアルタイムPCRを使った解析の基本

8 遺伝子発現量の測定の実際

白神　博

　遺伝子発現量を測定する方法として2種類の手法が知られている．ターゲット遺伝子の存在量を「コピー数／μL」として解析する絶対定量法と，ターゲット遺伝子の存在量をテストサンプルと比較対象サンプル（スタンダードサンプル）で比較して「何倍の差」があったのかを解析する相対定量法である．これらの解析方法は研究目的に合わせて選択する必要がある．また，絶対定量法に関しては次世代編に記載があるように，デジタルPCRでの絶対定量手法がリアルタイムPCRでの解析と合わせて今後活用されることが想定され，その違いを明確にするためにも本項で定量手法を理解しておくことが重要となる．

はじめに

　生命現象を理解するためには生体内での遺伝子発現量を解析することが大きなポイントとなる．例えば，特定の刺激が加わると「ターゲット遺伝子の発現量が4倍に変化した」という結果を得ること，すなわち定常状態からの変化量が何倍に増えたのかを知ることが多くの研究手法として採用されている．こういった解析の場合には留意するべきポイントがあり，特に複数のサンプル間での比較の際には実践編-6にあるように，サンプル間での補正を目的とした内在性コントロールの設定や選択が重要となる．また，遺伝子の発現量比較をする際には，基準をどのように考えるのかがポイントとなる．同じ「2倍の差」を議論する際に，存在量をコピー数[※1]で勘案した場合に，100コピーといった低発現レベルの遺伝子量が200コピーに増加したケースと，1万コピーの高発現レベルが2万コピーに増加したケースでは，生物学的な意味での解釈が異なる可能性もある．本項では遺伝子発現量を正確に測定するために必要となる手順や重要となる考え方を説明する．

遺伝子の発現量測定法の選択

　リアルタイムPCRでの遺伝子発現解析においてサンプル間での遺伝子量を比較検討する場合には検量線を作成する手法と検量線を作成しない解析手法（ΔΔCt法など）がある．また，検量線を用いて解析する場合でも，既知濃度の標準サンプルなどを用いてコピー数を算出する絶対定量法と，cDNAなどの希釈系列で検量線を作成して相対値で発現比較する手法があり，本項ではこれらの検量線を用いた手法の特徴をふまえて遺伝子量の測定手順を解説する（なお，ΔΔCt法に関

[※1] コピー数
遺伝子発現解析におけるコピー数は対象とする遺伝子配列を含む核酸が1分子あることを意味する．実際の遺伝子発現解析では，逆転写されたcDNA分子がどれだけあるか検量線法で絶対定量し，mRNAのコピー数（転写量）として解析する．

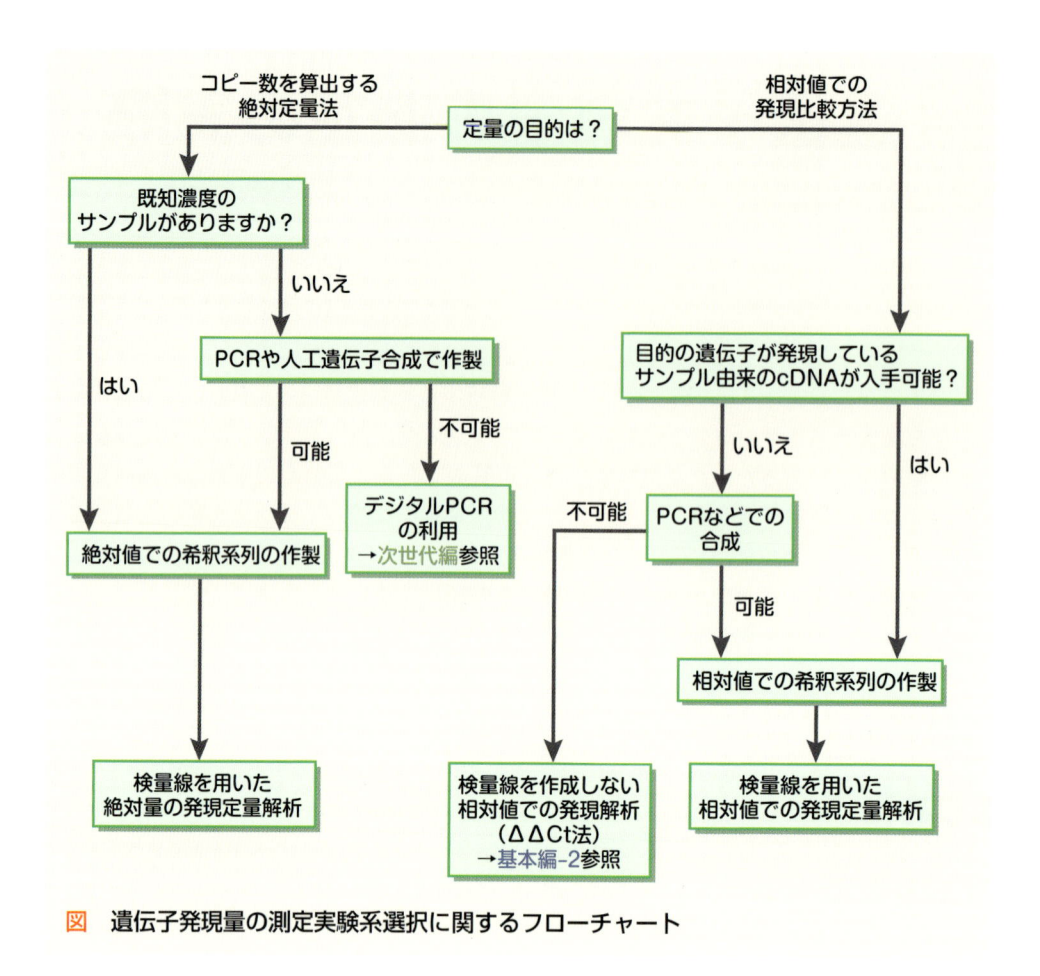

図　遺伝子発現量の測定実験系選択に関するフローチャート

■ 検量線を用いた遺伝子発現量解析の手順（図）

1. スタンダードサンプルを準備する

1）絶対定量用の既知濃度サンプル

　リアルタイムPCRで遺伝子のコピー数測定を行う場合は既知濃度のサンプル（スタンダードサンプル）などを用意して同時に測定を行う必要がある．特に検査業務や臨床研究の現場では絶対定量法を用いた遺伝子量の測定が多く用いられており，例えば，HCV（ヒトC型肝炎ウイルス）やノロウイルスなどのウイルス量としては基本編-2ならびに参考文献を参照）．の定量測定を行う場合にはウイルス遺伝子に相当するコピー数の標準曲線（スタンダードカーブ）作成用のサンプルが必要となる．また，遺伝子組換え作物（GMO）の定量を行う際にも対象とする遺伝子領域を含むコピー数がわかる既知濃度のプラスミド溶液などを利用して定量解析を実施する．

　コピー数などを測定する必要がある実験の場合には，人工遺伝子合成[※2]，転写産物，プラスミドベクターやPCR産物などの人工的なテンプレートからコピー数濃

※2　人工遺伝子合成

目的の配列を有するDNAを人工的に合成する手法で，目的の長さの塩基数をもつ任意配列のDNAを人工合成することができる．複数のメーカーからサービスが提供されており，自らクローニングするよりも比較的安価に利用できるメリットがある．

度（Copy/μL）の溶液を事前に準備する※3．細菌などの解析では，コピー数よりもコロニー形成に着目して既知濃度（cfu/mLなど）の細菌培養液からの抽出核酸をもとにしたテンプレートなどを作成・入手して実験を行うケースもある．公的機関や省庁からガイドラインが公示されている検査法や検出法の場合では，ポジティブコントロールや標準サンプルが公的機関から頒布される場合や，メーカーから販売されている場合もあるので，これらの既知濃度サンプルを用いて希釈系列を作製して標準曲線としての検量線として利用することもできる．特殊な解析方法では，サンプル間での遺伝子発現量比較ではなく，同一検体における遺伝子の存在量比較を行う場合があり，この場合は各ターゲット遺伝子において既知濃度の検量線からコピー数をそれぞれ算出して，その濃度の違いによって遺伝子間の存在量を検討する場合もある．

2）相対定量用のサンプル

遺伝子発現解析の多くの研究の現場では，ターゲット遺伝子に対してのコピー数のわかった既知濃度コントロールを用意することは難しく，現状としては絶対定量法としてコピー数を算出する解析方法はあまり採用されない．実際に多くの研究室ではターゲット遺伝子の発現が知られているサンプル由来のcDNAを希釈して検量線を作成する手法が一般的に用いられている．相対定量の場合は特別な単位はなく，希釈率を採用した場合では相対値として無単位になるケースがほとんどとなる．また，最近では検量線そのものを作成しなくとも相対的な発現解析ができるようなΔΔCt法も多用されるようになり，どのように解析手法を選択したらよいのか参考になるように図にフローチャート形式でまとめた．

2. 検量線作成のために希釈系列をつくる

絶対定量法で既知濃度のサンプルを希釈する際も，相対定量法でcDNA溶液などを希釈する際でも，その希釈系列の倍率設定が重要となる．例えばsiRNAによる発現遺伝子抑制や数倍の発現量の違いを検証する目的であれば，検量線の希釈系列も2倍希釈系列程度で5点ほどの系列を作製して，相対値として1，2，4，8，16倍の濃度差で検出するのが適切なレンジ幅となる可能性が高い．また，刺激や誘導などのインダクションをかけて数百～数千倍の遺伝子発現を誘導するような実験系やサンプル間で発現量の大きな違いがあるよ

※3　**絶対定量のためのコピー数算出方法**

プラスミドDNAまたは精製されたPCR産物，最近では人工遺伝子合成を用いて，その質量と分子量からコピー数に変換することができる．手順としては目的の核酸の分子量を算出し，アボガドロ定数を用いてコピー数へ変換する流れになり，下記に例を示す．

【ステップ1】分子量（mw）の計算
二重鎖DNAの長さbp × 330 daltons（塩基の平均分子量）× 2 nt/bp ＝ X daltons [g/mole]

【ステップ2】分子量からコピー数への変換
X g/mole ÷ アボガドロ定数（6.023×10^{23} molecules/mole）＝ Y g/molecule
Y：1分子（コピー）当たりのDNAの重量

例）6,630bpの大きさをもつプラスミドDNAの分子量をコピー数に変換

【ステップ1】分子量を計算する
(6,630bp) × (330dal × 2nt/bp) ＝ 4.38×10^6 dal [g/mole]

【ステップ2】分子量からコピー数へ変換する
(4.38×10^6 g/mole) ÷ (6.023×10^{23} molecules/mole) ＝ 7.27×10^{-18} g/molecule

この数値はこのプラスミドDNA 1分子あたり7.27×10^{-18} gあることを意味し，その逆数を取ればこのプラスミド1pgあたり約137,000コピーに相当することがわかる．また，このことはきわめて微量のプラスミドやPCR産物などでも大量のコピー数であることを意味し，飛散による実験環境，ピペット類，試薬類へのコンタミネーションを避けるように最大の配慮を行う必要がある．

うなウイルスサンプル測定であれば，10倍希釈系列を作製して，1，10，100，1,000，10,000倍などでの濃度差で5点以上の幅広いレンジで検出できるように多くの希釈系列を作成する必要がある．

3. ターゲット遺伝子と内在性コントロール遺伝子の検量線作成の必要性

内在性コントロールを用いて解析を行う場合は，PCRプライマーは遺伝子ごとに配列が異なり，遺伝子配列に依存して微妙に増幅効率の違いがあるケースがあるので，異なる遺伝子で検量線を共有することができない．そのためターゲット遺伝子と内在性コントロール遺伝子ではそれぞれ各検量線を作成し，遺伝子数に応じた検量線を作成する必要がある．

おわりに

遺伝子発現量を正確に測定するためには，解析手法を明確にして実験の戦略を明らかにしておくことが重要である．単純に何倍の差があったのかだけを知りたい場合には，絶対定量法で検量線を作成してコピー数を得なくとも，相対値での割り算により比率を得ることも可能であるし，ΔΔCt法での解析により検量線そのものを作成することなく比較対象のサンプルとの発現量比較も可能である．リアルタイムPCRでの遺伝子発現解析が一般化している今日において，どのような手法を採用すると有効なデータを合理的に効果的に得ることができるのか理解しておくことが重要である．また，近年の技術革新により，新しい定量方法としてデジタルPCRでの絶対定量方法が注目されている．この手法では既知濃度のサンプル用意や検量線の準備などが必要なく，テストサンプルにおけるターゲット遺伝子発現量の測定が可能となる（次世代編参照）．検出領域に関してダイナミクスレンジが幅広いリアルタイムPCRと合わせて利用することで新しい研究の着眼点を見つけることが可能となり今後の広がりが期待される．

◆ 参考文献：

1) Livak, J. K. & Schmittgen, T. D.：Methods, 25：402-408, 2001
2) Schmittgen, T. D. & Livak, J. K.：Nat. Protocols, 3：1101-1108, 2008

基本編 リアルタイムPCRを使った解析の基本 **8**

> **参 考**

◆遺伝子発現量の計算例

相対値で解析を行う事例を理解するために，検量線法での相対値を用いた発現解析結果とその解析例を下記に概略で示す．

【実験例】
子宮頸がん由来のHeLa培養細胞と白血病細胞由来のJurkat培養細胞において，β-カテニン遺伝子の発現レベルを測定するケースを想定．このときに，複数の内在性コントロール遺伝子を検討して，GAPDH遺伝子が適していることを別の実験から確認を実施しており，今回はサンプル間の補正としてGAPDH遺伝子を利用した．

【実験内容】
β-カテニン遺伝子がより強く発現していることが期待されるHeLa細胞由来のcDNAを用いて2倍希釈で5点の濃度差を有する希釈系列サンプルを作成し，ターゲット遺伝子（β-カテニン），内在性コントロール遺伝子（GAPDH）それぞれの検量線を作成した．各細胞由来のcDNAサンプルの相対値を検量線から算出して，以下の表のように2段階の補正を実施した．第一段階として，ターゲット遺伝子（β-カテニン）の検量線から導かれた相対値を内在性コントロール遺伝子（GAPDH）の相対値でサンプルごとに割り算を実施した（表の†）．これはサンプル間でのRNA濃度や逆転写でのバラ付きを補正することを意味する．その後，Jurkat細胞由来のcDNAサンプルを基準点（キャリブレーター）とするため，JurkatサンプルcDNAの値でそれぞれのサンプルの値を割り，Jurkatを1とした場合のHeLaの発現レベルを知ることができる（表の‡）．この結果を用いてグラフを作成すると以下の図のようなグラフになる．

表　検量線法により相対値を得ての解析

サンプル	ターゲット遺伝子 β-カテニン (相対値)	内在性コントロール GAPDH (相対値)	内在性コントロールでの補正 (β-カテニン/GAPDH) †	相対値 (Jurkatレベルを1とした場合) ‡
Jurkat	3.2	16.2	0.20	1
HeLa	15.0	15.8	0.95	4.8

検量線の希釈系列は相対値として一番濃度が濃いcDNAを16として，そこからの2倍希釈系列を8，4，2，1として作製し，5段階の希釈系列をターゲット遺伝子と内在性コントロール遺伝子でそれぞれ設定して解析した

【実験結果】
以上の結果から内在性コントロールとしてGAPDH遺伝子の発現量で補正をかけた場合，Jurkatサンプルと比較して，HeLaサンプルではβ-カテニン遺伝子がおよそ4.8倍強く発現量していることがわかる．留意しなくてはいけないのは，この実験では絶対定量法でのコピー数を算出しているわけではないので，厳密な意味でβ-カテニン遺伝子のベースレベルが明確になっていない状態であるが，サンプル間で比較して4.8倍の発現量の差を検出したことになる．しかしながら，通常の研究では，便宜的に基準となるサンプルを設定して比較することで，どのような発現変動が生じるのか測定することが重要となり，これらの背景を理解したうえで結果を考察してくことが必要となる．

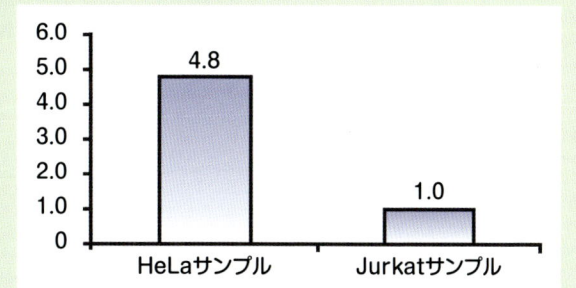

図　HeLaサンプルとJurkatサンプルでのβ-カテニン遺伝子発現量比較（β-カテニン遺伝子発現量をGAPDH遺伝子量で補正）

Jurkatサンプルを基準1として，HeLaサンプルでのβ-カテニン遺伝子の発現量をGAPDHで補正した場合に発現量に4.8倍の差があるケースを例示

基本編 リアルタイムPCRを使った解析の基本

9 プライマー/プローブの設計の手順①
インターカレーション法とプローブ法の場合

大瀬 塁

近年ではウェブアプリケーションが充実してきたため，リアルタイムPCRの発現定量解析に用いられるプライマー/プローブの設計において研究者が複雑なルールやノウハウを理解する必要性は薄れてきている．本項では，無償のウェブアプリケーションを使用した簡便な設計法を紹介する．また，設計したプライマー/プローブの評価方法についても紙幅を割いて解説する．

はじめに

リアルタイムPCRの普及に従ってアッセイの工程はシステム化，キット化が進んでおり，煩雑な条件検討を実施すべき項目は少なくなってきている．一般的な発現定量解析用のプライマー/プローブの設計についても研究者が塩基配列を前にさまざまなノウハウを駆使して設計を行うことは少なく，各種アプリケーションソフトウェアを使用して簡便に設計することが多くなっている．そこで本項では誰でも無償で使用することが可能なウェブベースのアプリケーションによる簡便な設計法を紹介したい．

また，プライマー/プローブは設計すれば必ず上手く機能するとは言い難いため，目的の配列を特異的にかつ効率よく増幅できることを，「遺伝子データベースなどを使用したドライチェック」，「実際に使用してみてのウェットチェック」の両面から評価することが重要である．

本項ではプライマーのみでアッセイ可能なインターカレーション法とプライマーと加水分解プローブを用いるプローブ法について，両者を含む形で紹介する．

プライマー/プローブ設計・評価のアウトライン

プライマーの作製は，遺伝子配列の検索，プライマー/プローブの設計，ドライチェック，ウェットチェックの4つのステップからなる（図1）．

プライマー/プローブを設計する

1. 目的遺伝子配列の検索

数多くの生物種の塩基配列が同定され，公共のデータベースに登録されている．ここでは代表的なデータベースサイトの1つである**Ensembl**（http://www.ensembl.org/index.html）[1] を例に紹介する．

表示されたトップ画面からSearchと書かれているドロップダウンリストから使用する検体の種をまず選択する．その隣にある空欄のテキストボックスに遺伝子名を入力し，検索を実行する．キーワードによって検索された生物種の遺伝子情報の種類が表示されるので，Transcriptをクリックし，展開する生物種をクリックする．その遺伝子名に関連する配列候補が表示される

基本編 リアルタイムPCRを使った解析の基本

図1 プライマー/プローブの設計フローチャート
遺伝子配列の検索，設計，ドライチェック，ウェットチェックの順に進めていく

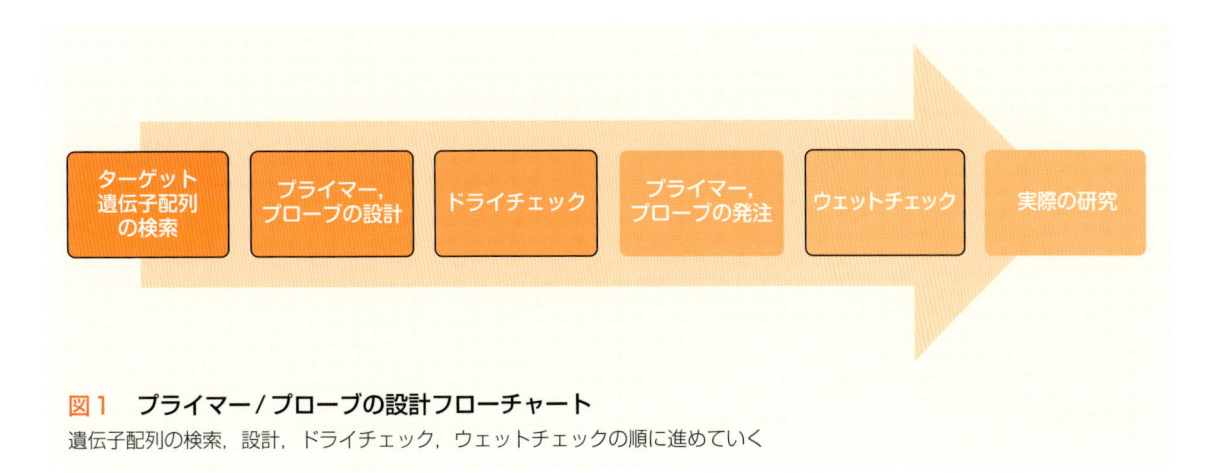

ので，最適な候補を選択する．「Transcript-based displays」の画面が開くので，同画面左側リスト中の「Exons」という項目に注目する．この項目をクリックすることでエキソン-イントロン構造を含めた遺伝子配列情報を入手することができる．

また，新規の遺伝子など公共のデータベース上に遺伝子配列が存在しない場合，シークエンサーなどを用いて得られた具体的な塩基配列情報をもって代用することができる．リアルタイムPCRによる発現解析においてはゲノムのコンタミネーションによる増幅を回避するために，「イントロンスパニング」と呼ばれるイントロンを挟んだ2つのエキソンからプライマーを設計するのが望ましい．

2．プライマー/プローブの設計

プライマー/プローブの設計には，入手した目的遺伝子の塩基配列情報を用いて，プライマー/プローブの設計を行う代表的なウェブアプリケーション **Primer3Plus**（http://www.bioinformatics.nl/cgi-bin/primer3plus/primer3plus.cgi）[2]と，遺伝子名や遺伝子番号から自動的にリアルタイムPCRに最適な条件でプライマー/プローブの設計を行ってくれるアプリケーション **Assay Design Center**（https://qpcr.probefinder.com/organism.jsp，ロシュ・ダイアグノスティックス社）があり，これらの2つを紹介する．

また，NCBIのホームページからも **Primer-BLAST**（http://www.ncbi.nlm.nih.gov/tools/primer-blast/index.cgi）[3]というプライマー設計のアプリケーションが提供されており，後述するドライチェックであるBLAST検索まで同時に実施することができる．ただし，こちらはプローブ法の設計ができないためインターカレーション法で実験する際に参考にしていただきたい．

1）Primer3Plusを使用した設計

Primer3Plusへアクセスし，「Main」タブ内の「Paste source sequence below」直下のテキストボックスに本項**1．**で入手した目的遺伝子の配列情報を入力する．プローブのデザインも行う場合，「Pick hybridization probe」にもチェックを入れる．「General Settings, Internal Oligo」のタブ内にあるテキストボックスに一般的なリアルタイムPCRに適した条件として下記数値を入力する．

【プライマーペアの場合】

Product Size Ranges：	70～150bp（アンプリコンサイズ）
Primer Size：	18～24b（プライマーサイズ）
Primer Tm：	55～65℃（Tm値）
Primer GC％：	40～60％（GC含有率）

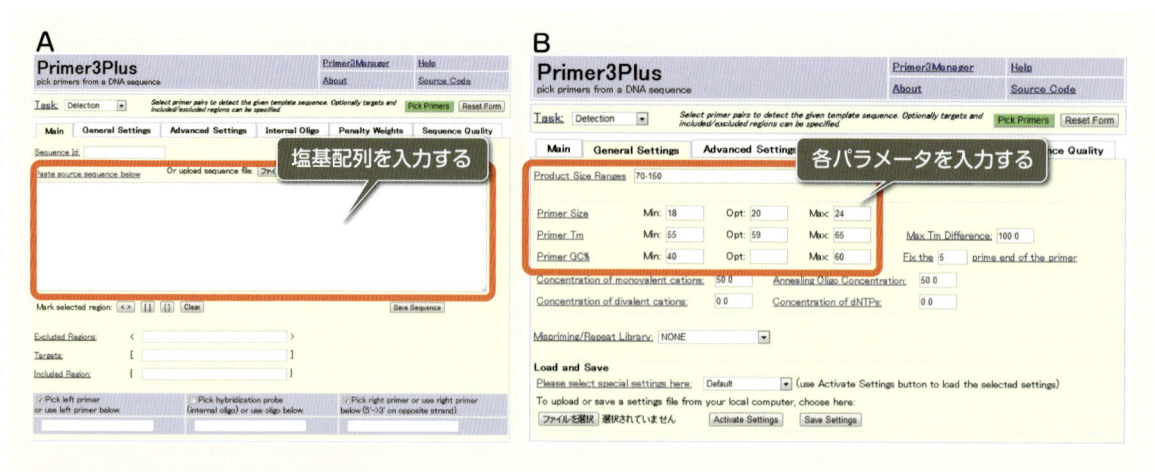

図2　Primer3 Plus による設計
A）テキストボックスに塩基配列を入力する．B）各パラメータを入力する．赤枠で囲われている［Product Size Ranges］，［Primer Size］，［Primer Tm］，［Primer GC％］以外のパラメータは基本的に初期設定の値のままで構わない

【加水分解プローブの場合】
・Tm値：　　　　60〜70℃
・GC含有率：　　30〜70％
・5'末端にGを含まないこと

これ以外のパラメータは基本的に初期設定の値のままで構わない．条件を入力後Pick Primersボタンをクリックし，設計を実行する（図2）．

実験条件や対象サンプルの塩基配列によっては設定条件を変更した方がよいケースもあるが，まずは一般的な数値を目安として設計することを勧める．また，複数のターゲット遺伝子を同一の実験ラン内で測定することが予想される場合には，プライマーのTm値を揃えて設計することが必要となる．目安としては60±1℃程度の範囲に収めるとよい．また，プライマーのTm値は必ずプローブよりも低いTm値を設定する必要がある．

2）Assay Design Center を使用した設計

Assay Design Centerへアクセスし，「1．Start by selecting your target organism below：」のドロップダウンリストから解析対象となる生物種を選択する．選択肢にない生物種の場合は「Other organism」を選択する．自動的にページが移動するので「By sequence ID」のテキストボックスに遺伝子名，遺伝子番号，もしくはキーワードを入力する．もしくは「By sequence」のテキストボックスに本項**1．**で入手した目的遺伝子の配列情報を入力する．画面下部のDesignボタンをクリックする（図3A）．遺伝子名やキーワードで検索した場合には検索候補にあがった遺伝子番号が表示されるので，目的の遺伝子番号を選択し，再度「Design」ボタンをクリックする．

ウェブ上のデータベースサーバーに登録されている配列情報からさまざまな条件検討・ドライチェックが実施され，それら条件をクリアしたリアルタイムPCRに適したプライマーとプローブ〔Universal ProbeLibrary probe（ロシュ・ダイアグノスティックス社）〕の番号が表示される．イントロンスパニングアッセイを自動的に設計でき，後述するドライチェックも同時に実施されるというメリットもあり，利便性が高い．インターカレーション法で実験をする際はプローブを発注せずにプライマーのみ発注する（図3B）．

他にもプライマー・プローブを簡易に設計するためのソフトウェアは有償・無償を問わずにさまざま存在

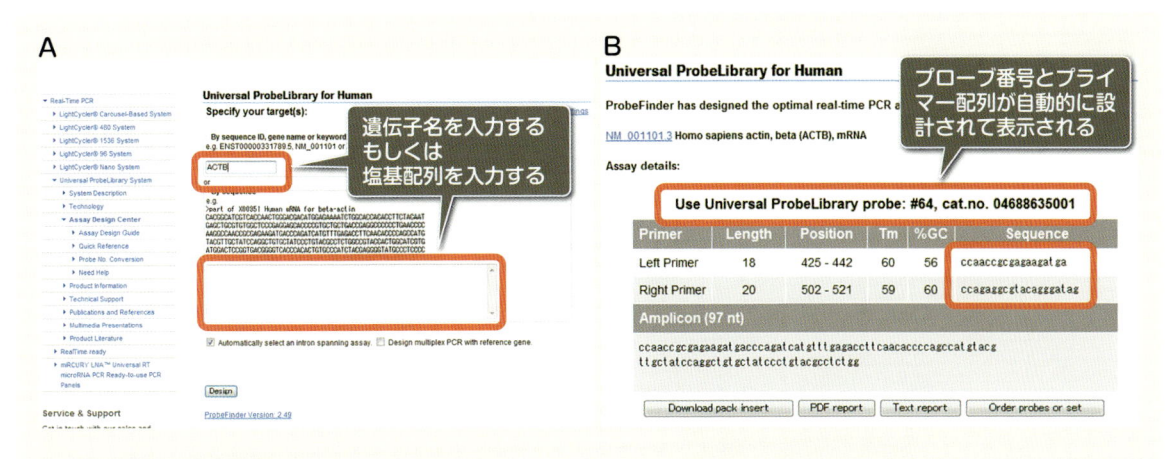

図3 Assay Design Centerへのアクセス（A）とAssay Design Centerによるプライマー/プローブの設計結果（B）

A）Assay Design Centerでは，遺伝子名やアクセッション番号を入力する，もしくは塩基配列を直接貼り付けるだけで自動的にドライチェックまで済ませたプライマー/プローブを設計することができる．B）Universal ProbeLibrary probeの番号とカタログナンバーでレディメイドのプローブを発注する．プライマーは別途オリゴDNA合成を扱っている会社に注文する．インターカレーション法の場合はプライマーのみ発注する

している．例としてBeacon Designer™（PREMIER Biosoft International社），RealTimeDesign Software（バイオサーチ社）などがあるのでいろいろと試してみるのもよい．

プライマー/プローブを評価する

塩基配列情報からPrimer3Plusなどを用いて設計したプライマー/プローブは，このままでは正常に機能するかどうかはわからない．そこで公共のデータベースにある転写産物情報と比較する「ドライチェック」，実際にPCR，リアルタイムPCRを実施し，想定通りの増幅結果と比較評価する「ウェットチェック」を行う必要がある．

1. ドライチェック

設計されたプライマー/プローブが実際に使用したときにうまく機能する可能性を高める作業が，このドライチェックである．

このドライチェックには，「BLASTでの特異性のチェック」，「プライマー/プローブの二次構造チェック」，「変異領域のチェック」がありいずれも行うことをお勧めする．

1）BLASTを使用したプライマー/プローブの特異性チェック

BLAST[4]検索を実施できるウェブサイトやツールは複数存在するが，NCBIホームページでも**BLAST**検索が可能である（http://blast.ncbi.nlm.nih.gov/Blast.cgi）．サイトにアクセスし「Nucleotide BLAST」を選択する．各プライマー/プローブの配列をそれぞれ入力し，データベースを選択後，「BLAST」のボタンをクリックすると相同性の高い配列が検索され，表示される．目的とする生物種，それぞれが目的遺伝子のみを認識し，その他の遺伝子に相同性の高い配列がないことを確認する．

2）プライマー/プローブの二次構造のチェック

プライマー/プローブの二次構造によってはリアルタイムPCRの増幅効率やプライマーダイマーの形成な

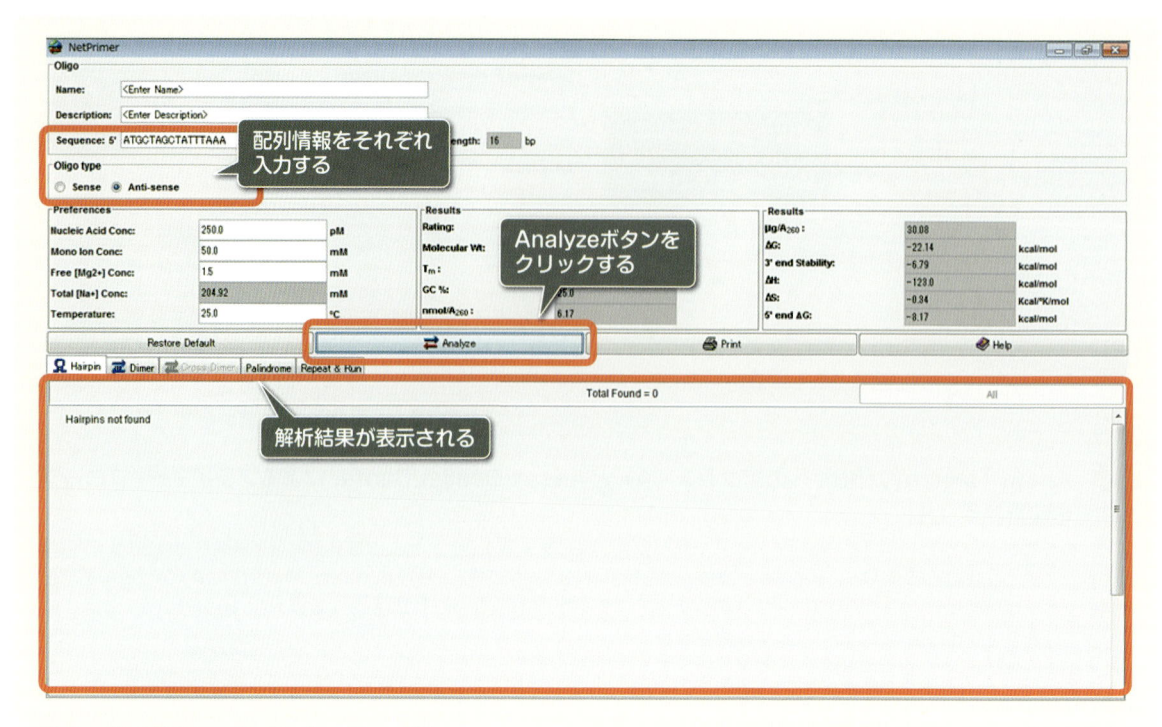

図4　NetPrimerのインターフェイス
予測される二次構造などが表示される．ソフトウェア上の予想に過ぎないが，この段階で非特異反応が予想される場合は，設計し直した方がよい

どに影響を与える．完全一致の相補配列程度であれば目視で判別することも可能だが，複雑な条件を加味してマニュアルで判断をするのは実質的に不可能である．

この目的のために**NetPrimer**〔http://www.premierbiosoft.com/netprimer/index.html（PREMIER Biosoft International社）〕[5]というツールが無償で提供されている（図4）．ユーザー登録を行いソフトウェアにアクセスし，「Sequence」の項目にフォワードプライマーの配列を入力する．また「Oligo Type」を「sense」から「anti-sense」に変更し，リバースプライマーの配列を入力する．「Analysis」ボタンをクリックすると自動的に解析が行われ，「Hairpin」「Dimer」「Cross Dimer」などのパラメータが表示される．これらのすべての項目で二次構造が生じていないことを確認する．

3）変異領域のチェック

稀な確率でプライマー/プローブを設計した領域にSNPsが存在しているケースがあり，この場合プライマー/プローブのアニーリング効率に大きな影響を与え，結果として正しい定量解析ができなくなる．そのためプライマー/プローブの設計領域に変異がないことを確認する必要性がある．SNPsの情報も先述のNCBIより確認することができるのでこれを利用する．遺伝子の配列を得たページに再びアクセスし，ページ右側にあるリストからRelated Informationから「SNP」を選択すると目的の遺伝子に対して既報のSNPsを閲覧することができる．表示されたSNPs情報を元の遺伝子配列におけるプライマー/プローブ設計領域と照らし合わせて，SNPsが，プライマー/プローブのいずれにも含まれないことを確認する．

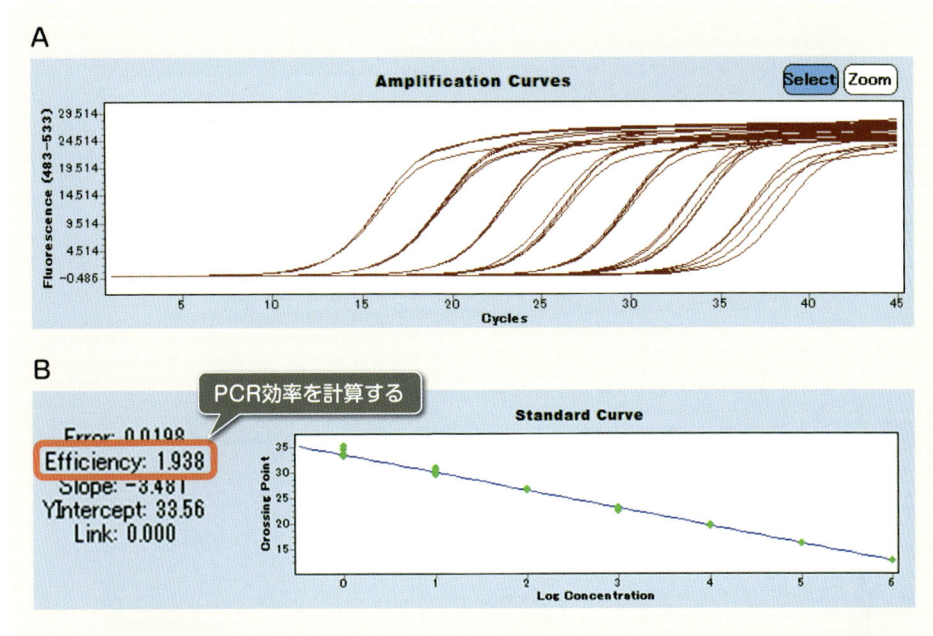

図5 希釈系列を用いたリアルタイムPCRの実施（A）と結果から得られる検量線とそのパラメータ（B）

A）作製した希釈系列に対して，各プライマーおよびプローブを用いてリアルタイムPCRを実施し，PCR効率を算出する．PCR効率はサンプル，その前処理や逆転写反応のステップが同じであれば，プライマーおよびプローブの配列に依存する割合が大きい．B）「Efficiency」の数値がPCR効率となる．PCRは目的配列を連続的に2倍に増幅する技術であるため，理論値は2（100％）となる

2. ウェットチェック

ドライチェックによって特異的に増幅するプライマー/プローブの設計が充分に考慮されているが，最終的に機能するかどうかは実際にリアルタイムPCRを実施して評価する必要性がある．ウェットチェックでは，ポジティブコントロール，ネガティブコントロールを用いて評価を行う．ポジティブコントロールとは実際の実験系で使用する予定のサンプルで，目的とする遺伝子が発現しているサンプルを使用する．ネガティブコントロールとは鋳型となるcDNAの代わりに水を加えたサンプル（No-template control）や，逆転写反応を行っていないサンプル（Non-reverse transcription control）などのことを指す．

1）PCRとゲル電気泳動による特異性のチェック

まずはプローブを使用せずにプライマーのみでPCRを行う．リアルタイムPCRと同じ温度条件でPCRを実施し，反応溶液をゲル電気泳動に供してPCR産物を確認する．ポジティブコントロールで特異的な増幅が起きていること，ネガティブコントロールでプライマーダイマーを含め非特異的な増幅が起こっていないことを確認する．

2）増幅効率のチェック

次に実際にリアルタイムPCRでポジティブコントロールを使用して評価を行う．ポジティブコントロールを段階希釈してスタンダードサンプルを作製する（10倍希釈で5点行うのが望ましい，図5A）．このスタンダードサンプルを用いて検量線を作成しPCR効率が2.0（または100％）に近いものを目的遺伝子の発現解析に適切なアッセイとして利用する（図5B）．

表 本項で扱ったウェブアプリケーションとURL

Webアプリ名	URL
Ensembl	http://www.ensembl.org/index.html
Primer3Plus	http://www.bioinformatics.nl/cgi-bin/primer3plus/primer3plus.cgi
Assay Design Center	https://qpcr.probefinder.com/organism.jsp
Primer-BLAST	http://www.ncbi.nlm.nih.gov/tools/primer-blast/index.cgi
BLAST	http://blast.ncbi.nlm.nih.gov/Blast.cgi
NetPrimer	http://www.premierbiosoft.com/netprimer/index.html

3）融解曲線分析（インターカレーション法）

インターカレーション法では二本鎖DNAがあれば蛍光シグナルを発するという特徴から，非特異産物の生成には特に注意を要する．そこで，ポジティブコントロールを使い，リアルタイムPCR実験を行い，融解曲線分析といわれるクオリティコントロールの解析をすべての実験において実施すべきである．評価の基準は，得られた曲線が一峰性であることをもって増幅産物が特異的であると判断する．これは増幅産物のTm値を測定するための解析であるが，可能であればすべての実験においてウェットチェックで得られたTm値と有意な差がないことを確認すべきである．

おわりに

リアルタイムPCR初心者のみならず熟練した研究者の方でも陥りがちなトラブルに，単一のプライマー/プローブを機能させるために，複雑な条件検討を幾度も繰り返し，多大な労力を費やしてしまう場合がある．しかし，一般的な発現定量解析の場合，目的配列は極端に限定的な領域ではなく，多くの場合複数候補の設計が可能である．また，今までの経験から，プライマー/プローブの再設計をした方が貴重な研究時間と費用を節約することができるケースが非常に多いため，複数候補の検討を強くお勧めする．

さらに最近ではヒト，マウス，ラットなどいくつかの生物種についてはすでに設計されているプライマー/プローブがセットになったアッセイキットなども充実してきており，これらのキットを活用することでコストや時間の節約につながるケースもある．代表的なプライマー/プローブがセットになったアッセイキットとしては，豊富なラインナップを取り揃えているTaqMan®プローブ（ライフテクノロジーズ社）やすでにドライチェック，ウェットチェックまで評価済みであることが特長のRealTime ready Assay（ロシュ・ダイアグノスティックス社）などがある．

最後に，本項がリアルタイムPCRをに興味をもっている方にとって何らかの助力となっていれば幸いである．

◆ 参考文献

1) Hubbard, T. J. et al.：Nucleic Acids Res., 35：D610-617, 2007
2) Sherry, S. T. et al.：Nucleic Acids Res., 29：308-311, 2001
3) Pruitt, K. D. et al.：Nucleic Acids Res., 35：D61-D65, 2006
4) "BLAST"（Bedell, J. et al.），O'Reilly & Associates, 2003
5) Rozen, S. & Skaletsky, H. J.："Bioinformatics Methods and Protocols：Methods in Molecular Biology"（Misener, S & Krawetz, S. eds.），pp.365-386, Humana Press, 2000

LightCycler® 15th Anniversary

ロシュのリアルタイムPCRへの挑戦は、未来に受け継がれていく。

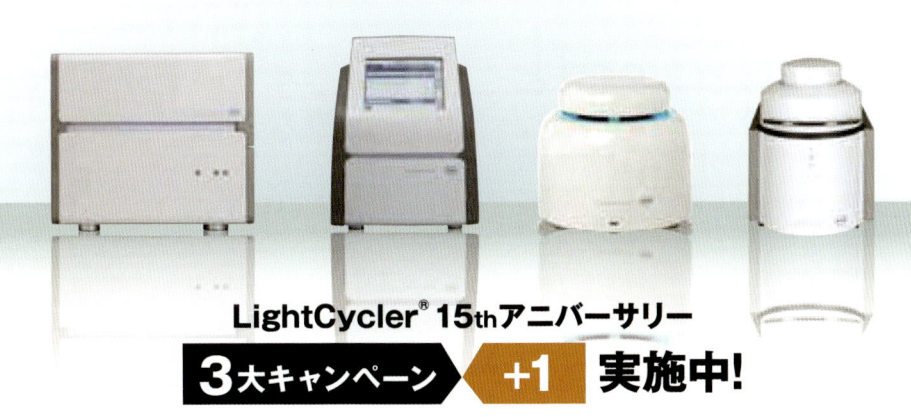

LightCycler® 15thアニバーサリー
3大キャンペーン +1 実施中!

Campaign No.1 「Oh, New!」キャピラリー買い換えキャンペーン
キャンペーン期間 2014年3月末日ご注文分まで　対応製品：キャピラリータイプ
わずか15台限定

Campaign No.2 「フルファンクション!」96+新PCセットバリューキャンペーン
キャンペーン期間 2014年3月末日ご注文分まで　対応製品：LightCycler® 96
新PCセットいきなり15万円引き

Campaign No.3 「Nanoトモ!」お友だちご紹介ダブルラックキャンペーン
キャンペーン期間 2013年12月末日ご注文分まで　対応製品：LightCycler® Nano
わずか15台限定

+1 サプライズニュース!!
LightCycler® 480のプライスダウンが決定!!
旧価格より15%OFF

製品とキャンペーン詳細は、お問い合わせください。　URL：www.LC15th.jp

ロシュ・ダイアグノスティックス株式会社
〒105-0014 東京都港区芝2-6-1　TEL.03-5443-5287
www.roche-biochem.jp
e-mail. tokyo.as-support@roche.com

基本編　リアルタイムPCRを使った解析の基本

10 プライマー/プローブの設計の手順②
マルチプレックスPCRの場合

北條浩彦，清水則夫

> マルチプレックスPCRは，1つのPCR反応液中で複数のターゲット遺伝子を同時に増幅し検出する方法である．この方法は，1回のPCRで多くの情報（データ）を得ることができることから貴重なサンプルの有効利用と迅速な解析に優れている．しかし，このマルチプレックスPCRを実行するためには，細密なプライマー設計とPCR反応条件の検討が必要である．

■ マルチプレックスPCRとそのポイント

　マルチプレックスとは「多重化」の意味である．マルチプレックスPCRは，1つのPCR反応系（反応チューブ内）で複数の異なるターゲット遺伝子を同時に増幅し（複数ターゲット遺伝子/1反応系），それらを識別して検出（解析）する方法である．通常の方法（1ターゲット遺伝子/1反応系）と比べて，マルチプレックスPCRは同じ量の鋳型DNAからより多くのデータを得ることができる．このため迅速な解析や網羅的な解析，そして貴重なサンプルの有効利用に長けている．このような解析を可能にするのは，①異なるターゲット遺伝子を同時に増幅させる特異性の高いPCRプライマーセットと②増幅したそれぞれのPCR産物を識別する異なる蛍光波長をもった数種の蛍光物質である．よって，特異性が高く相互干渉のないPCRプライマーセットの設計と細密なPCR条件の検討，そして識別可能な異なる蛍光波長をもった蛍光物質の組み合わせがマルチプレックスPCR実行の重要なポイントとなる．

■ プライマーデザインの簡単な方法

　文献から定量用にデザインされたプライマーセットを見つけ出して表のプライマーダイマーチェックソフトで確認して相性のよいものを選択する．例えば，実践編-15のウイルスの迅速検査実験は本方法を使用している．

■ プライマーを初めからデザインする方法

　デザインソフトを使用してプライマーをデザインする（表）．いずれも以下の点を考慮して選択またはデザインする．③のプライマーダイマー形成の可能性については，図1の3種類について考慮する必要がある．

① Primer Tm値を合わせる．各プライマーの差がTm値±5℃以内（できれば2℃以内）になるように設定する．
② デザインされたプライマーの特異性をチェックする．プライマー配列をGenBank BLAST解析で特異性を確認する．GenBank DNA **BLAST**

基本編 リアルタイムPCRを使った解析の基本 10

表 本項で扱ったウェブアプリケーションとそのURLなど

Webアプリ名	URL	有償/無償	特徴など
プライマーダイマーチェック			
PriDimerCheck	http://biocompute.bmi.ac.cn/MPprimer/primer_dimer.html	フリー	―
IDT OligoAnalyzer	http://www.idtdna.com/analyzer/Applications/OligoAnalyzer/	フリー	―
デザインソフト			
MPprimer	http://biocompute.bmi.ac.cn/MPprimer/	フリー	セット数に制限がないが多数のデザインは困難
PrimerStation	http://ps.cb.k.u-tokyo.ac.jp/mquery.php?language=ja	フリー	ヒトゲノムのみ
PrimerPrex	http://www.premierbiosoft.com/index.html	有料	お勧めするソフト．一度に100セットまで

A 3'-ダイマー

```
5' GAACCCTTTAGAGACTATGTA 3'
            |||‥
         3' TACTACCATCGGACAGTCCCTC 5'
```

プライマー同士の3'側が相補鎖になっている場合．
これによりプライマーを鋳型にした増幅が起こる可能性がある

『 $>-2\Delta G$ (kcal・mole^{-1}) 』

B Overall ダイマー（プライマー鎖全体）

```
5' CTCCCTGGCATGCTGTCATCAT 3'
     ‥‥‥|||・|||‥‥‥‥
3' TACTACTGCCGGACGGTCCCTC 5'
```

プライマー同士が相補鎖に近いことによるダイマー形成

『 $>-6\Delta G$ (kcal・mole^{-1}) 』

C ヘアピン形成

```
 ┌AAGTCTCAGAGTCAAG 5'
G│   |||
 └ATAGGAGAACAT 3'
```

プライマー自身を鋳型にした形成．
同一プライマー内に3'鎖と相補鎖があるとそれを鋳型にして伸長増幅する

『 $>-3\Delta G$ (kcal・mole^{-1}) 』

図1 望ましくないプライマーダイマーヘアピン構造の例
『 』は，IDT OligoAnalyzerによって出力される望ましい値を示す

(http://blast.ncbi.nlm.nih.gov/Blast.cgi) から nucleotide blast を選択，配列を Enter Query Sequence に入れてヒトサンプルであったら Database のところに Human genomic + transcript にチェックを入れて BLAST ボタンを押す．
③プライマーダイマー，ヘアピン形成のチェック．
④増幅産物サイズ．増幅産物の長さは短い方がよいがプローブ検出用にある程度必要なため100〜300 bp程度が適当である．

1. MPprimerデザインの実際

Input DNA template 欄に FASTA 形式の DNA 配列を入力する．このソフトは PCR 産物を電気泳動でサイズを確認するデザインになっているので Product Size Ranges をすべて 100〜300 bp にしてデザインする．デザインされたプライマーについて，MPprimer にある PriDimerCheck を使って，プライマーダイマーの確認を行い，最適なプライマーを選択する（図2）．

図2 MPprimerの入力画面とPriDimerCheckの結果画面

図3 IDT OligoAnalyzerの入力画面とヘアピン構造予測の結果

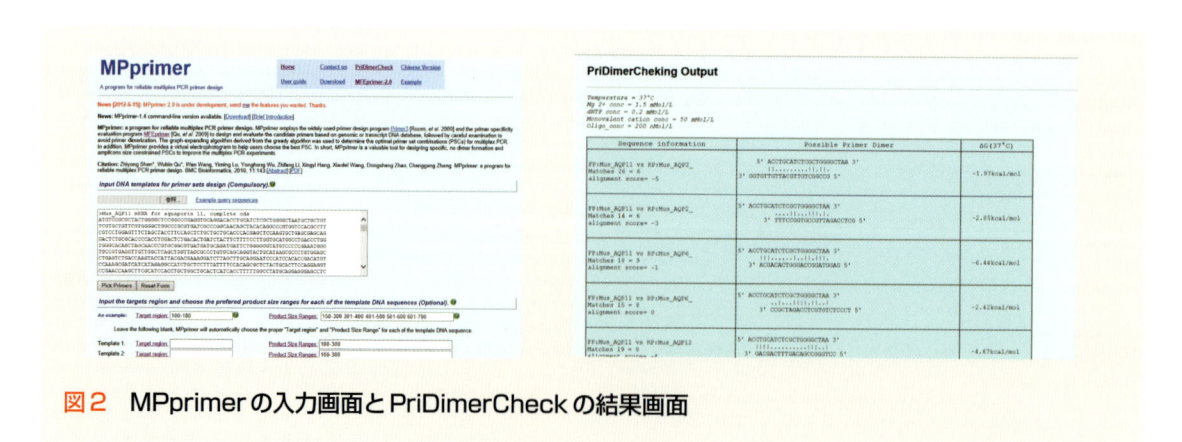

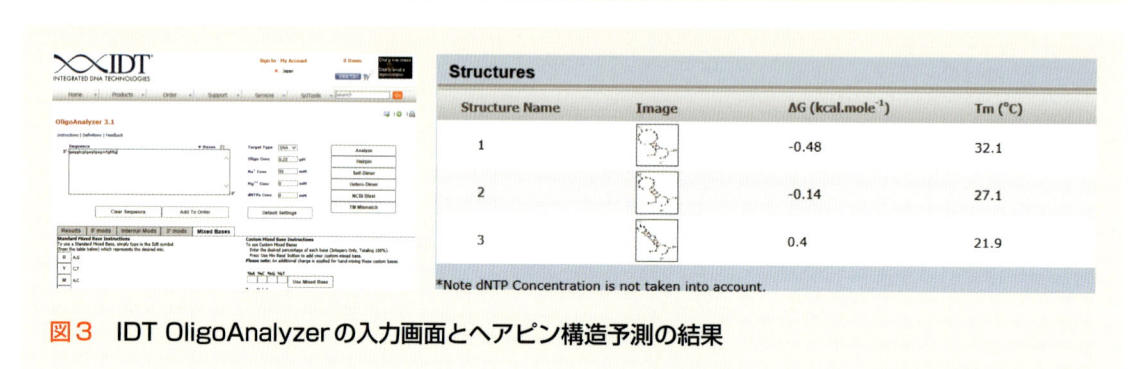

2. IDT OligoAnalyzerによる
ヘアピン形成チェック

IDT OligoAnalyzerのsequence欄にプライマー配列を入れてヘアピン構造を確認する（図3）．

■ ハイブリプローブ設計のポイント

ハイブリプローブ※を設計する際には，PCR反応後に入れるためプライマーやプローブの相性を見る必要はなく，プローブ配列は増幅内であればどこでもよい．ただし，反応内のすべてのプライマー配列や他のターゲット増幅産物との相同性は確認しておくこと．

Tm値を **Current Protocols in Molecular Biology** に準拠し，次の式から算出している．

$$(\text{Tm値}) = 60.8 + 0.41 \times [\text{G,Cの割合}(\%)] - \frac{500}{(\text{総塩基数})}$$

しかし，ここで求めたTm値がそのまま融解曲線分析でのTm値（実測値）にはならないことに注意が必要である．経験的には，求めたTm値より5℃高い温度が融解曲線分析でのTm値となる．LcRedとFITC標識プローブのうち，Tm値の低いプローブの値が反映される．またLcRedを実践編-15では使用したが，FRETの原理を用いるため，例えばLcRed705の代わりに安価なCy5.5など同じ波長であれば別の色素でも構わない．

※　ハイブリプローブを用いたPCRの試薬とプライマー濃度：専用試薬が市販されているが，Taqポリメラーゼの3′エキソヌクレアーゼ活性を不活化しているものと特異性を増強するタンパク質を添加しているものがあり，清水らはタンパク質が添加されている方を使用している（AccuPrime™ Taq DNA Polymerase）．また通常の試薬でも増幅するが，プライマーセットが多いときはTaqポリメラーゼ濃度を2～3倍にするとよく増幅される．また各プライマー濃度は初めは0.2μMで実験するとよい．その後は0.1～0.3μMで調整する．

実践編 I章 遺伝子発現解析

1 経時的な遺伝子発現を量る
時計遺伝子の概日発現リズムを例に

小川雪乃，程　肇

リアルタイムPCR活用の目的とヒント

細胞や組織における少量の遺伝子発現を定量する場合にはリアルタイムPCRが有用である．例えば，睡眠や光合成などの生命活動に観察される約24時間周期のリズム，すなわち概日リズムは時計遺伝子の相互転写制御ネットワークによって構成されている．リアルタイムPCR法を用いることで，細胞内の転写産物量を経時的かつ定量的に測定し，時計遺伝子の発現量や位相の違いなどのダイナミックな挙動を捉えることができる．

時計遺伝子とは

概日リズムを生み出す分子機構は体内時計（概日時計）と呼ばれており，**時計遺伝子**によって構成されている．時計遺伝子，および時計遺伝子の制御を受ける遺伝子の発現量は，一部を除いて約24時間周期で振動しており，この発現振動がすなわち概日リズムである．哺乳類では，脳組織の一部である視交叉上核[*1]に概日リズムの司令塔とも言える中枢時計が存在しており，非常に安定な時計遺伝子の発現振動が維持されている．視交叉上核において，*Per1*[1)]をはじめとする明期に発現がピークに達する時計遺伝子は昼型遺伝子と呼ばれる．一方，暗期に発現がピークに達する*Bmal1*[2)]は夜型遺伝子である（図1）．これら昼型遺伝子と夜型遺伝子の多くが転写制御因子をコードしており，相互に発現をフィードバック制御[*2]することによって安定した概日リズムを刻んでいる（図2）．

視交叉上核から得られるRNAサンプル量は非常に少ない．その中で時計遺伝子の概日発現リズムを**定量**的に解析するためには，リアルタイムPCR法が有用である．少量のサンプルで解析が可能であり，かつ**検量線**を用いることサンプル中のmRNA濃度を決定することができる定量性の高い手法である．本項では，ラット視交叉上核由来の細胞株[3)]を用いて，いくつかの時計遺伝子mRNAの発現量を測定した実施例について解説する．

---

*1　視交叉上核：視床下部の一部であり，視交叉の上にある米粒大の領域．左右それぞれ10,000程度の神経細胞からなり，時計中枢が存在する．
*2　フィードバック制御：出力が入力を制御すること．ここでは，タンパク質が自身をコードする遺伝子の転写制御に影響を与えること．

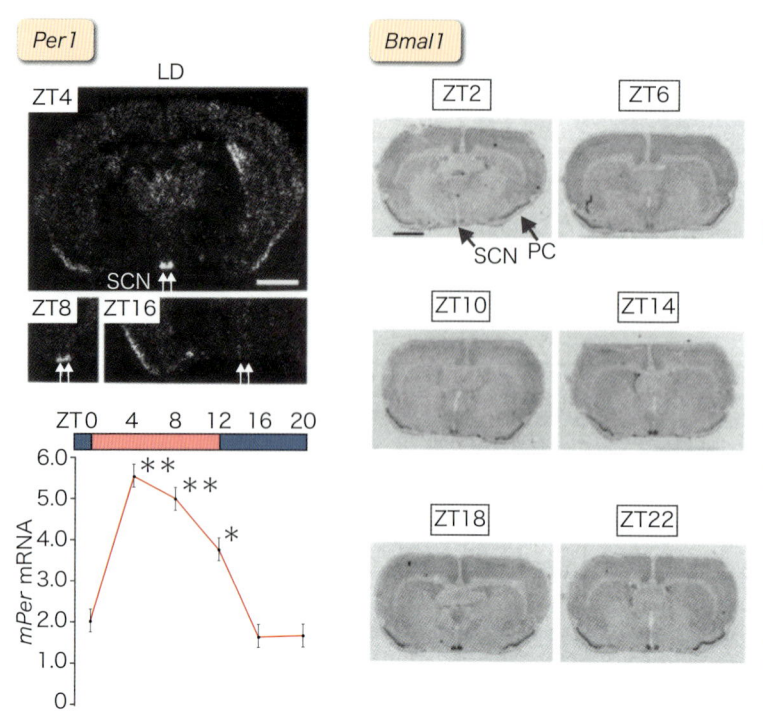

図1 *in situ* ハイブリダイゼーション法を用いたマウスの脳における*Per1*，*Bmal1* mRNAの発現解析

*Per1*の発現量はZT4頃ピークに達するのに対し，*Bmal1*の発現量はZT18頃にピークに達していることが確認できる．LD：Light-Darkサイクル，すなわち明暗サイクルのこと．ZT：Zeitgeber Timeの略で，LD条件下における時刻を表す．明期の開始時刻がZT0，暗期の開始時刻がZT12である．SCN：SupraChiasmatic Nucleusの略で，視交叉上核に同じ．PC：Piriform Cortexの略で，梨状皮質．文献1，2より転載

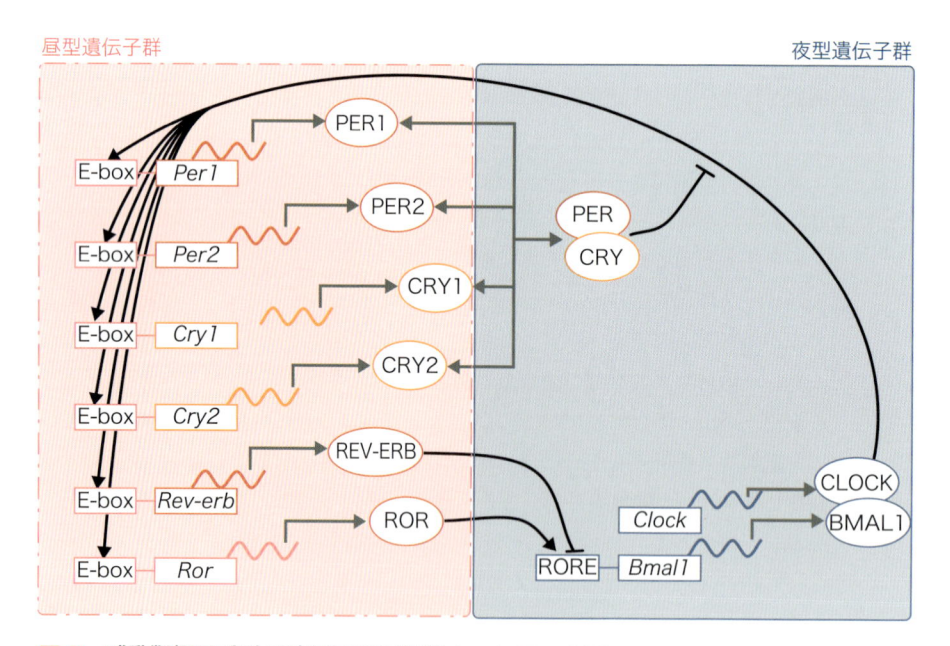

図2 哺乳類概日時計の遺伝子発現制御ネットワーク図

四角は遺伝子，波線はmRNA，楕円はタンパク質を示す．昼型遺伝子に含まれる*Per1*, *Per2*, *Cry1*, *Cry2*, *Rev-erb*, *Ror*の発現量は日中にピークに達するのに対し，夜型遺伝子に含まれる*Bmal1*の発現量は夜間にピークに達する．*Clock*の発現は振動していないが，その翻訳産物であるCLOCKタンパク質はBMAL1タンパク質と二量体を形成してE-boxを介した転写活性化に働き，PER/CRYタンパク質複合体による抑制を受ける（フィードバック抑制）．REV-ERB，RORタンパク質はそれぞれROREを介した転写抑制，活性化に働く

準備

本項では，ゲノムDNA（gDNA）をスタンダードサンプルに用いて検量線を描き比較することで，対象サンプルに含まれるmRNA（cDNA）の濃度を測定するプロトコルを紹介する．特に，正確な定量にはcDNAとgDNA由来のPCR産物が同一である必要があるため，イントロンを挟まず，かつ増幅効率が高いプライマーを設計する．また，mRNAの調製時にはgDNAのコンタミネーションを極力避けること，測定時には逆転写酵素なし（RT−）のネガティブコントロールを併せて用いることが必須である．

細胞培養

- ラット視交叉上核由来細胞株RS182[3]，線維芽細胞株，視交叉上核組織など
- PBS（−）
- Dulbecco's Modified Eagle's Medium（DMEM）
    10％ Fatal Bovine Serum（FBS）と1％ Antibiotic-Antimycoticを加えたもの．
- Neurobasal Medium
    2％ B-27 Supplement（ライフテクノロジーズ社）と1％ Antibiotic-Antimycoticを加えたもの．

RNA抽出

- RNeasy Plus Mini Kit（74134など，キアゲン社）
    Buffer RLT Plusを含む．
- β-メルカプロエタノール
- 70％ エタノール

cDNA合成

- SuperScript® III RT（18080-044，ライフテクノロジーズ社）
    SuperScript® III Reverse Transcriptase, 5×First Standard Buffer, 0.1 M DTTを含む．
- 500 ng/μL オリゴ（dT）$_{12-18}$
- 10 mM dNTP Mix
- RNaseOUT™ Recombinant RNase Inhibitor（10777-019，ライフテクノロジーズ社）
- Ribonuclease H
- RNase free water

リアルタイムPCR

- Power SYBR® Green PCR Master Mix（4368577など，ライフテクノロジーズ社）
- ゲノムDNA希釈系列
    20 ng/μL, 4 ng/μL, 0.8 ng/μL, 0.16 ng/μL, 0.032 ng/μL, 0.0064 ng/μL. ラットの場合，20 ngはゲノム約6,500コピー分に相当．
- 10 μM プライマー（Forward / Reverse）
    配列は次ページ参照．

解析装置

- Applied Biosystems® ViiA™ 7 リアルタイムPCRシステム（ライフテクノロジーズ社）

	Forward		Reverse	
Per1	5'- CCTGGCCAATAAGGCAGAGA	-3'	5'- GCTTCTTGTCTCCCACATGGACGATGG	-3'
Per2	5'- GGTGTGGCAGCTTTTGCTTC	-3'	5'- CGGCACAGAAACGTACAGTGTG	-3'
Clock	5'- GCCGTCATGGTGCCAAGTAC	-3'	5'- TTGTGTGGCAAAGGTAGGATAGG	-3'
Bmal1	5'- CAGCGAGAAGTGTCACAGAAGAA	-3'	5'- TCTCCCAGGCAGAAATAGTTGTC	-3'
Cry1	5'- CTTTAGAAGCTCCGTGGAATCAG	-3'	5'- CACGGGCTGTAACACAGACTGT	-3'
Cry2	5'- ACTGGTTCCGCAAAGGACTA	-3'	5'- CACGGGTCGAGGATGTAGAC	-3'
Rev-erbα	5'- CGACGAGGCAGCAATGG	-3'	5'- CAGCCCCGCATCTGCTT	-3'
Gapdh	5'- CAGGGTGGTGGACCTCATG	-3'	5'- TGGGTGGTCCAGGGTTTCT	-3'

プロトコール

1. 細胞培養（視交叉上核由来細胞株RS182の場合）

❶ 100 mmディッシュ1枚あたり3×10^{4}個程度の細胞を撒き，DMEMを用いて33℃で約4日間，コンフルエントになるまで培養する

❷ Neurobasal Mediumに培地を換え39℃で増殖を停止させ，分化させる*3

> *3 この細胞にはSV40 T抗原ts変異遺伝子が導入されているため，培養温度を変化させる（33℃/39℃）ことで増殖と分化をコントロールすることができる．

❸ さらに4日後，もう一度培地を交換する

2. トータルRNAの抽出

❶ 2回目の培地交換ののち4日経過して時計遺伝子の発現が安定した細胞を，PBS（−）10 mLで洗い，水分をしっかり除去する

❷ RNeasy Plus Mini KitのBuffer RLT Plus（β-メルカプトエタノール添加済のもの）600 µLを加えて細胞を溶解し，細胞液を1.5 mLチューブに回収する

❸ すぐにRNA抽出を行わない場合は−80℃で保存

❹ RNeasy Plus Mini Kitを用いて，gDNAを除去したトータルRNAを抽出する

3. cDNA合成

得られたトータルRNA 1 µg（500 ng×2）を逆転写反応に用いる．各サンプルにつき，逆転写酵素を加えて反応を行ったサンプルRT（＋）と，逆転写酵素を加えずに反応を行ったサンプルRT（−）の2種類を調製する．

❶ サンプル調製

500 ng/μL オリゴ（dT）$_{12-18}$	1 μL
10 mM dNTP Mix	1 μL
トータルRNA	500 ng
RNase free water	
Total	13 μL

❷ 65℃で5分間インキュベート

❸ すぐに氷上で1分以上冷却する

❹ それぞれを加え，穏やかにピペッティングして混合し，全量を20 μLにする

【RT（＋）】

サンプル（❶で調製したもの）	13 μL
5 × First Standard Buffer	4 μL
0.1M DTT	1 μL
RNaseOUT™ Recombinant RNase Inhibitor	1 μL
SuperScript® Ⅲ Reverse Transcriptase	1 μL
Total	20 μL

【RT（−）】

サンプル（❶で調製したもの）	13 μL
5 × First Standard Buffer	4 μL
0.1M DTT	1 μL
RNaseOUT™ Recombinant RNase Inhibitor	1 μL
RNase free water	1 μL
Total	20 μL

❺ 50℃で60分間インキュベート

❻ 70℃で15分間インキュベートして反応を止める

❼ 1 μL RNase Hを加え37℃で20分間インキュベートしてRNAを分解する

❽ 4℃保存

　　長期間保存する場合は−20℃保存．

4. リアルタイムPCR

　　逆転写反応溶液は20倍以上に希釈して利用し，作業はすべて氷上で行う．初めて使うプライマーは，リアルタイムPCRを行う前に通常のPCR反応を行い，アガロースゲル電気泳動をしてPCR産物バンドが1本であることを必ず確認すること．複数本のバンドが検出された場合，目的外のPCR産物が合成されているので，新しいプライマーを設計する必要がある．

❶ 検量線を作成するためのスタンダードサンプルとして，gDNA溶液の5倍希釈系列を調製する

　　はじめに20 ng/μLのgDNA溶液を調製し，ここから5倍ずつ希釈して4 ng/μL, 0.8 ng/μL, 0.16 ng/μL, 0.032 ng/μL, 0.0064 ng/μLの溶液を得る[*4]．

＊4　誤差を小さくするため，なるべく多めに調製する．サンプル濃度が希釈系列範囲の内側に含まれるように，必要に応じて希釈系列は増やす．希釈率が高くなるほど誤差が大きくなるので，解析時には安定した結果が得られた範囲のデータを使用する．

❷ プライマーとPCR Master Mixのミクスチャーを調製する

　　測定結果の信頼性を確保するため1サンプルにつき3回（3ウェル）測定を行うので，ミクスチャーは測定サンプル数〔n＝抽出サンプル数＋希釈系列数＋NTC（Non Template Control）〕×3が必要である＊5．

Power SYBR® Green PCR Master Mix	5.0 µL × n × 3
10µM プライマー Forward（最終濃度200nM）	0.2 µL × n × 3
10µM プライマー Reverse（最終濃度200nM）	0.2 µL × n × 3
精製水	3.6 µL × n × 3
Total	9.0 µL × n × 3

　＊5　コンタミの有無を確認するため，プライマーごとにテンプレートを含まないサンプルNTCも用意する．分注時に不足しないよう，多めに調製しておく．

❸ 上記❷のミクスチャー9 µLを384ウェルプレートに分注し，サンプル1 µLを混合する＊6

ミクスチャー（❷で調製したもの）	9.0 µL
サンプル溶液（抽出サンプル，希釈系列，NTC）	1.0 µL
Total	10.0 µL

　＊6　泡が入らないように注意する．サンプルの場所を記録しておく．もし装置に測定不良のウェルがある場合は使わないように気をつける．

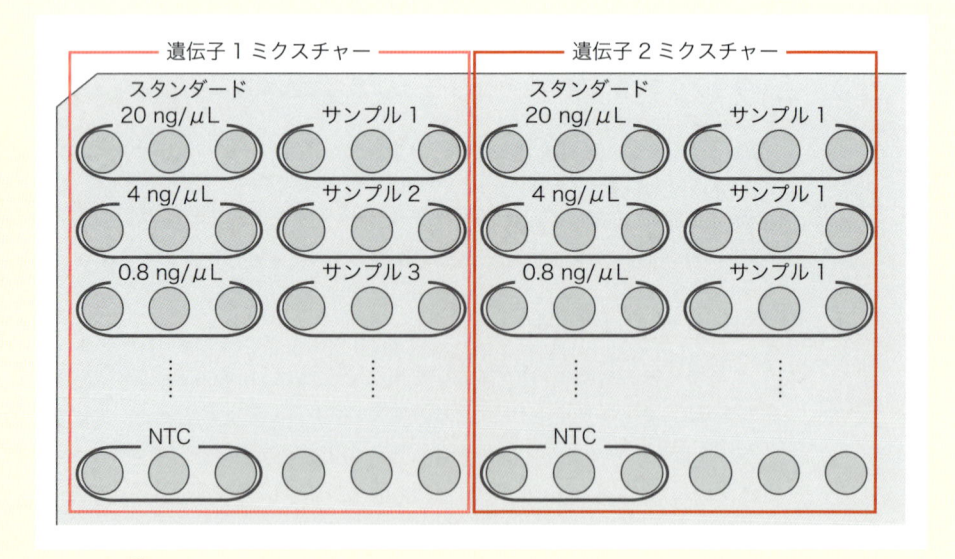

❹ へらを使ってプレートにシールをし，230 × g（1,200 rpm）で1分間遠心機にかける＊7

　＊7　シールの表面を触らない．

❺ 測定

〈リアルタイムPCR反応条件〉

UNG活性化※8　　　　　　　　　　50℃　2分
↓
UNGの失活/ポリメラーゼ活性化　　96℃　10分
↓
熱変性　　　　　　　　　　　　　95℃　15秒 ┐
アニーリング/伸長反応　　　　　　60℃　60秒 ┘ 40サイクル
↓
融解曲線分析※9

TOTAL 110分

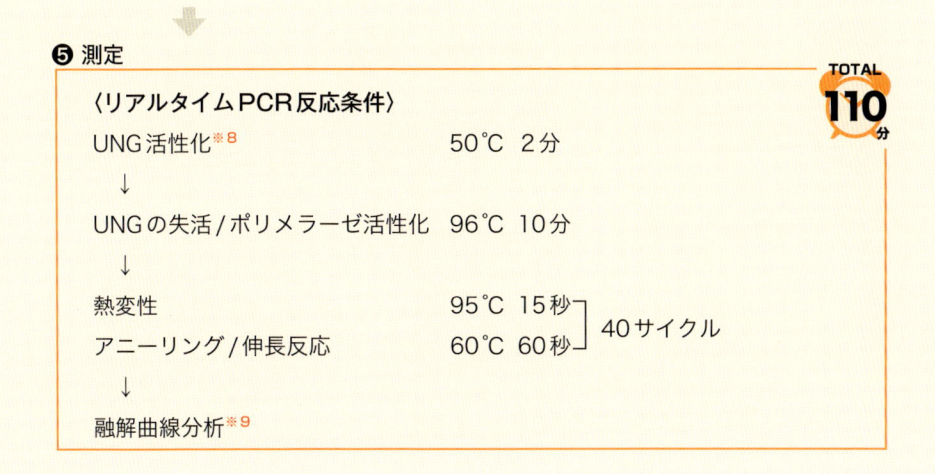

*8　ウラシル-DNAグリコシラーゼ（UNG）は，DNAに含まれるウラシルグリコシド結合を認識して分解促進する．PCR産物のキャリーオーバーを防ぐための処理．
*9　融解曲線分析（95℃，15秒→60℃，60秒→95℃，15秒）は必要に応じて追加．

実験例

　ラット視交叉上核由来細胞株RS182の培地を交換すると内在性の概日リズムがリセットされる．培地交換の96時間後から3時間ごと，24時間に渡ってRNAのサンプリングを行い，リアルタイムPCR法を用いて時計遺伝子 Per1, Per2, Bmal1, Cry1 のmRNA量を測定した（図3）．昼型の遺伝子 Per1, Per2, Cry1 はそれぞれCT6, CT9, CT12で発現量がピークに達し

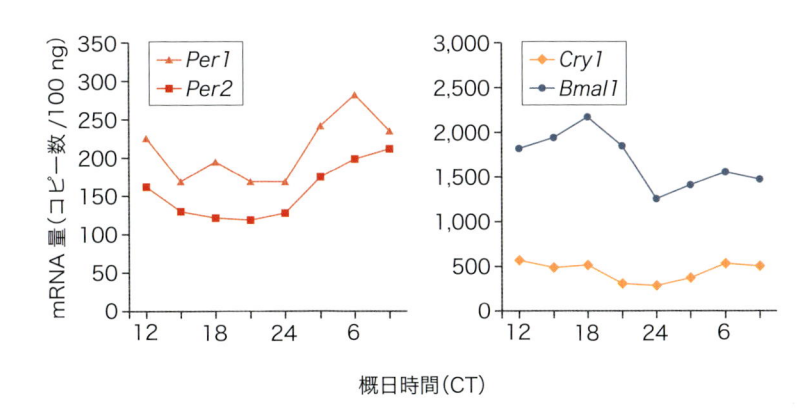

図3　ラット視交叉上核由来細胞株RS182から3時間ごとに抽出したmRNA量の時系列変化
各時計遺伝子について，ラットゲノムテンプレートを用いて描いた検量線との比較を行いトータルRNA 100 ng中に含まれるmRNAコピー数を求めた．CT：Circadian Timeの略で，DD条件（恒暗条件）下における時刻を表す．1周期を24分割した時間が1CTに相当する

ており，CT18で発現量がピークになる夜型の遺伝子*Bmal1*とは逆位相を示している．また*Per1*と*Per2*の発現振動には約3時間は位相差があることが明らかになった．

おわりに

これまで，時計遺伝子転写量の時系列変動がさまざまな組織や細胞で測定されており，野生型や時計遺伝子変異体由来細胞における各遺伝子の発現パターンの比較から，個々の時計遺伝子間の転写制御関係が明らかにされてきた[4]．続いて，時計遺伝子の相互フィードバック制御を含む概日振動ネットワークの機能や構造，安定性を統合的に理解するためには，定量的な数理モデルの構築とシミュレーションが必須である．実際に，リアルタイムPCR法を用いて細胞内に存在する各遺伝子のRNA量を精密に決定し，得られた値を数理モデルのパラメータとして用いることで，新たな転写制御を明らかにすることができた[5]．今後，定量的な情報の獲得により，概日リズム機構の理解がさらに深められていくことが期待される．

◆ 参考文献
1) Tei, H. et al.：Nature, 389：512-516, 1997
2) Abe, H. et al.：Neurosci. Lett., 258：93-96, 1998
3) Kawaguchi, S. et al.：Biochem. Biophys. Res. Commun., 355：555-561, 2007
4) Takahashi, J. S. et al.：Nat. Rev. Genet., 9：764-775, 2008
5) Ogawa, Y. et al.：PLoS One, 6：e18663, 2011

実践編 2

I章 遺伝子発現解析

遺伝子発現抑制効果を評価する
siRNAによるRNAiを例に

西 賢二，日野公洋，程 久美子

リアルタイムPCR活用の目的とヒント

RNAiは，標的とする遺伝子のmRNAを切断して遺伝子発現を抑制するため，その効果を確認する方法の1つとして，リアルタイムPCRが広く用いられている．本項では，哺乳類培養細胞にsiRNAを導入して内在性遺伝子をノックダウンし，その抑制効果をリアルタイムPCRを用いて定量的に評価する方法を解説する．

はじめに

　RNAi（RNA interference）とは，二本鎖RNAが，それと相補的な塩基配列をもつmRNAを配列特異的に切断することで遺伝子の発現を抑制する現象である．RNAiのメカニズムはヒトやマウスを含む哺乳類から線虫，ショウジョウバエなど多くの生物種で保存されており，簡便に遺伝子機能を抑制する手法として広く利用されている．しかしながら，哺乳類細胞では30塩基長以上の二本鎖RNAを細胞へ導入するとインターフェロン応答が誘導され，細胞は死に至る．そのため，哺乳類細胞では，長い二本鎖RNAの切断産物であり，インターフェロン応答がない21塩基程度の短いsiRNA（small interfering RNA）を導入することで，標的とするターゲット遺伝子を抑制する方法が広く利用されている．これまでの知見から，すべてのsiRNAが高い抑制効果を示すわけではなく，その効果はsiRNAの塩基配列によって大きく異なることが知られている[1]．また，siRNAはターゲット遺伝子だけでなく，siRNAの5′末端から2〜8番目の塩基（シード領域）が塩基配列相補的に対合する多数のオフターゲット遺伝子に対しても抑制作用を示すことが知られている（オフターゲット効果）[2][3]．このオフターゲット効果による遺伝子の抑制強度は，siRNAのシード領域とオフターゲットmRNAとの間で形成される塩基対合力に依存している[4]．したがって，哺乳類細胞でRNAiを用いてターゲット遺伝子のみを特異的に抑制するためには，効果的にターゲット遺伝子を抑制でき，可能な限りオフターゲット効果が弱いsiRNAを選択する必要がある．

　RNAiによる遺伝子発現の抑制効果は，ノーザンブロッティングや通常のRT-PCRによるmRNA量の測定，ウエスタンブロッティングによるタンパク質量の測定などでも定量することができるが，本項で解説するリアルタイムPCRはもっとも感度が高く，少量のサンプルや，発現量が少ない遺伝子でも定量できるという点で優れている．また，スクリーニングなど多数のサンプルを扱う場合にも適しているといえる．

　本項では，RNAi効果が高くオフターゲット効果が弱いsiRNAを選択する方法を紹介し，哺

乳類培養細胞にsiRNAを導入して内在性遺伝子をノックダウンし，その効果をリアルタイムPCRで評価する方法を概説する．

準備

□ **siRNA**
ターゲット遺伝子に対するsiRNAと，コントロールとなる無関係な配列のsiRNA〔ゲノム中にない配列，またはGFP（green fluorescent protein）などの配列を用いたsiRNA〕．siRNAの配列選択法については**プロトコール1.** を参照のこと．

□ **リアルタイムPCR用のプライマー**
ターゲット遺伝子に対するプライマーと，GAPDH（glyceraldehyde-3-phosphate dehydrogenase）やβ-アクチンなどの内部標準に用いる遺伝子（リファレンス遺伝子）に対するプライマー．

ゲノムDNA由来の増幅を防ぐには，プライマーはイントロンを間に挟むように設計するとよい（図1）．イントロンの長さが充分に長ければ，ゲノムDNA由来の増幅は起こらない．また，イントロンが短い場合でも電気泳動でバンドサイズを確認すればゲノムDNA由来の増幅があるのかを確認できる．

さらに，標的mRNAはsiRNAのガイド鎖のほぼ中央（5'末端から10番目と11番目の塩基の間）に対応する部位で切断されることから，標的mRNA量を正確に定量するためには，リアルタイムPCRに用いるプライマーが切断部位を挟んでいることが望ましい（図1）．ただし，siRNAによって切断を受けた標的mRNAは，細胞内のRNA分解酵素により速やかに分解されることが知られているため，切断部位を挟んでいないプライマーでも抑制効果を見積もることは可能である．その他のプライマー設計の条件は，通常のリアルタイムPCRと同様である．

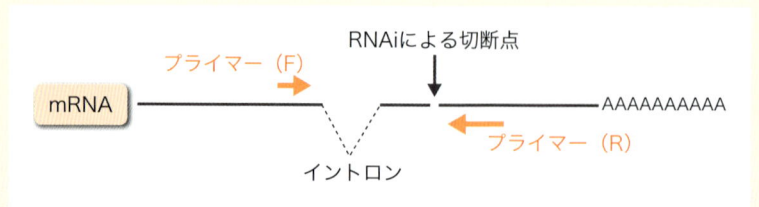

図1　プライマーの設計方法
イントロンとRNAiによるmRNAの切断点を挟んで設計したプライマー（F：Forward primer, R：Reverse primer）

□ **哺乳類培養細胞**
HeLa，HEK293など．

□ **細胞培養用の培地**
DMEM（Dulbecco's Modified Eagle's Medium：ライフテクノロジーズ社）など．

□ **Opti-MEM® I Reduced Serum Medium（31985-062，ライフテクノロジーズ社）**

□ **トランスフェクション試薬**
Lipofectamine® 2000 Transfection Reagent（ライフテクノロジーズ社）など．

- ☐ RNA抽出キット
    RNeasy Mini Kit（キアゲン社）またはTRIzol® Reagent（ライフテクノロジーズ社）など．
- ☐ RNase-Free DNase Set（79254，キアゲン社）
- ☐ SuperScript® First-Strand Synthesis System for RT-PCR（11904-018，ライフテクノロジーズ社）
    SuperScript® II RT，ランダムヘキサマー，10 mM dNTP Mix，10×RTバッファー，25 mM $MgCl_2$，0.1 M DTT，RNaseOUT™ Recombinant RNase inhibitor などを含む．
- ☐ リアルタイム装置に適した96ウェルプレート
- ☐ シール
- ☐ Power SYBR® Green PCR Master Mix（4368577など，ライフテクノロジーズ社）
- ☐ リアルタイムPCR装置
    ABI PRISM 7000（ライフテクノロジーズ社）など．

プロトコール

1. RNAi効果が高く，オフターゲット効果が弱いsiRNAの配列選択

以下の4つの条件を同時に満たすsiRNAは，RNAi効果が高いことをわれわれは報告している[1]．
①siRNAのガイド鎖の5′末端がAまたはU
②パッセンジャー鎖の5′末端がGまたはC
③ガイド鎖の5′末端側の7塩基のうち4塩基以上がAまたはUである
④G/Cが10塩基以上連続しない

これらのすべての条件を満たし，さらに，⑤オフターゲット効果を避けるためにsiRNAのシード領域と標的mRNAとの間の塩基対合力が弱いsiRNA（図2）を選択することが，哺乳類細胞でターゲット遺伝子特異的なRNAiを効率よく行うためのポイントである[4]．このような条件を満たすsiRNAは，一般公開しているわれわれのウェブサーバー siDirect 2.0（http://sidirect2.rnai.jp/）[5] で選択できるので，参考にされたい．

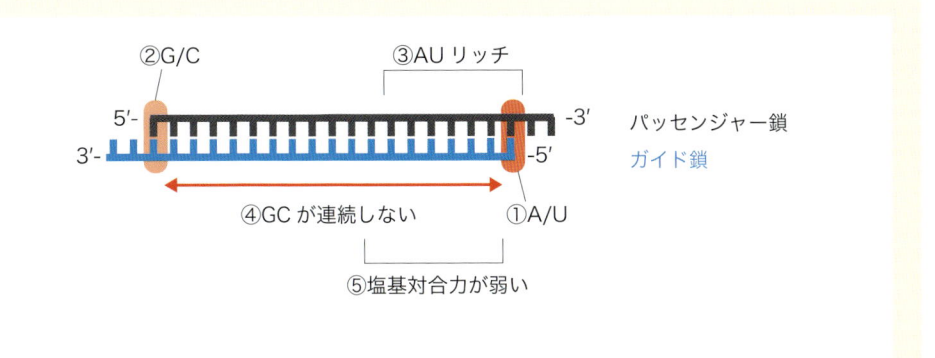

図2　RNAi効果が高くオフターゲット効果の弱い遺伝子特異的siRNAの配列規則性

2. トランスフェクション（HeLa細胞の場合）

❶ トランスフェクション前日に，HeLa細胞を1×10^5 cells/ウェルになるように24ウェルプレートに播いておく

❷ 50 μLのOpti-MEM I Reduced Serum Mediumに2 μLのLipofectamine 2000 Transfection Reagentを加え（A液），5分静置する

❸ 新たに用意した50 μLのOpti-MEM I Reduced Serum Mediumに，50 pmolのsiRNA溶液*1を加える（B液）

> *1 トランスフェクションするsiRNAの量はsiRNAごとに検討する必要がある．

❹ B液にA液を加え，軽く混合し，室温で20分間静置する

❺ 細胞の培地を，血清および抗生物質を含んでいないDMEM（1ウェルあたり250 μL）に交換する

❻ 上記❹の混合液を細胞に滴下し，プレートを軽くゆすって混合する

❼ 4時間培養後，血清入りのDMEM（1ウェルあたり1 mL）に交換する

3. トータルRNA抽出

ここではRNeasy Mini Kitを用いた方法について解説する．

❶ トランスフェクション1〜数日後に細胞の回収およびRNA抽出を行う

❷ 培地をウェルから充分に取り除き，1ウェルあたり150 μL以上のBuffer RLT（グアニジンチオシアネート含有）を加える*2

すぐにプレートを前後左右に強く振盪して細胞を充分に溶解させる．顕微鏡下で細胞が完全に溶解したことを確認する．このライセートは−80℃で保存できる．

> *2 スケールアップする場合は，プレートの表面を完全に覆うことができる程度の充分な量のBuffer RLTを加えて一気に細胞を溶解するか，細胞をマイクロチューブに回収してBuffer RLTを加え，ただちにボルテックスする．すばやく完全に溶解しないと収量が低下するだけでなく，細胞中に含まれているRNaseによって，RNAが分解することがあるので注意が必要．

❸ 等量の70％エタノールを加えた後，溶液が均一になるまで充分にピペッティングで混合する*3

> *3 混ざりにくいため，10回以上のピペッティングが必要．凍結したライセートを使う場合は，完全に室温に戻してから70％エタノールを加える．

❹ 2 mLのコレクションチューブ中にセットしたRNeasyスピンカラムにサンプルを添加し，蓋をして，10,000 rpm（8,000 × g）で15秒間遠心して，ろ液を捨てる

❺ 350 μLのBuffer RW1をスピンカラムに添加する．蓋を閉め，10,000 rpm（8,000 × g）で15秒間遠心し，ろ液を捨てる

❻ 10 μLのDNase I stock solutionを70 μLのBuffer RDDに加え，全量をスピンカラム上に添加し，室温で15分間静置する

❼ 350 μLのBuffer RW1をスピンカラムに添加する．蓋を閉め，10,000 rpm（8,000 × g）で15秒間遠心し，ろ液を捨てる

❽ スピンカラムに500 μLのBuffer PREを添加し，蓋を閉め，10,000 rpm（8,000 × g）で15秒間遠心し，ろ液を捨てる．さらに，スピンカラムに500 μLのBuffer PREを添加し，蓋を閉め，10,000 rpm（8,000 × g）で2分間遠心する

❾ スピンカラムを新しい2 mLコレクションチューブに移し，蓋を閉め，14,000 rpm（17,800 × gまたは最大遠心加速度）で1分間遠心する．

❿ スピンカラムを新しい1.5 mLのコレクションチューブにセットし，30〜50 μLのRNaseフリー水を添加し，蓋を閉めて，10,000 rpm（8,000 × g）で1分間遠心することによって，RNAを溶出する

⓫ 260 nmと280 nmの吸光度を測定する

A260/A280の値が1.8〜2.0程度であれば[*4]，純度の高いRNAが抽出されていると考えられる．さらに，電気泳動によりRNAが分解されていないかを確認する．18SリボソームRNAのバンドと28SリボソームRNAのバンドがスメアになっておらず，その比が1：2くらいであれば抽出したRNAは分解されていないと考えられる．抽出したtotal RNAは−80℃で保存できる．

*4　A260/A280の値はpHの影響を受けるため，吸光度を測定する際の希釈液にはpH8.0前後のTris-HClバッファーを用いる．

4. cDNA合成

ここでは，SuperScript® First-Strand Synthesis System for RT-PCRを用い，ランダムヘキサマー[*5]で逆転写する方法について解説する．

*5　オリゴdTプライマーで逆転写することもできる．

❶ 抽出したトータルRNAをランダムヘキサマーと以下のように混合する[*6]

トータルRNA[*7]	x μL
ランダムヘキサマー（50 ng/μL）	1 μL
dNTP Mix（10 mM each）	1 μL
DEPC-treated water	y μL
Total	10 μL

*6　イントロンを挟まないプライマーや初めて使用するプライマーの場合は，逆転写酵素を入れないネガティブコントロール（NRT）のチューブを用意する必要があるため，この段階から準備しておく．

*7　最大5 μgまで逆転写できる．

❷ 65℃で5分間保温した後，ただちに氷上に移し，少なくとも1分間静置する

❸ 上記❷の反応を行っている間に，以下の反応混合液を調製する

10×RT buffer	2 μL
25 mM MgCl$_2$	4 μL
0.1 M DTT	2 μL
RNaseOUT™ Recombinant RNase Inhibitor	1 μL
Total	9 μL *8

*8　サンプル数の分の反応混合液をまとめて調製するとよい．

❹ 9 μLの反応混合液を❷のチューブに加え，混合する

❺ 25℃で2分間保温する

❻ 1 μLのSuperScript® II RTを加え，混合する
　　ただし，NRTのチューブには逆転写酵素は入れない．

❼ 25℃で10分間保温した後，42℃で50分間保温する

❽ 70℃で15分間保温し，反応を停止させる

❾ 氷上で3分間保温する

❿ 1 μLのRNase Hを加え，37℃で20分間反応させる*9
　　合成したcDNAは-30℃で保存できる*10．

*9　鋳型RNAが残存しているとPCRの増幅効率が悪くなる場合があるので，RNase Hにより鋳型RNAを分解する．なお，RNase H＋の逆転写酵素を用いている場合は，このステップは省略できる．

*10　cDNA溶液の凍結融解を繰り返すとリアルタイムPCRの結果に影響を与えるので，複数回使用する予定がある場合は，あらかじめ分注して保存しておくとよい．

5. リアルタイムPCR

❶ 1つのcDNAサンプルあたり，ターゲット遺伝子3ウェル＋リファレンス遺伝子（GAPDH，β-アクチンなど）3ウェルを用意し，3ウェルの定量値を平均する

　　コントロールのsiRNAをトランスフェクションした細胞由来のcDNAについては，検量線作成用の希釈系列をつくり同時にリタルタイムPCRを行う*11．1ウェルあたりの反応液の組成は以下の通りである．

		（最終濃度）
cDNA	1 μL	
2.5 μM Forward プライマー	2 μL	250 nM
2.5 μM Reverse プライマー	2 μL	250 nM
2×Power SYBR® Green PCR Master Mix	25 μL	
超純水	20 μL	
Total	50 μL *12	

*11 必要であれば，NRTについてもリアルタイムPCRのウェルを用意する．
*12 反応液量は，実験系に応じて適宜減らすことができる．

❷ **ABI PRISM 7000を用いて，以下の条件でPCRを行う**

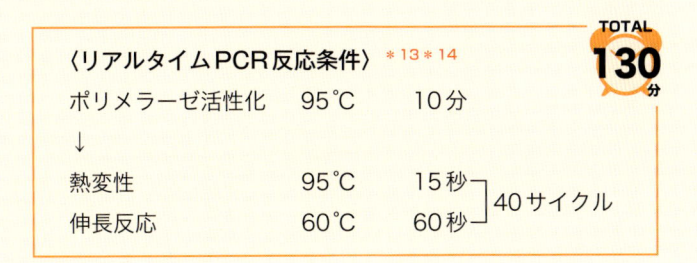

〈リアルタイムPCR反応条件〉*13 *14　　TOTAL 130分

ポリメラーゼ活性化	95℃	10分
↓		
熱変性	95℃	15秒 ┐
伸長反応	60℃	60秒 ┘ 40サイクル

*13 初めて使用するプライマーの場合は，PCR産物を電気泳動してバンドのサイズが正しいこと，非特異的な増幅やプライマーダイマーがないことを確認する．SYBR Greenを用いたリアルタイムPCRでは，非特異的な増幅やプライマーダイマーも検出されてしまうため，注意が必要．

*14 NRTのウェルを用意していた場合，NRTで増幅が起こらないことを確認する．プライマーによっては，サイクル数の大きな領域で増幅が認められる場合もあるが，逆転写したcDNAサンプルとの間でCt値に充分な差があれば問題ない．例えば，Ct値の差が5以上あれば，混入したゲノムDNAによる影響は，理論上およそ3％以下であると考えられる．

❸ **作成した検量線から，各サンプルの標的mRNAの相対量およびリファレンス遺伝子のmRNAの相対量を計算する**

　ターゲット遺伝子に対するsiRNAを導入した細胞と，コントロールのsiRNAを導入した細胞で「ターゲット遺伝子のmRNA量/リファレンス遺伝子のmRNA量」を比較し，ターゲット遺伝子に対する抑制効率を求める．

実験例

　siDirect 2.0で設計したSMN1（survival of motor neuron 1, telomeric）遺伝子に対する2種類のsiRNA（siSMN1-1，siSMN1-2），およびコントロールとして用いたホタルルシフェラーゼに対するsiRNA（siCont）をヒトHeLa細胞にトランスフェクションした．トランスフェクション2日後に細胞を回収し，リアルタイムRT-PCRでSMN1 mRNAの量を測定した（図3）．siSMN1-1またはsiSMN1-2をトランスフェクションした細胞では，SMN1 mRNAの量がいずれも20％以下に減少しており，これらのsiRNAによってターゲット遺伝子の発現が効率よく抑制されていることを確認した．

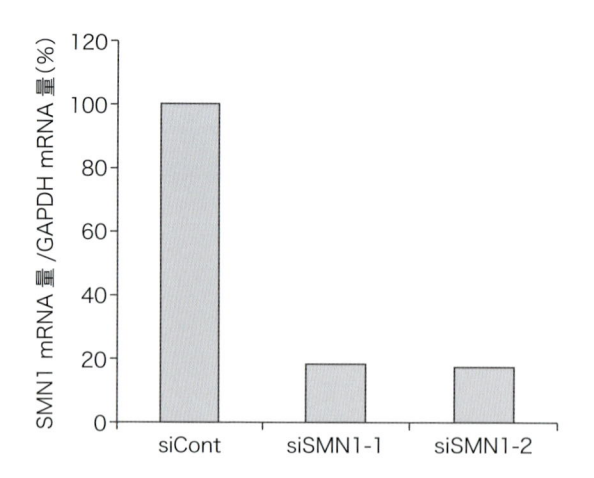

図3 RNAiによるSMN1遺伝子の抑制効果のリアルタイムPCRによる評価
siSMN1-1およびsiSMN1-2をトランスフェクションしたヒトHeLa細胞中のSMN1 mRNA量/GAPDH mRNA量を求め，siContをトランスフェクションしたものを100％として相対的な発現量を示した

おわりに

　リアルタイムPCRによるターゲット遺伝子の抑制効果の確認は非常に簡便で定量性の高い方法であり，初めて使用するsiRNAの抑制強度の評価には最適な方法である．われわれの研究室でも，新規設計したsiRNAの抑制強度の評価にはこの手法を用いている．もし，この方法でsiRNAによるターゲット遺伝子の抑制効果が弱い場合は，まずはトランスフェクションするsiRNAの量を検討をすることをお勧めする．また，トランスフェクションの回数，トランスフェクション試薬などの条件を検討してみてもよいだろう．それらの条件を検討しても，なお充分な抑制効果が得られない場合は，siRNAの設計から再検討する必要があるだろう．

　なお，充分な抑制強度をもつsiRNAが得られたとしても，リアルタイムRT-PCR法を用いたRNAiの評価は，mRNAの発現量に基づくものであるという点に注意が必要である．仮にmRNAの発現が充分に抑制されたとしても，細胞内のタンパク質の量が減少しているかどうかはウエスタンブロッティングなどの手法を用いて確認する必要がある．本項で紹介したsiRNAの設計方法，リアルタイムPCRによる遺伝子発現抑制効果の評価方法が研究の一助となれば幸いである．

◆ 参考文献
1） Ui-Tei, K. et al.：Nucleic Acids Res., 32：936-948, 2004
2） Jackson, A. L. et al.：RNA, 12：1179-1187, 2006
3） Birmingham, A. et al.：Nat. Methods, 3：199-204, 2006
4） Ui-Tei, K. et al.：Nucleic Acids Res., 36：7100-7109, 2008
5） Naito, Y. et al.：BMC Bioinformatics, 10：392, 2009

実践編　I章　遺伝子発現解析

3 単一細胞の遺伝子発現を量る
Single cell cDNA amplification法とリアルタイムPCR解析

中村友紀，斎藤通紀

> **リアルタイムPCR活用の目的とヒント**
>
> リアルタイムPCRを用いた定量RT-PCRは遺伝子発現解析に非常に有用な手段であるが，ある程度多量のサンプルが必要である．しかし，生体内では一部の少量の細胞が非常に重要な役割を担っていることが少なくない．このような極微量な細胞における遺伝子発現を解析するため，われわれはcDNA合成についてPCRを利用したSingle cell cDNA amplification法を開発し，さまざまな生命現象の解明に応用してきた．

■ Single cell cDNA amplification法とは

　逆転写酵素を用いたcDNA合成とそれに続くリアルタイムPCRによる発現定量解析は，最も一般的で多くの研究室で行われている遺伝子発現解析方法の1つである．しかし，一般的なcDNA合成には少なくとも数十万細胞レベルのRNAが必要であり，生体内における単離精製の困難な細胞種や，ヘテロな集団における1細胞の遺伝子発現を解析することは困難であった．

　これに対し近年いくつかのcDNA増幅法が開発され，少量の細胞における遺伝子発現解析が試みられてきた．それら手法では，大きく分けて2つの方法で増幅を行っている．1つは*in vitro* transcription法を利用した線形増幅方法[1]で，もう1つはPCRを利用した指数関数的増幅方法である[2]．われわれは既存のPCR法を用いた増幅法[2]を改良し，1細胞あたり20コピーレベルの低発現量の遺伝子においても再現性よく検出できるSingle cell cDNA amplification法を開発した[3,4]．既存の方法からの改良点は逆転写反応の時間を短くした点（30分→5分）と，PCR増幅用プライマーと競合してしまう逆転写反応用プライマーをPCR増幅前に除去した点，またV1, V3という2つのタグ[*1]を利用し転写産物のストランド情報を維持したままcDNA増幅を可能にした点である．

　われわれのSingle cell cDNA amplification法は，細胞の単離とそれに続く6つの過程からなる（図1）．RNA操作に習熟した実験者がそれぞれのステップにおける注意点に留意して行えば，問題なく遂行できる実験手法である．

---

*1　V1, V3タグ：*Asc*I，*Bam*HI，*Sal*I，*Xho*Iなどといった制限酵素サイトをいくつかつないだ，少なくとも哺乳類には存在しない人工的配列．

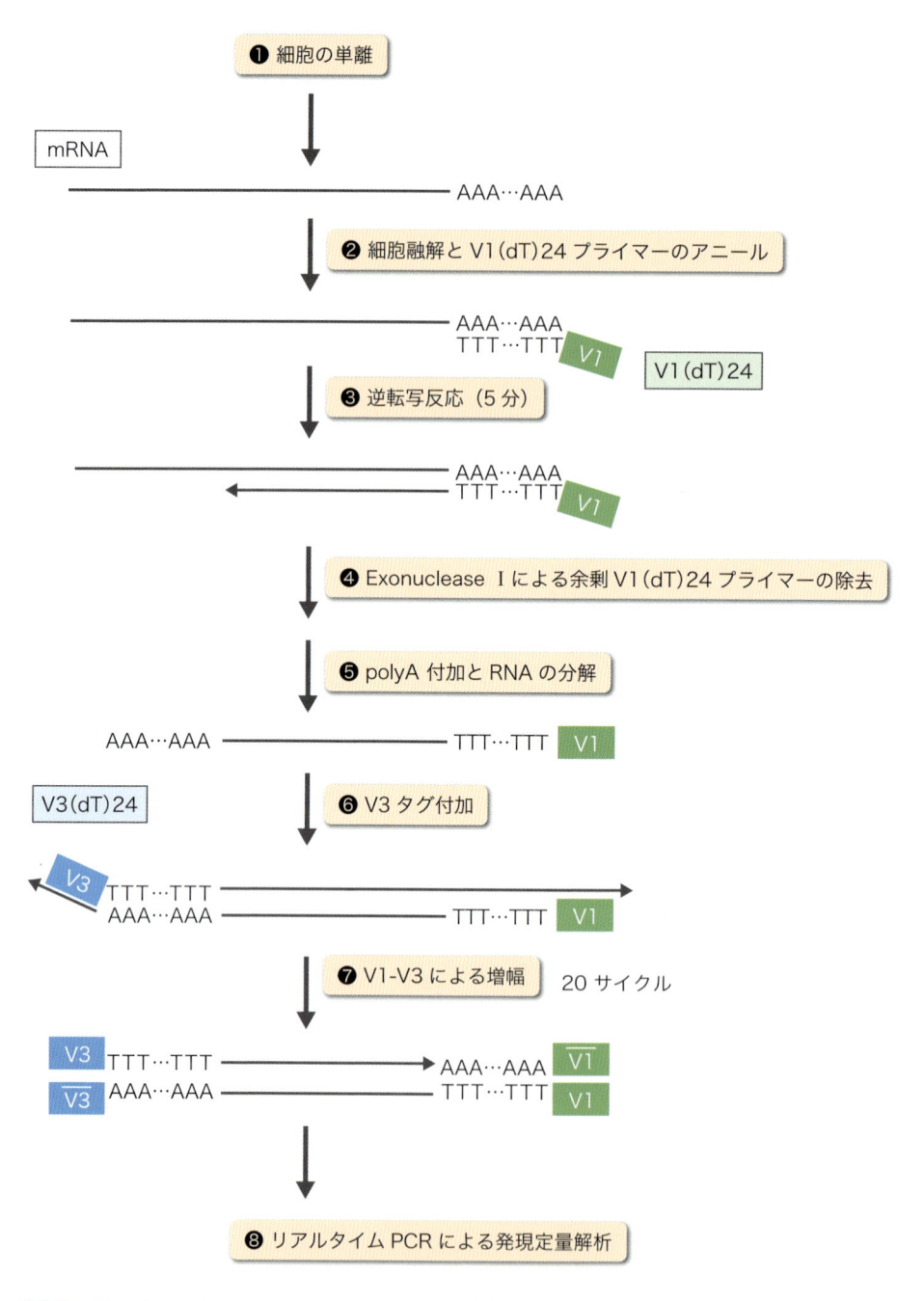

図1　Single cell cDNA amplification法（❷～❼に相当），全体の流れ

細胞採取（❶）後，細胞の融解と同時に逆転写反応用V1(dT)24プライマーをmRNAにアニールさせる（❷）．次の逆転写反応では，処理を5分間行い3′末端付近のみ逆転写を行う（❸）．逆転写に用いたV1(dT)24プライマーはV3タグ付加時にV3(dT)24プライマーと競合してしまうため，事前にExonuclease Iを用いて余剰V1(dT)24プライマーを除去する（❹）．その後cDNA鎖へのpolyA付加とRNAの分解を行い（❺），付加したpolyAとV3(dT)24プライマーを利用し，cDNAにV3タグを付与する（❻）．最後にV3(dT)24プライマーとV1(dT)24プライマーと，cDNAのV1-V3タグを利用し増幅を行う（❼）．$\overline{V1}$，$\overline{V3}$はV1，V3配列の相補配列を示す

準備

　この手法は極微量RNAを用いる実験のため，すべてのステップにおいてRNaseの混入には細心の注意を払う．まず操作を始める前に実験ベンチを清掃し，RNA操作用のピペット，ピペットチップを用意する．マウスピペットは途中に0.45μmのPVDFフィルターを挟み，呼気からのRNaseのコンタミを極力防ぐ．また恒温槽はそれぞれ50℃，70℃に，冷却遠心機は4℃に準備をしておく．**❷細胞の融解とV1（dT）24プライマーのアニーリング**から**❺PolyA付加とRNAの分解**の操作までは0.5 mL thin wall PCR tubeを使用するが，それらも実験開始前に採取予定の細胞数分用意し氷上で充分に冷却しておく．

マウスピペット（図2）

- ☐ P-97/IVF micropipette puller（Shutter Instrument社）
- ☐ MicroForge MF-900（ナリシゲ社）
- ☐ Millex-HV, 0.45μm, PVDF, 33 mm（SLHV033NS，メルクミリポア社）
- ☐ Borosilicate glass capillary（B100-58-10, Shutter Instrument社）

　われわれはクロスコンタミネーションを避けるため，細胞採取用のガラスキャピラリは1細胞/1本で使い捨てにしている．また確実に単一細胞を採取できる均一なキャピラリを作製するため，P-97/IVF micropipette pullerでガラスキャピラリを引き延ばし，MicroForge MF-900で内径が約30〜40μmになるよう切断している．それぞれの機器の使用方法は各説明書を参照されたい．

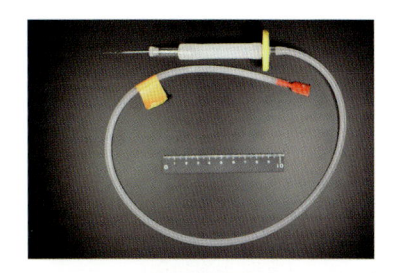

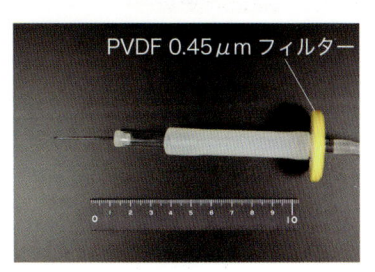

図2　マウスピペット
呼気からのRNaseなどのコンタミを防ぐため，マウスピペットとガラスキャピラリの間にPVDF 0.45μmフィルターを挟む

Spike RNA調製用試薬・プラスミド

- ☐ MEGAscript® T3 Kit（AM1338，ライフテクノロジーズ社）
- ☐ pGIBS-*Lys*（87482，ATCC（American Type Culture Collection））
- ☐ pGIBS-*Dap*（87486，ATCC）
- ☐ pGIBS-*Phe*（87483，ATCC）
- ☐ pGIBS-*Thr*（87484，ATCC）

　われわれは増幅操作の成否確認とコピー数の概算を目的として，各サンプルにSpike RNA[*2]を加えている．これにはAffymetrix社のマイクロアレイ Gene Chipで使用されている枯草菌（*Bacillus subtilis*）の*Lys*, *Dap*, *Phe*, *Thr*の4つのコントロール遺伝子を用い，最終濃度でそれぞれ約1,000コピー，100コピー，20コピー，5コピー/cellとなるように加えている．Spike

RNAは，polyA付加されたそれぞれの遺伝子が挿入されているプラスミドをATCCより購入し，MEGAscript T3 kitの標準プロトコールに沿って作製している．作製したSpike RNAはストック溶液として100 cell/μLの濃度（右記参照）になるよう調製し，分注，－80℃で保存している．凍結・融解によるSpike RNAの分解の影響が顕著なため，一度使用したストック溶液は再凍結・再利用しない．

100 cell/μLストック溶液	
Lys（1,000 コピー/cell）	55.0 fg/μL
Dap（100 コピー/cell）	10.1 fg/μL
Phe（20 コピー/cell）	1.45 fg/μL
Thr（5 コピー/cell）	0.55 fg/μL

＊2　Spike RNA：4つの外来性のコントロールRNA mix．各サンプルに均等に一定の濃度で加えることでSingle cell cDNA amplificationの成否確認と，内在性のmRNAの量を見積もることができる．またサンプル間の増幅効率のばらつきなどの検討にも利用することができる．

Single cell cDNA amplification法用試薬

それぞれのステップにおける使用液量が非常に少ないので，サンプルの撹拌・スピンダウンはすべての操作において確実に行うことが重要である．また，マスターミックスはそれぞれの試薬を氷上で充分に冷却してから（われわれはあらかじめ10分以上氷上に置いている）作製し，細胞を採取する前に氷上に準備しておく．特に酵素・タンパク質成分（プロトコール中オレンジ文字）はそれぞれのステップの使用直前に－20℃より取り出し，マスターミックスに加え，完成させる．

- ☐ GeneAmp® 10 × PCR buffer II with MgCl$_2$（N8080010，ライフテクノロジーズ社）
  25 mM MgCl$_2$を含む．
- ☐ Distilled Water（15230-001，ライフテクノロジーズ社）
- ☐ Nonidet® P-40（23640-94，ナカライ社）
- ☐ QIAGEN RNase Inhibitor（129916，キアゲン社）
- ☐ Ribonuclease Inhibitor（2311A，タカラバイオ社）
  ブタ肝臓由来．
- ☐ SuperScript® III RT（18080-044，ライフテクノロジーズ社）
  0.1 M DTTを含む．
- ☐ T4ジーン32プロテイン（972983，ロシュ・ダイアグノスティックス社）
- ☐ Exonuclease I（2650A，タカラバイオ社）
  10×Exo I Bufferを含む．
- ☐ 100mM dATP（28-4065-01，GEヘルスケアジャパン社）
- ☐ Terminal Deoxynucleotidyl Transferase（10533-065，ライフテクノロジーズ社）
- ☐ RNaseH（18021-071，ライフテクノロジーズ社）
- ☐ Takara ExTaq® Hot Start Version（RR006，タカラバイオ社）
  2.5 mM each 4 dNTP，10×ExTaq Bufferを含む．
- ☐ QIAquick PCR Purification Kit（28106，キアゲン社）

プライマー

☐ Single cell cDNA amplification法用プライマー

プライマー名	配列
V1（dT）24プライマー（HPLC精製）	ATATGGATCCGGCGCGCCGTCGACTTTTTTTTTTTTTTTTTTTTTTTT
V3（dT）24プライマー（HPLC精製）	ATATCTCGAGGGCGCGCCGGATCCTTTTTTTTTTTTTTTTTTTTTTTT

☐ リアルタイムPCR用プライマー

Gene	Fw	Rv
Lys	CCAGACCGCGGCCTAATAATG	CGCTTCTTCCACCAGTGCAG
Dap	GCCATATCGGCTCGCAAATC	AACGAATGCCGAAACCTCCTC
Phe	GTCCGGGGCGCTGCATAGAG	GGCCTAATCCGGTTTTAGTCGGACG
Thr	GCCGATGCCGTAAAAGCAAG	CAGCTCAGGCACAAGCATCG
Pou5f1	GATGCTGTGAGCCAAGGCAAG	GGCTCCTGATCAACAGCATCAC

リアルタイムPCR用プライマーの設計

われわれの方法では逆転写時間が通常より短く, 増幅後のcDNAをクローニングしフラグメントサイズを調べた結果, 約800 bpであった[3]. このため, リアルタイムPCR用プライマーも転写産物の3′末端より, 遠くとも800 bp以内に設計する必要がある. われわれは**Primer-Blast**（http://www.ncbi.nlm.nih.gov/tools/primer-blast）を使用し, RefSeqより得たmRNA配列を用いて, 3′側より500 bp以内を目安にリアルタイムPCR用プライマーを設計している. 図3に後述の実験例で使用したPou5f1を検出するプライマーの位置を示す.

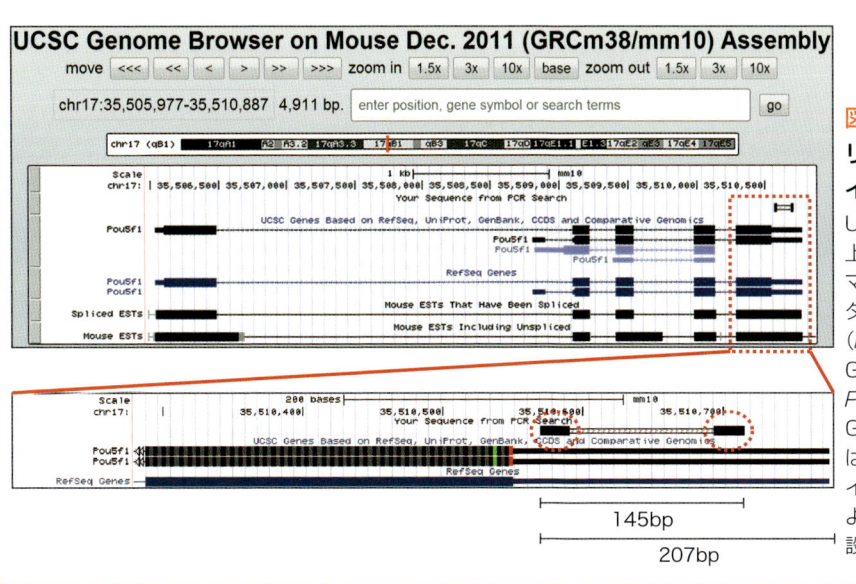

図3　Pou5f1検出用リアルタイムPCRプライマーの位置

UCSC Genome Browser上にPou5f1検出用プライマーの位置を示す. リアルタイムPCR用プライマー（Pou5f1 Fw：GATGCTGTGAGCCAAGGCAAG, Pou5f1 Rv：GGCTCCTGATCAACAGCATCAC）は, われわれは5′側のプライマーがmRNAの3′末端より500bp以内を目安に設計している

その他必要機器

- [ ] RNAグレードのピペットチップ，実験ベンチ，ディスポーザブルグローブ
    0.5 mL thin wall PCR tube（エッペンドルフ社），8 well 0.2 mL PCR tube with cap（グライナーバイオ・ワン社）
- [ ] 50℃，70℃耐熱の恒温槽2つ
- [ ] 冷却遠心機（スピンダウン用）
- [ ] 一般的なサーマルサイクラー
    われわれはGeneAmp® PCR system 9700（ライフテクノロジーズ社），T100™ Thermal Cycler（バイオ・ラッド社）を使用している．
- [ ] GeneAmp® PCR system 9700 0.5mL Sample block module
- [ ] 一般的なリアルタイムPCRシステム
- [ ] 一般的なSybrGreen試薬

プロトコール（図1）

❶ 細胞の単離

細胞を単離する方法は組織や臓器によって異なるため，実験ごとに最適な方法を見出す必要がある．また，細胞種によって1細胞あたりのRNA量はさまざまだがおおよそ10 pgであることから，増幅手順の練習を行うにはトータルRNAを25 pg/μLに希釈し，0.4 μL（10 pg）を次の細胞融解ステップでCell Lysis buffer 4.5 μLへ加えるとよい．これについては後述の実験例で詳しく紹介したい．

❷ 細胞融解とV1（dT）24プライマーのアニーリング

2つのRNase inhibitorを未完成のCell Lysis bufferへ加え，均一に撹拌したのち，Spike RNAを加え，Cell Lysis buffer用マスターミックスを完成させる．

【Cell Lysis Buffer（4.5 μL）】

GeneAmp® 10 × PCR Buffer Ⅱ	0.50 μL
25 mM MgCl$_2$	0.30 μL
5% Nonidet® P-40 *3	0.50 μL
0.1 M DTT	0.25 μL
QIAGEN RNase Inhibitor（4 U/μL）	0.10 μL
Ribonuclease Inhibitor（40 U/μL）	0.05 μL
10 ng/μL V1(dT)24 プライマー *3	0.10 μL
2.5 mM each 4 dNTP	0.10 μL
Distilled Water	2.59 μL
SpikeRNA（100 cell/μL）	0.01 μL
Total	4.50 μL

*3 DDWで希釈．RNaseコンタミに注意．

Spike RNAの分解を防ぐために以下の注意が必要である．1種類目のRNase inihibitorと

Spike RNA以外の試薬を混合して氷中に10分以上静置したのち，2種類目のRNase inhibitorを添加して充分に混合し，最後にSpike RNAを添加する（組成表中赤文字）．また作製するマスターミックスは，1サンプルに使用する量が非常に少量であることから，20サンプル等量以上で作製することをお勧めする．完成したCell Lysis bufferをそれぞれの0.5 mL thin wall PCR tubeに4.5 μLずつ分注する．単一になった細胞をマウスピペットで採取し，Cell Lysis bufferへ加える．このとき，細胞採取時のbufferのもち込みは0.5 μL以内になるよう注意する．タッピングで撹拌後，スピンダウンする．

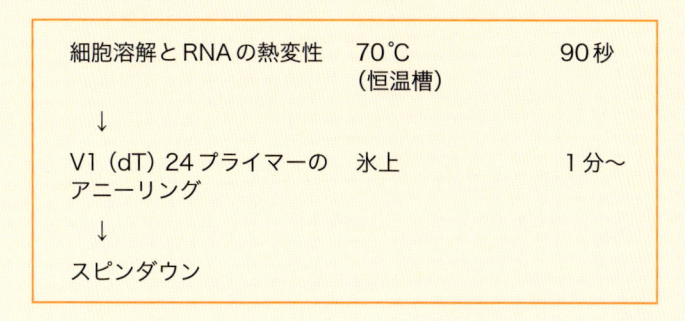

細胞溶解とRNAの熱変性	70℃（恒温槽）	90秒
↓		
V1（dT）24プライマーのアニーリング	氷上	1分〜
↓		
スピンダウン		

❸ 逆転写反応

冷やしておいた0.5 mL thin wall PCR tubeにRT mix[※4]を完成させ，サンプルへ0.3 μLずつ加える．タッピングで撹拌後，スピンダウンする．

【RT mix（0.3 μL）】

SuperScript® III RT（200 U/μL）	0.200 μL
Ribonuclease Inhibitor（40 U/μL）	0.033 μL
T4 ジーン32 プロテイン（1〜10 mg/mL）[※5]	0.067 μL
Total	0.300 μL

※4 RT mixはすべて酵素・タンパク質成分であるため実験前の準備時は何もチューブに入れないが，RT mix用チューブも氷上で冷やしておき，使用直前に上記の3種を混合し完成させる．
※5 T4ジーン32プロテインはロットによって濃度が変わるが，濃度にかかわらず，同一の体積（0.3 μLあたり0.067 μL）を使用している．

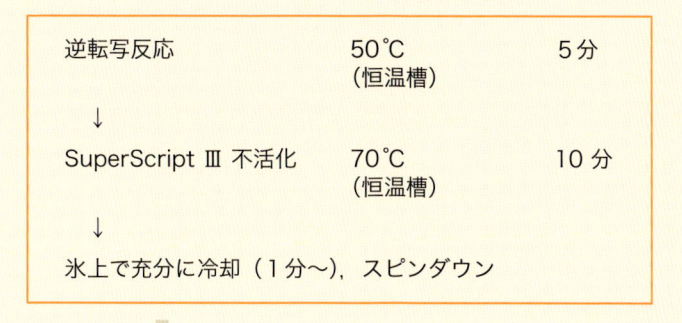

逆転写反応	50℃（恒温槽）	5分
↓		
SuperScript III 不活化	70℃（恒温槽）	10分
↓		
氷上で充分に冷却（1分〜），スピンダウン		

❹ Exonuclease Ⅰによる余剰V1（dT）24プライマーの除去

Exo Ⅰ mixを完成させ，サンプルへ1 μLずつ加える．

【Exo Ⅰ mix（1.0 μL）】
10 × Exo Ⅰ Buffer	0.1 μL
Distilled Water	0.8 μL
Exonuclease Ⅰ（5 U/μL）	0.1 μL
Total	1.0 μL

タッピングで撹拌後，スピンダウンする．GeneAmp PCR system 9700にGeneAmp PCR system 9700 0.5 mL Sample block moduleを設置し，以下のプログラムで反応させる．

```
余剰V1（dT）24プライマー分解    37℃  30分
       ↓
Exonuclease Ⅰの不活化          80℃  25分
       ↓
氷上で充分に冷却（1分〜），スピンダウン
```

⬇

❺ polyA付加とRNAの分解

TdT mixを完成させ，サンプルへ6 μLずつ加える．タッピングで撹拌後，スピンダウンする．

【TdT mix（6.0 μL）】
GeneAmp® 10 × PCR Buffer Ⅱ	0.60 μL
25 mM MgCl$_2$	0.36 μL
100 mM dATP	0.18 μL
Distilled Water	4.26 μL
Terminal Deoxynucleotidyl Transferase（15 U/μL）	0.30 μL
RNaseH（2 U/μL）	0.30 μL
Total	6.00 μL

前述のGeneAmp PCR system 9700 0.5mL Sample block module付GeneAmp PCR system 9700を用いて，以下のプログラムで反応させる．

```
RNA鎖の分解とpoly Aの付加    37℃  15分
       ↓
TdTとRNase Hの不活化          70℃  10分
       ↓
氷上で充分に冷却（1分〜），スピンダウン
```

⬇

❻ V3タグ付加

ExTaqHSを加えて，PCR mix（V3）を完成させる．

【PCR mix（V3）（19μL×4）】
10×ExTaq Buffer	7.60 μL
2.5 mM each 4dNTP	7.60 μL
1μg/μL V3（dT）24プライマー[*3]	1.50 μL
Distilled Water	58.54 μL
ExTaq HS（5 U/μL）	0.76 μL
Total	76.00 μL

　サンプルを8ウェル0.2 mL PCRチューブ4ウェルに等量ずつ（約3μLずつ）分注する．PCR mix（V3）を19μLずつ4ウェルに加える．タッピングで撹拌後，スピンダウンする．サーマルサイクラーを用いて以下の反応を行う．

```
熱変性         95℃  3分
  ↓
アニーリング    50℃  2分
  ↓
伸長反応       72℃  3分
  ↓
氷上で充分に冷却（1分～），スピンダウン
```

❼ V1-V3による増幅

【PCR mix（V1）（19μL×4）】
10×ExTaq Buffer	7.60 μL
2.5 mM each 4 dNTP	7.60 μL
1μg/μL V1（dT）24プライマー	1.50 μL
Distilled Water	58.54 μL
ExTaq HS（5 U/uL）	0.76 μL
Total	76.00 μL

　サンプルの入っている8ウェル0.2 mL PCRチューブの蓋を開け，PCR mix（V1）を19μLずつ加える．このときクロスコンタミネーションに注意する．タッピングで撹拌後，スピンダウンする．サーマルサイクラーを用いて以下の反応を行う．このとき，1回目のExTaq HSはDNA polymerase阻害抗体が外れているので，95℃に上がりきったのを確認してからサンプルをセットする．

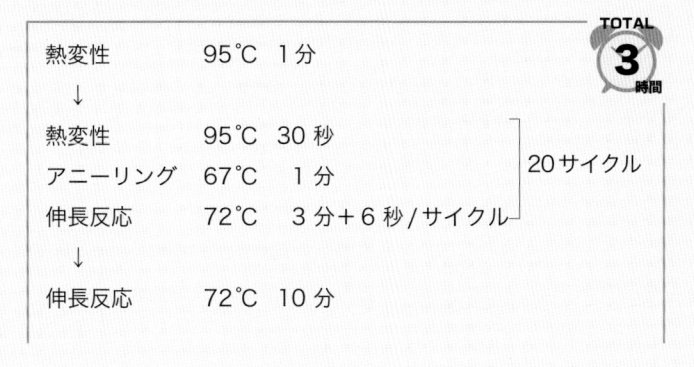

```
熱変性         95℃   1分
  ↓
熱変性         95℃   30秒      ┐
アニーリング    67℃   1分        │ 20サイクル
伸長反応       72℃   3分＋6秒/サイクル ┘
  ↓
伸長反応       72℃   10分
```

TOTAL 3時間

```
        ↓
    4℃ ∞, スピンダウン
```

4ウェル分を1本の1.5 mLチューブに移し，Qiagen PCR purification Kitで精製し，添付のBuffer EB 50 μLで溶出する*6．

> *6 サーマルサイクラーの種類により増幅の効率などが若干異なるが，われわれはT100™ Thermal Cyclerを用いて，約50 ngの増幅cDNAを得ている．

❽ リアルタイムPCRによる発現定量解析

Spike RNAとターゲット遺伝子の発現量を調べる．われわれは，1/20希釈した増幅後のcDNA 2 uLをテンプレートとして使用し，だいたい16～18サイクルほどで*Lys*が，19～21サイクルほどで*Dap*が立ち上がり始める．データ解析に関して，後述の実験例では生のCt値を示したが，Spike RNAの値から計算したコピー数を示すのもよい[3]．

実験例

実際に単一細胞からのcDNA増幅を行う前に，一般的な抽出方法により得られたトータルRNAを1細胞レベルまで希釈し，それを用いて練習を行うのが望ましい．その例をここで紹介したい．

サンプルはマウスES細胞より抽出したトータルRNAを1細胞レベルまで希釈したもの（25 pg/μLを0.4 μL使用．10 pg）を使用し，再現性を確認するため7本のチューブで同じ操作を行った．増幅後のcDNAはDDWに1/20希釈したもの2 μLをリアルタイムPCRのテンプレートとして用い，Spike RNAと未分化ES細胞のマーカーである*Pou5f1*の発現を調べた．またデータの処理については，GAPDHなどの内在性コントロールによる補正は特に行わず，すべてCt値をそのまま示している（図4）．

1,000コピーの*Lys*，100コピーの*Dap*においては約1サイクル以内に，20コピーの*Phe*においても2サイクル以内のばらつきに抑えられており，再現性高く増幅が可能であることがわかる．しかし，5コピーの*Thr*に関しては増幅が成功したサンプルと失敗したサンプルがみられ，このような超低発現領域に関しては増幅が困難であることがわかる．またマウスES細胞トータルRNA由来の*Pou5f1*に関してもすべてのサンプルで再現性よく増幅されており，Spike RNAの（Lys, Dap, Phe）のコピー数と得られたCt値から描いた近似曲線を利用してコピー数を計算すると，おおよそ400コピーであることがわかる．

おわりに

本項で紹介したSingle cell cDNA amplification法では発現量の定量に重点を置いているため，逆転写反応時に必要十分な長さのcDNA合成のみ行うようにしている．そのため3′側から

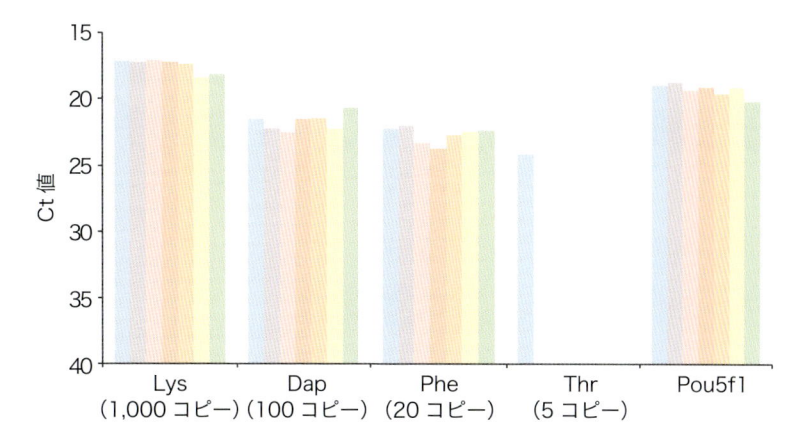

図4　1細胞レベルのトータルRNAより増幅したcDNAを用いたリアルタイムPCR

マウスES細胞トータルRNA 10 pgよりSingle cell cDNA amplification法を用いてcDNAを増幅した．再現性確認のため7本のチューブで同じように増幅を行い，その後リアルタイムPCRを用いてSpike RNAと*Pou5f1*の発現を調べた

離れた領域の選択的スプライシング産物の違いを見ることは難しい．しかし，低発現量（20コピー/細胞）の遺伝子も再現性よく増幅することが可能であることは非常に大きな利点であると考える．またわれわれのSingle cell cDNA amplification法で増幅したcDNAはマイクロアレイ[5]や次世代シークエンサー[6]での解析にも適用できるため，1細胞での網羅的遺伝子発現解析も可能である．われわれは，これら網羅的発現解析の手法とリアルタイムPCRを用いた正確な定量を合わせることで，マウス着床前胚の内部細胞塊や[3]，出現時は約40個程度しかないマウス始原生殖細胞での遺伝子発現解析などを行ってきた[6]．今後われわれの手法を用いることで始原生殖細胞をはじめとする，これまでアプローチ不可能だった生体の謎を解き明かし，興味深い発見がなされることを期待する．

◆ 参考文献

1) Kamme, F. et al.：J. Neurosci., 23：3607-3615, 2003
2) Tietjen, I. et al.：Neuron, 38：161-175, 2003
3) Kurimoto, K. et al.：Nucleic Acids Res., 34：e42, 2006
4) Kurimoto, K. et al. Nat. Protoc., 2：739-752, 2007
5) Kurimoto, K. et al.：Genes Dev., 22：1617-1635, 2008
6) Tang, F. et al.：Nat. Methods, 6：377-382, 2009

実践編 Ⅰ章 遺伝子発現解析

4 遺伝子変異を検出する
腫瘍細胞におけるEGFR遺伝子変異を例に

庄司月美，渡邉珠緒，大森勝之

> **リアルタイムPCR活用の目的とヒント**
>
> 　腫瘍細胞の遺伝子変異は，分子標的治療薬使用の適否において，重要な情報の1つとされている．castPCR法によって，サンプル内に存在するわずかな腫瘍細胞の遺伝子変異を検出することが可能となる．本項では肺がんにおけるEGFR遺伝子変異をcastPCR法で検出する手順について解説する．

がん治療と遺伝子変異検査

　がん治療に分子標的治療薬が使用されるようになり，標的分子や標的関連分子の遺伝子変異と抗腫瘍効果との関係が報告されている．非小細胞肺がんでは，上皮成長因子受容体（Epidermal Growth Factor Receptor：EGFR）を標的としたチロシンキナーゼ阻害薬が使用される．EGFR遺伝子に変異を認める症例群では，ゲフィチニブ，エルロチニブによる奏効率が高いことが報告されている[1)～3)]．EGFR遺伝子変異は細胞内のチロシンキナーゼドメインに集中し，エキソン19の欠失変異とエキソン21のL858R点突然変異で全体の90％以上を占める（図1）．

　腫瘍細胞に認められる遺伝子変異の多くは後天的な体細胞変異であり，腫瘍組織内に混在す

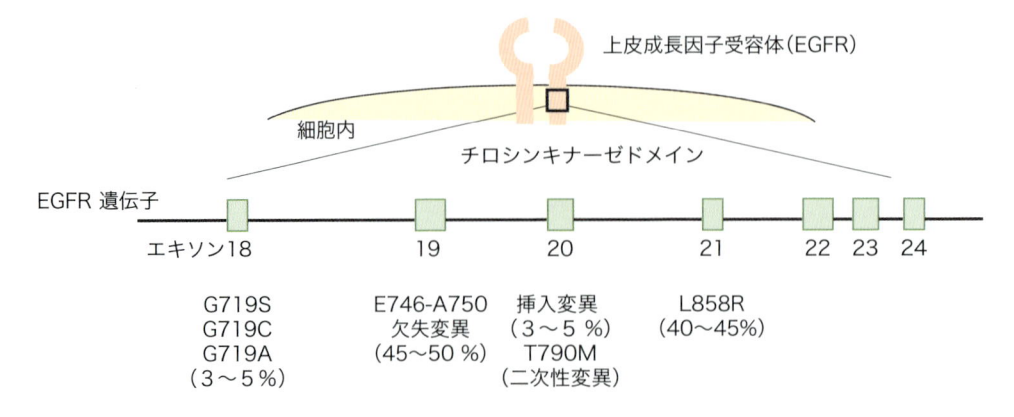

図1　上皮成長因子受容体（EGFR）遺伝子変異

EGFRはHERファミリーの一員で，チロシンキナーゼ型受容体タンパク質である．EGFR遺伝子変異は肺がん症例の約27％に認められており（COSMICデータベース[5)]より），変異はチロシンキナーゼドメインに集中している．エキソン19のE746-A750を中心とする約15塩基の欠失変異と，エキソン21のL858R点突然変異で全体の90％以上を占める．文献3をもとに作成

る正常組織や白血球などには変異を認めない．そのため，臨床サンプルの解析においては，多くの野生型遺伝子が存在する中から腫瘍細胞だけがもつ変異型遺伝子を高感度に検出する必要がある．現在，変異型遺伝子の検出にはさまざまな方法が用いられている[4]．調べる遺伝子数が少なく，既知の変異型の検出に限られる場合は，簡便な手段としてリアルタイムPCRが利用できる．

本項では，TaqMan® Mutation Detection Assaysを用いたcastPCR（competitive allele-specific TaqMan® PCR）法によるEGFR遺伝子変異の検出手順と有用性および注意点について解説する．

準備

DNA抽出
- ☐ キシレン
- ☐ エタノール（96～100％）
- ☐ QIAamp DNA FFPE Tissue Kit（56404，キアゲン社）
- ☐ ヒートブロック
- ☐ 遠心機
  20,000×g（14,000 rpm）まで必要，冷却不要
- ☐ 分光光度計

PCR
- ☐ Applied Biosystems StepOnePlus™ リアルタイムPCRシステム（ライフテクノロジーズ社）
  ライフテクノロジーズ社リアルタイムPCR装置7500 system，7500 Fast system，7900HT Fast system，ViiA™ 7 systemおよびQuantStudio™ 12 Flex systemも対応している．
- ☐ TaqMan® Genotyping Master Mix（4371355，ライフテクノロジーズ社）
- ☐ TaqMan® Mutation Detection Reference Assays（4465807，ライフテクノロジーズ社）
- ☐ TaqMan® Mutation Detection Assays（4465804など，ライフテクノロジーズ社）
  COSMICデータベース[5]に基づき，各変異に対応してデザインされている．その中から，調べたい変異のアッセイを選ぶ．アッセイ名に，COSMIC IDが含まれている．
- ☐ TaqMan® EGFR Exon19 Deletions Assay（4465805，ライフテクノロジーズ社）
  エキソン19のE746-A750を中心とした19種類の欠失変異を検出できる．ただし，変異型の同定は不可．
- ☐ TaqMan® Mutation Detection IPC Reagent Kit（4467538，ライフテクノロジーズ社）
  内部コントロール試薬，IPC：Internal Positive Control
- ☐ Nuclease-Free滅菌水

☐ 96ウェル PCR プレート（0.1 mL）

解析
☐ Mutation Detector™ Software（ライフテクノロジーズ社，フリー）

プロトコール

1. DNA抽出（所要時間：2時間）

ホルマリン固定パラフィン包埋（Formalin-Fixed paraffin embedded：FFPE）サンプルの場合を示す．

❶ **パラフィンブロックから5〜10μmの厚さで薄切し，最初の1〜2枚目は捨てる**
DNA抽出には1〜2枚の切片を使用するが，生検サンプルのように組織径が小さいものは5〜10枚の切片が必要となる．組織径が大きくても全体に占める腫瘍量が少ない場合は，マクロダイゼクション[*1]を実施する．

> [*1] ヘマトキシリン・エオジン染色標本を見ながら無染色標本の腫瘍部分にマーキングをしておき，マーキングに沿って腫瘍部分を削り取ることをマクロダイゼクションという．腫瘍量が組織切片の10％を下回るような場合は，マクロダイゼクションが有効である．

❷ **切片を1.5 mLマイクロチューブに入れ，キシレン1 mLを添加しボルテックスで混和する**
キシレンによりパラフィンが溶ける（脱パラフィン）．

❸ **室温で20,000×g（14,000 rpm），2分間遠心後，上清を除去する**[*2]
キシレンは有機溶剤として所定の方法で廃棄すること．

> [*2] ペレットが小さい場合は浮いてくるので，吸わないように気をつける．

❹ **ペレットにエタノール（96〜100％）1 mLを添加し，ボルテックスで混和する**
サンプルに残留するキシレン成分がエタノールで抽出される．

❺ **室温で20,000×g（14,000 rpm），2分間遠心後，上清を除去する**
チューブの蓋を開けたまま，室温〜37℃で10分間あるいはエタノールが蒸発するまで置いておく．

❻ **QIAamp DNA FFPE Tissue Kitのプロトコールに従い，DNAを抽出する**

❼ **抽出したDNA溶液の吸光度を分光光度計で測定し，DNA濃度を算出する**

2. リアルタイムPCR（所要時間：3時間）

❶ **Nuclease-Free 滅菌水で，DNA溶液を10 ng/μLに調製する**

❷ **反応液（プレミックス）の調製**
本法は1サンプルにつき，レファレンスとして非変異領域を増幅する反応と，変異型遺伝

子を増幅する反応とをセットで実施する．例えば，あるサンプルについてエキソン19欠失変異とL858R変異を調べたい場合は，TaqMan Mutation Detection Reference Assay（以下Reference assay）とTaqMan EGFR Exon19 Deletions Assay（以下Exon19 Deletions assay）およびL858R検出用のTaqMan Mutation Detection Assays（以下Mutant assay）を実施する．このとき，必要なウェル数は3となる．必要ウェル数＋α分（デッドボリューム分）を調製する[*3]．

【20 μL反応液/ウェル】
Nuclease-Free 滅菌水	3.6 μL
TaqMan® Genotyping Master Mix	10.0 μL
TaqMan® Mutation Detection IPC Mix[*4]	2.0 μL
TaqMan® Mutation Detection IPC template DNA[*4]	0.4 μL
DNAサンプル（10 ng/μL）	2.0 μL
Total	18.0 μL

[*3] デッドボリュームが生じるため，必要ウェル数の10％増しで調製する．

[*4] 2つの試薬は，TaqMan® Mutation Detection IPC Reagent Kitとして販売されている．IPC試薬をTaqMan® Mutation Detection Assayとマルチプレックス反応することで，真の陰性とPCR阻害による偽陰性を識別することができる．

❸ プレーティング

図2に，プレートレイアウトの一例を示す．プレミックスを18 μLずつ分注し，Reference

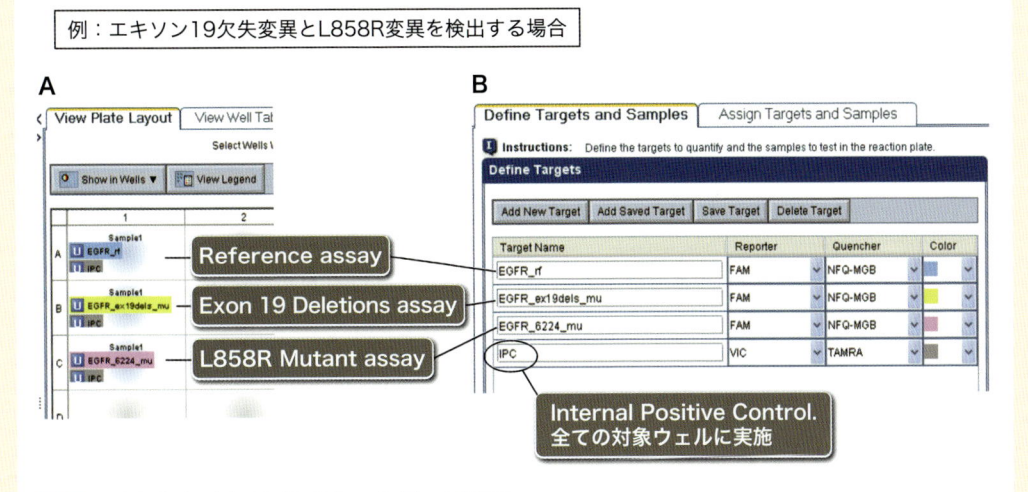

図2 リアルタイムPCRのセットアップ画面
A) プレートレイアウト：エキソン19欠失変異とL858R変異を調べたい場合は，Reference assay，Exon19 Deletions assayおよびL858R Mutant assayを実施する．内部コントロール（IPC）は，3ウェルすべてに実施する．B) アッセイ定義：各試薬に表記されているアッセイ名を入力し，試薬別に定められたレポーターおよびクエンチャーを選択する．Applied Biosysytems StepOneSteps™ リアルタイムPCRシステムのセットアップ画面を示す

assay，Mutation assay，Exon19 Deletions assayを対象のそれぞれのウェルに2μLアプライする．

❹ リアルタイムPCRを行う

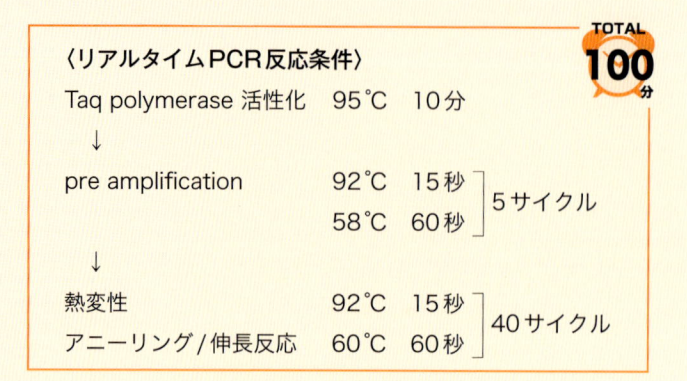

〈リアルタイムPCR反応条件〉
Taq polymerase 活性化　95℃　10分
↓
pre amplification　92℃　15秒
　　　　　　　　　58℃　60秒　}5サイクル
↓
熱変性　　　　　　92℃　15秒
アニーリング/伸長反応　60℃　60秒　}40サイクル

TOTAL 100分

3. 解析

❶ Threshold はすべて0.2に設定する

❷ リアルタイムPCRのデータをテキスト形式で保存する

❸ Mutation Detector™ Softwareを開き，❷のデータをインポートする

以下の計算式により自動計算され，変異型の有無が判定される．

(Mutant assayのCt値) − (Reference assayのCt値) = ΔCt
ΔCt − (Calibration値[*5]) = (normalized ΔCt)

normalized ΔCt値がDetection ΔCt cutoff値[*6]を下回ると，変異型陽性と判定される（図3A）．解析時には，解析設定を変更することができる（図3B）．設定値から外れた場合は判定不能となり，その原因がエラーフラグとして表示される．代表的な判定不能例を以下に示す．

代表的な判定不能例

エラー	考えられる原因
VIC（IPC），FAM（Reference assay, Mutant assay）のCt値がともに上限値を超えた	増幅阻害による増幅不良
Reference assayのCt値が設定範囲を外れた（特に上限を超えた場合）	ホルマリンの影響などにより，増幅可能な（ファンクショナルな）DNA量[*7]が足りない

*5　同コピー数のテンプレートにおける，Mutant assayとReference assayのCt値の差．全アッセイについてバリデーション済みで，Mutation Detector™ softwareに含まれる．

*6　変異を含まないサンプルにおけるMutant assayとReference assayのΔCt値．EGFR，BRAF，KRASは，ライフテクノロジーズ社でバリデーション済み．

＊7　PCR反応液量20μL反応系では，Reference assay Ct値＝18～28が1～100 ngのgDNAに相当する．

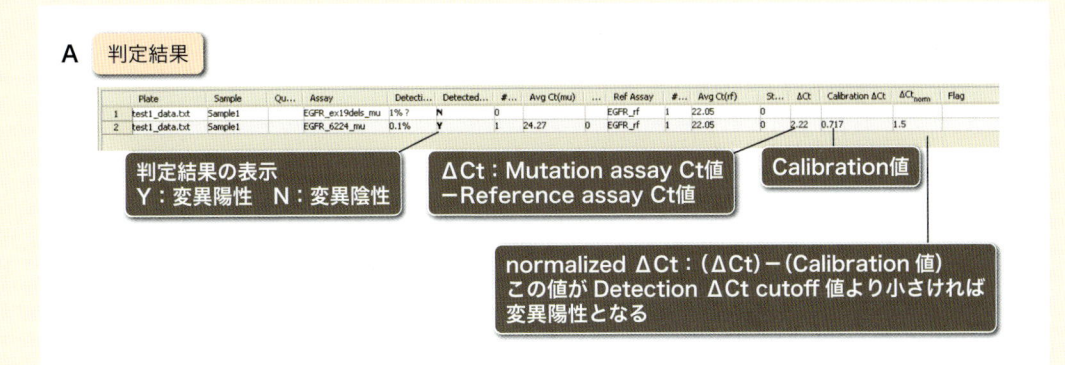

A 判定結果

判定結果の表示
Y：変異陽性　N：変異陰性

ΔCt：Mutation assay Ct値
－Reference assay Ct値

Calibration値

normalized ΔCt：(ΔCt)－(Calibration値)
この値が Detection ΔCt cutoff 値より小さければ
変異陽性となる

B 解析設定

＜各Ct値の設定＞

全ウェル，すべてのアッセイの上限値

陽性コントロールの上限値

内部コントロール（IPC）エラーの設定

Reference assay の範囲

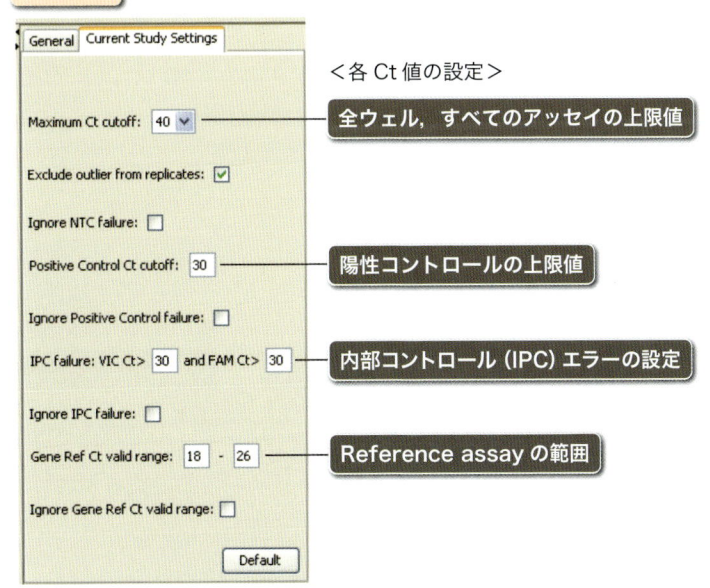

図3　Mutation Detector™ Software 解析画面

A）リアルタイムPCRの結果をインポートすると，変異の有無が判定される．B）解析設定は，サンプル特性や調べる遺伝子に応じて変更が可能である．すべてのアッセイのCt値，陽性コントロールを使用した際のコントロールのCt値およびReference assayのCt値について許容限界を設定できる．また，IPC（VICで検出する）はReference assayあるいはMutant assay（FAMで検出する）とマルチプレックス反応させており，Reference assayやMutant assayの増幅が大きいとIPCの増幅が抑えられる傾向にある．そのため，IPCエラーは両反応のCt値の上限を定めることで定義する．測定値が各設定の許容限界を外れると判定不能となり，その原因がエラーフラグとして判定結果画面に表示される

実験例

1. 臨床サンプルの測定

予備実験として，Detection ΔCt cutoff値の最適化を行った．Detection ΔCt cutoff値は，もともとライフテクノロジーズ社で変異型0.1％検出レベルに設定された規定値が存在する．しかし，病理固定条件やDNA抽出法の違いによりDNAのサンプル特性が変わるため，実際に変異検出を行うサンプルと同質のサンプルを用いて最適化試験を実施したほうがよい．

変異のない野生型サンプル3例のFFPEサンプルから抽出したDNAを用いて，Reference assayとMutant assayを各例三重測定した．その結果をもとにMutation Detector™ softwareで算出されたDetection ΔCt cutoff値を示す（図4A）．0.1％検出レベルの規定値（9.96）を超えたMutant assayについては，Detection ΔCt cutoff値を大きくし過ぎると偽陽性（false-positive）の判定を生じるおそれがあるため，9.96に設定し直して以下の実験を行なった．

非小細胞肺がん71例について測定し，EGFR遺伝子変異の有無を判定した．47例（66％）が野生型であり，G719S：1例，G719A：1例，エキソン19欠失変異：9例，L858R：13例，の24例（34％）に遺伝子変異を認めた（図4B）．

2. 細胞株を用いた検出感度の検定

EGFRエキソン19欠失変異型細胞（H1650）と野生型細胞（A549）を混合した（変異型細胞含有率100％，50％，10％，5％，1％）細胞浮遊液を作製し，エキソン19欠失変異の検出感度を測定した．この結果から，100倍量の野生型細胞がバックグランドに存在する中でも，変異型遺伝子を充分に検出できることが実証された（図5）．

A

Mutant assay	Detection ΔCt cutoff値
G719S	9.28
G719C	11.84
G719A	12.2
エキソン19欠失	12.61
L858R	11.84

B

	症例数
変異（−）	47
変異（＋）	24
G719S	1
G719C	0
G719A	1
エキソン19欠失	9
L858R	13

図4　ΔCt cutoff値の最適化試験と臨床サンプルのEGFR遺伝子変異測定結果
野生型サンプル3例のFFPEサンプルからDNAを抽出し，Reference assayとMutant assay（G719S/C/A, Exon19 deletions, L858R）をそれぞれ三重測定した．A）Reference assayとMutant assayの増幅結果から算出されたDetection ΔCt cutoff値．変異型0.1％の検出レベル（このアッセイでは9.96）を超えた場合は，同レベルまで下げることが推奨されている．B）非小細胞肺がん71例における，EGFR遺伝子変異の測定結果

A

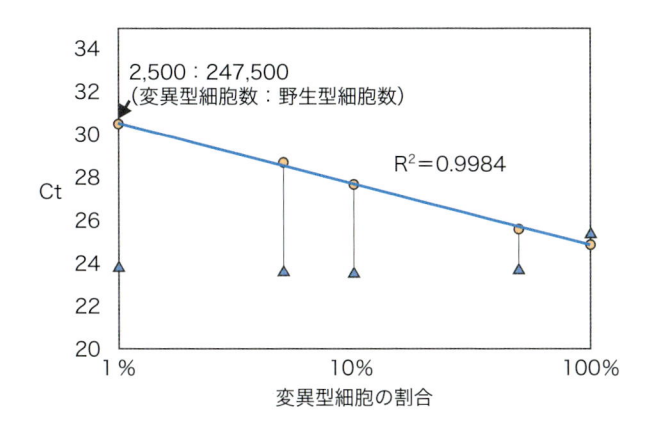

(グラフ: 縦軸 Ct (20-34), 横軸 変異型細胞の割合 (1%-100%), $R^2=0.9984$, 2,500：247,500 (変異型細胞数：野生型細胞数))

B

変異型%	1%	5%	10%	50%	100%
ΔCt	6.6	5.1	4.1	1.9	−0.5
変異判定	＋	＋	＋	＋	＋

図5　EGFR変異型細胞と野生型細胞の混合サンプルによる感度検定

A) EGFRエキソン19欠失変異型細胞株 (H1650) と野生型細胞株 (A549) を混合した細胞希釈列 (変異型細胞含有率100％, 50％, 10％, 5％, 1％) を作製し, エキソン19欠失変異の検出感度を測定した. 縦軸にCt値をとり, 横軸に変異型細胞の割合を対数でとった. ●はExon19 Deletions assay, ▲はReference assayを示す. B) Exon19 Deletions assayとReference assayのCtの差 (ΔCt) と, Detection ΔCt cutoff Value (9.96) に基づく変異判定結果を示す.

おわりに

　臨床サンプルの遺伝子変異検出は, 病理診断に提出された組織サンプルを二次的に使用することが多い. このような病理サンプルを使用する場合は, 新鮮組織とは異なりいくつかの注意すべき点がある.

　図6に示すように, EGFR変異型腫瘍サンプルで腫瘍組織量の異なる2つの標本を比較した場合, 腫瘍量が少ないサンプルではMutant assayにおける増幅の立ち上がりが遅れる. Reference assayのCt値とMutant assayのCt値の差 (ΔCt) で変異の有無を判定する本法では, Mutant assayの増幅の立ち上がりが遅れるとReference assayとのCt値の差 (ΔCt) が広がる. ΔCtがDetection ΔCt cutoff Valueを超えてしまうと, 本来変異がある場合でも陰性と判定される. このような偽陰性 (false-negative) を防ぐためにも, サンプル内の腫瘍量を考慮したうえで判断することが重要である.

　ホルマリン固定は病理組織標本の作製には必須であるが, ホルムアルデヒドの修飾によりDNAの断片化や核酸同士のクロスリンクが生じる. これは, 塩基の置換や塩基の取り込みエラー, 増幅効率の低下を引き起こし, 特にダイレクトシークエンス法ではその影響が顕著に現れアーチファクトの原因となる[6]. FFPEサンプルを使用する場合は, 新鮮あるいは凍結組織から抽出したDNAを用いた増幅反応と同等の増幅が得られないことがある. また, ホルマリン固定条件は施設ごとに異なるため, 自施設のサンプルを用いた予備実験が必須である.

　EGFR遺伝子変異の検出は, 非小細胞肺がん症例におけるチロシンキナーゼ阻害薬使用の適否を決定する重要な検査として利用されている. castPCR法は充分な再現性と感度を有し, PNA

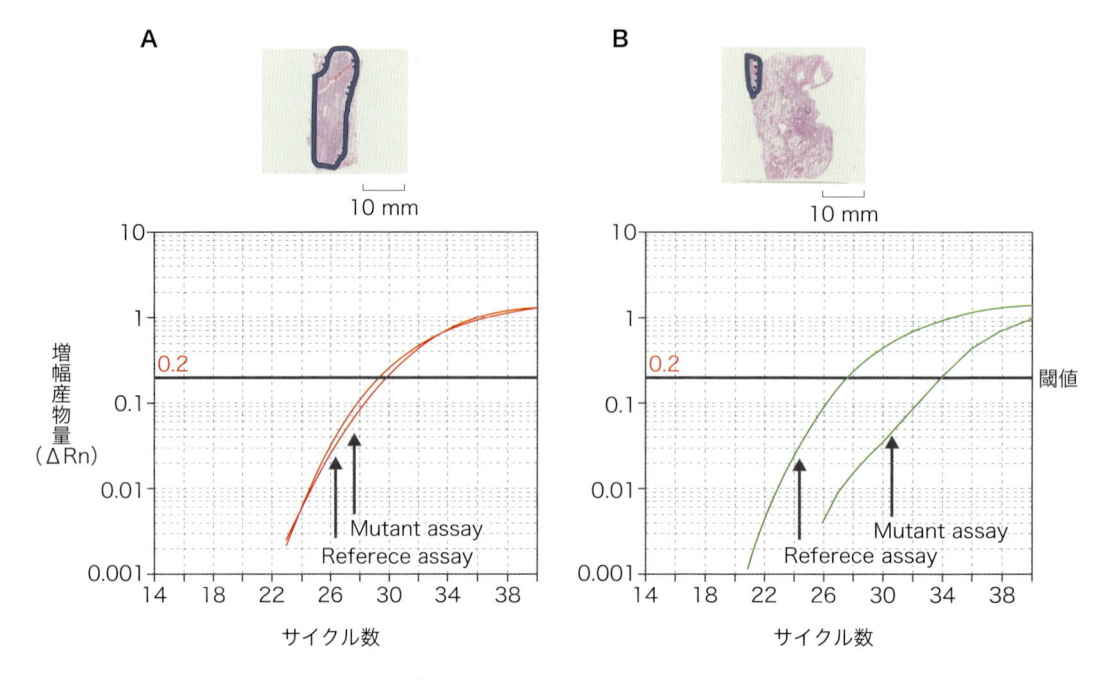

図6　標本上の腫瘍組織量とTaqMan® Mutation Detection Assay

A，Bは，EGFR変異型非小細胞肺がんの同一症例の標本である．A（腫瘍量が多い組織標本）とB（腫瘍量が少ない組織標本）では，組織標本上の腫瘍量が異なる．Bのように腫瘍量が少ない場合は，Mutant assayにおける増幅の立ち上がりが遅くなる．上：ヘマトキシリン・エオジン染色標本．実線で囲む部分が，腫瘍領域を示す．下：標本からDNAを抽出し，エキソン19欠失変異を検出した増幅曲線を示す

Clamp法[*8]との比較も良好であった[7]．castPCR法を用いた遺伝子変異の検出は，EGFRのみならずKRAS, BRAFなどにも応用可能であり[8]，悪性腫瘍の病型診断および治療法の選択に有用である．

*8　PNA Clamp〔peptide nucleic acid (PNA) -locked nucleic acid (LNA) polymerase chain reaction (PCR) clamp〕：1塩基のミスマッチによってTm値が大きく減少するPNA，LNAをClampプライマー，プローブとして利用した手法．増幅時にはPNA clampプライマーにより野生型アレルの増幅を阻害し，変異型アレルを優先的に増幅する．検出時にはLNA mutantプローブが変異型アレルに結合する．野生型アレルにはClampプライマーの拮抗およびミスマッチの存在によって結合しない．文献9参照．

◆参考文献・URL

1) Paez, J. G. et al.：Science, 304：1497-1500, 2004
2) Lynch, T. J. et al.：N. Engl. J. Med., 350：2129-2139, 2004
3) Mitsudomi, T. et al.：Int. J. Clin. Oncol., 11：190-198, 2006
4) Ellison, G. et al.：J. Clin. pathol., 66：79-89, 2013
5) COSMIC Database　http://cancer.sanger.ac.uk/cancergenome/projects/cosmic/
6) Williams, C. et al.：Am. J. Pathol., 155：1467-1471, 1999
7) 庄司月美ほか：日本臨床検査自動化学会会誌, 37：783, 2012
8) Didelot, A. et al.：Exp. Mol. Pathol., 92：275-280, 2012
9) Nagai, Y. et al.：Cancer Res., 65：7276-7282, 2005

実践編

I章 遺伝子発現解析

5 網羅的な発現をみる
マイクロアレイとの比較を例に

鈴木孝昌

リアルタイムPCR活用の目的とヒント

　網羅的な遺伝子発現解析の目的には**DNAマイクロアレイ**を用いる方法が一般的であり，最近では次世代シークエンサーを用いた解析も行われているが，網羅的解析により指標となる遺伝子が絞り込まれた場合や，すでに調べたい遺伝子がある程度わかっている場合には，ハイスループットなリアルタイムPCR法がより有効な手段となる．また，最近ではマイクロRNAの発現解析も盛んになってきたが，この場合マイクロRNAの総数が数千と限られているため，最初からハイスループットなリアルタイムPCR法を用いる場合も多い．384ウェルのリアルタイムPCR反応をデザイン済みのTaqMan® プローブを用いてカード化した**TaqMan® Array Cards**は，これら目的において非常に有用なツールである．最近ではさらに小型化されたマイクロアレイタイプのTaqMan® **OpenArray**® も利用可能となっている．また通常の96ウェルもしくは384ウェルプレートを利用したハイスループットRT-PCRシステムも利用可能であり，こちらのタイプではTaqMan® Array Platesの他にRT² Profiler™ PCR Arrayも利用可能である．

■ リアルタイムPCRのマイクロアレイに対する優位性とは

　マイクロアレイを用いた遺伝子発現解析は，網羅性という意味で非常に有効なツールであるが，**個々の遺伝子発現の信頼性という面においてはリアルタイムPCR法が優れている**ため，アレイデータの確認の意味でよく用いられている．また，マイクロアレイの実験をしてみると，目的とする事象の解析に有効となる遺伝子の数は限られており，次のステップとしてはこうして絞り込んだ遺伝子を対象として解析を進めることになる．このターゲット遺伝子の数は一般に数十〜数百であり，この程度の数になった場合にはマイクロアレイを使うよりもむしろリアルタイムPCRを用いた方が，迅速性，簡便性，信頼性の上でも有効である．

　われわれは，遺伝子傷害性肝発がん物質のスクリーニング法の開発のため，GeneChipを用いた解析から選択した46種類の遺伝子についてTaqMan® Array Cards（以下，Array Cards）をデザインし，その有効性を検証した．本項ではArray Cardsを用いたリアルタイムPCRによる網羅的な遺伝子解析について解説する．

111

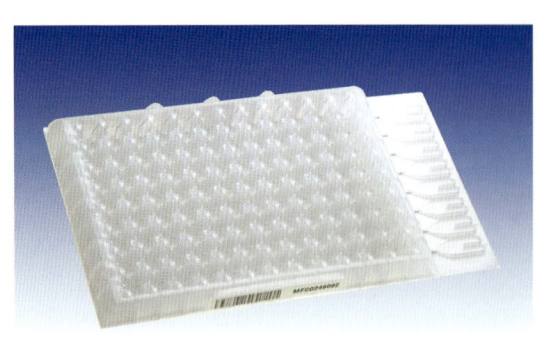

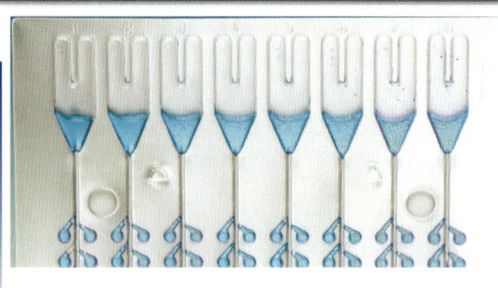

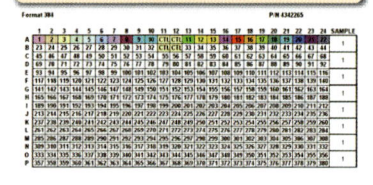

図1　TaqMan® Array Cardsの概要
ターゲット遺伝子はすでにデザインされたTaqMan® Gene Expression Assays, Inventoried（4331182）から自由に選ぶことができ，下の例を含めた10種類のフォーマットから自由にカスタマイズできる．Copyright© 2013 Life Technologies Corporation. Used under Permission.

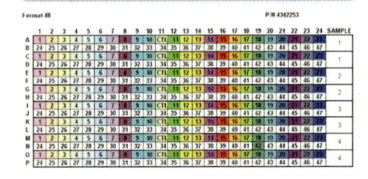

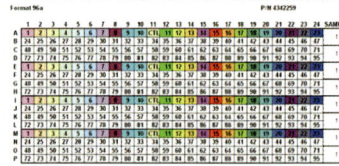

Array Cardsを用いたリアルタイムPCRの特徴

　Array Cardsでは，図1に示すように384ウェルが48×8つのチャンバーにて構成されており，各ウェルにはすでにデザイン済みのTaqMan®プローブがスポットされている．アレイのデザインとしては，最大8種類のサンプルを用いることができ，遺伝子数としては，11～最大380遺伝子（1種類は内在性コントロール遺伝子を含むため）まで，任意の組み合わせで選ぶことができる．遺伝子の選択はウェブ上ですでにデザインされたリストから選択する（図2）．当初は選択した遺伝子の中でリストにない遺伝子も存在したが，最近では急速にその数も充実してきており，逆に1遺伝子に複数プローブがあったりして選択に悩むケースもある．また，特定の目的のためにすでにカスタマイズされたカードも発売されており，これを使ってすぐに実験を開始することもできる（表1）．

①Array Cardsのフォーマットを選択

②目的遺伝子を検索

③Array Cardsへ搭載

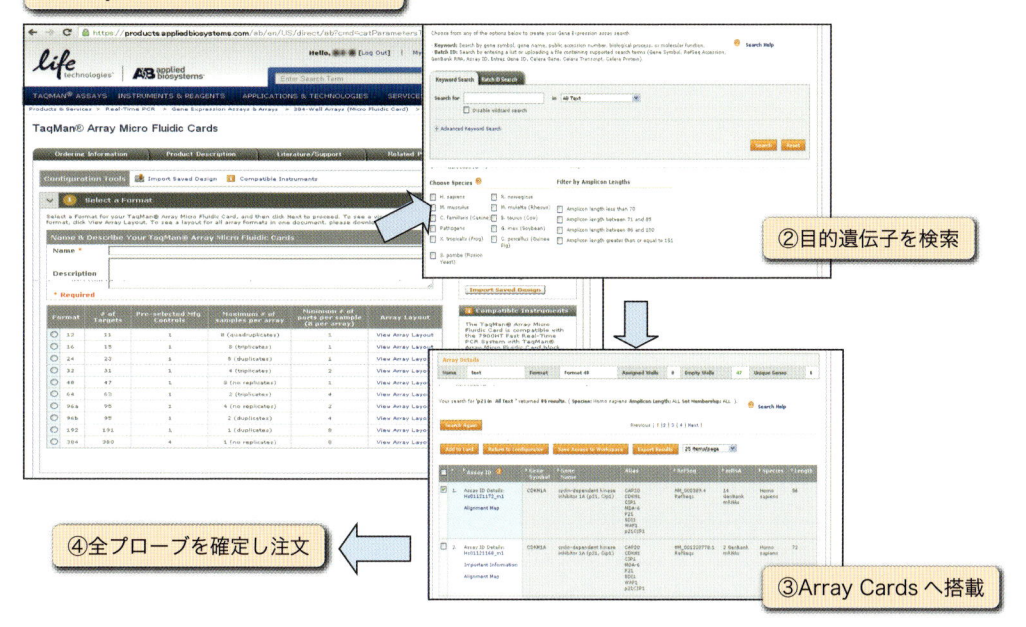

④全プローブを確定し注文

図2　ウェブを介したTaqMan® Array Cardsのデザインと注文の流れ

表1　既にデザイン済みのTaqMan® Gene Signature Cards

【ヒト】

商品名
TaqMan Array Human Immune Card
TaqMan Array Human Endogenous Control Card
TaqMan Array Human Protein Kinase Card
TaqMan Array Human GPCR Card
TaqMan Array Human ABC Transporter Card
TaqMan Array Human Apoptosis Card
TaqMan Array Human Phosphodiesterase Card
TaqMan Array Human Inflammation Card
TaqMan Array Human Angiogenesis Card
TaqMan Array Human Alzheimer's Card
TaqMan Array Human Nuclear Receptor Card
TaqMan Array Human Stem Cell Pluripotency Card
TaqMan Array Human MicroRNA A+B Card Set v2.0 （内訳）TaqMan Array Human MicroRNA A Card v2.0 と TaqMan Array Human MicroRNA B Card v2.0 のセット
TaqMan Array Human MicroRNA A Card v2.0
TaqMan Array Human MicroRNA B Card v2.0
TaqMan Array Human MicroRNA A+B Card Set v3.0 （内訳）TaqMan Array Human MicroRNA A Card v2.0 と TaqMan Array Human MicroRNA B Card v3.0 のセット
TaqMan Array Human MicroRNA B Card v3.0

【マウス】

商品名
TaqMan Array Mouse Immune Card
TaqMan Array Mouse Endogenus Control Card
TaqMan Array Mouse GPCR Card
TaqMan Array Mouse Alzheimer's Card
TaqMan Array Mouse Stem Cell Pluripotency Card
TaqMan Array Rodent MicroRNA A+B Cards Set v2.0
TaqMan Array Rodent MicroRNA A Card v2.0
TaqMan Array Rodent MicroRNA B Card v2.0

【ラット】

商品名
TaqMan Array Rat Endogenous Control Card
TaqMan Array Rat Phosphodiesterase Card
TaqMan Array Rat Inflammation Card
TaqMan Array Rat GPCR Card
TaqMan Array Rodent MicroRNA A+B Card Set v2.0
TaqMan Array Rodent MicroRNA A Card v2.0
TaqMan Array Rodent MicroRNA B Card v2.0

準備

- □ カスタムデザインTaqMan® Array Cards（4342247など，ライフテクノロジーズ社）

　GeneChipを用いて解析した遺伝子傷害性および非遺伝子傷害性肝発がん物質投与マウス肝臓における，特徴的な変化を示した遺伝子46種類を選択し，これらに対してデザイン済みのTaqMan®プローブをウェブ上で選択した．規定のコントロール遺伝子として18S ribosomal RNAが含まれ，新たに発現に差のみられなかった1遺伝子をコントロールとして追加した．

　Array Cardsを使ううえで一番のネックとなるのが，解析装置であり，384ウェルのフォーマットが利用可能なABI PRISM 7900HT（2013年3月で販売終了）もしくはViiA™ 7およびQuantStudio™ 12K Flex システム（OpenArray®にも対応）が必須となる．われわれもArray Cards発売当初からその有用性に注目していたものの，実際の使用はこの機器の導入まで数年を待たなければならなかった．ABI PRISM 7900HTが利用可能であれば，Array Cards用のアップグレードキット（カード用サンプルブロックなどを含む）を購入することにより使用可能となる．このキットには，カードをシーリングするための専用シーラー（p.118 ❿参照）と，カードを遠心機に掛ける際の専用バケット*1も含まれている．その他，試薬類としては，通常のリアルタイムPCRと同様，合成したcDNAサンプルとTaqMan® Universal PCR Master Mixが必要となる．なお，Array Cardsでは，ウェルあたりに必要な反応液量は2 μLであり，マスターミックスを節約できるという利点もある．

*1 　純正品はSorvall ST 40（サーモフィッシャーサイエンティフィック社）遠心機用にデザインされており，他社の遠心機でも比較的大きなタイプではこのバケットが使用可能であるが，われわれのラボでは中型の遠心機しかなかったため，Array Cards用に特注のローター（写真）を用いた．

himac CF 7D2（HITACHI遠心機）用Array Cards専用ローター

- □ 解析サンプル

　遺伝子傷害性および非遺伝子傷害性肝発がん物質をマウスに投与後，4時間および24時間後の肝臓から調製したトータルRNAを解析対象とした．今回は8×48遺伝子フォーマットを用いたため，1つのカードで最大8サンプルについて48遺伝子のデータを解析．

機器・解析装置

- □ ABI PRISM 7900HT（ライフテクノロジーズ社）

　Array Cards用のアップグレードキット含む．なお現在は販売を終了しており，後継はViiA™ 7およびQuantStudio™ 12K Flexシステムとなる．

- □ サーマルサイクラー

　PTC-200 DNAEngine Thermal Cycler（バイオ・ラッド社）．

- □ ポッター型ホモジナイザー
- □ Agilent 2100 バイオアナライザ（アジレントテクノロジー社）

☐ 遠心分離器
　　himac CF 7D2（HITACHI）

キット，試薬類
☐ High Capacity cDNA Reverse Transcription Kit（4368814など，ライフテクノロジーズ社）
　　必ずランダムヘキサマーを使用．
☐ TaqMan® Universal PCR Master Mix（4304437など，ライフテクノロジーズ社）
☐ クロロホルム
☐ イソプロピルアルコール
☐ TRIzol® Reagent（15596-018など，ライフテクノロジーズ社）

プロトコール

1. トータルRNA抽出

❶ マウスより摘出した肝臓の主葉を液体窒素にて急速凍結後，−80℃にて保存

❷ マウス肝臓100 mgに対しTRIzol® Reagent 1 mLを用いて懸濁し，氷上にて2分間ポッター型ホモジナイザーにてすりつぶす

❸ ホモジナイズした溶液を5分間室温にて放置し，1 mLのTRIzol® Reagentに対して0.2 mLのクロロホルムを加える

❹ サンプルチューブにしっかりと蓋をし，手で15秒間激しく撹拌し，室温で2～3分放置する

❺ 5℃にて1200×g，10分間遠心分離する

❻ RNAは上部の透明な水相に含まれるので，これを新しいサンプルチューブにパスツールピペットを用いてそっと移す

❼ 用いたTRIzol® Reagent 1 mLに対して，イソプロピルアルコール0.5 mLを加え混和し，RNAを沈殿させる

❽ 室温にて10分間放置後，5℃にて12,000×g，10分間遠心分離を行う

❾ 沈殿したRNAを吸わないように上清をパスツールピペットで除き，沈殿を1mLの75％エタノールで洗浄した後，100～500 μLのRNase-free waterに溶解する
　　この際，ゲル状になって溶けにくい場合には，ピペッティング操作にて溶解を助けるとともに，55～60℃にて10分間インキュベートする．

❿ バイオアナライザーにて，RNAのクオリティと量をチェックする
　　RNAのクオリティが心配な場合には，Isogen-LS（ニッポンジーン社）など，別の抽出キットを用いて再抽出するとよい．

2. cDNA合成

High Capacity cDNA Reverse Transcription Kitを用いて以下の手順にて行う．

❶ 2μgのトータルRNAに対して20μLの反応液となるように，全サンプル量に必要な反応液量を計算し，少し余裕をもって以下の2×RT master mixを氷上にて調製・混和する

【2×RT master mix】
10×RT Buffer	2.0μL
25×dNTP Mix（100 mM）	0.8μL
10×RT Random Primers	2.0μL
MultiScribe Reverse Transcriptase	1.0μL
Nuclease Free Water	4.2μL [*2]
Total（per 20μL reaction）	10.0μL

*2 RNase Inhibitor入りのキットを用いる場合3.2μLとし，RNase Inhibitor 1.0μLをさらに加える．

❷ PCRチューブもしくは96ウェルプレートに，調製した2×RT master mixをサンプル数だけ分注する

❸ 10μLのRNAサンプルを加え，ピペッティングにて2回ほど混ぜ合わせる

❹ プレートまたはチューブに蓋をして，軽くスピンダウンし，泡を除き，サーマルサイクラーが準備できるまで氷上に置く

❺ 5℃にて1,200×g，10分間遠心分離する

❻ 以下の条件にて，逆転写反応を行う

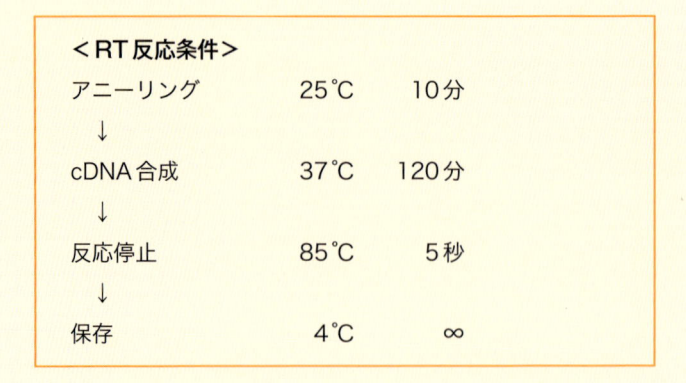

＜RT反応条件＞

アニーリング	25℃	10分
↓		
cDNA合成	37℃	120分
↓		
反応停止	85℃	5秒
↓		
保存	4℃	∞

❼ 反応終了後，リアルタイムPCR反応に使用するまでは冷蔵庫にて保存する
ただし，1日以上置く場合は，−20℃にて保管する．

① Load → ② Spin → ③ Seal → ④ Run

（①～③までの所要時間：5～10分程度）

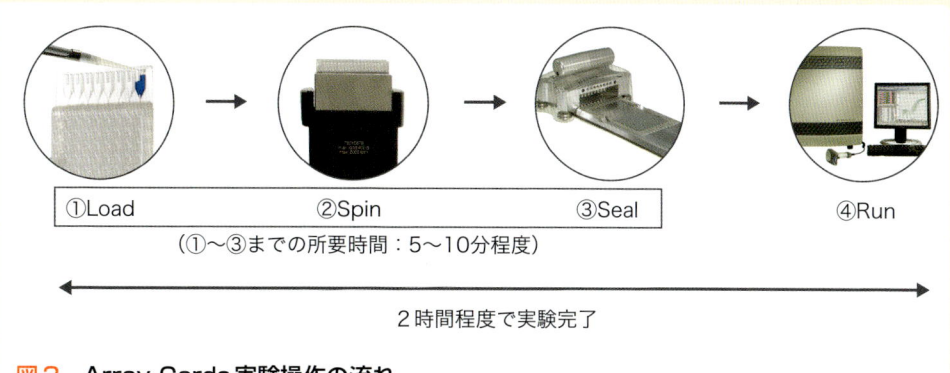

2時間程度で実験完了

図3 Array Cards実験操作の流れ

Copyright © 2013 Life Technologies Corporation. Used under Permission.

3. Array Cardsを用いたリアルタイムPCR解析

❶ 冷蔵保存してあるArray Cardsを室温に戻す

❷ 8つあるポートに対し，1ポートあたり1～1000 ngのトータルRNAより変換されたcDNA量を注入するよう，以下の容量で反応液（Reaction Mixture）をサンプルチューブに調製する

【Reaction Mixture】
1リザーバー（ポート）あたり

cDNAサンプル	$a \mu L$ [*3]
RNase/DNase Free Water	$50 - a \mu L$
TaqMan® Universal Master Mix（2x）	$50 \mu L$
Total	$100 \mu L$

*3　通常10 μLを使用

❸ チューブを優しく撹拌し，スピンダウンする

❹ Array Cardsをパッケージから取り出し，平らなアルミ側を下にして実験台に置く

❺ 100 μLの反応液（上記❷で調製したもの）を，Fillポート[*4]からゆっくりとマイクロピペットにて注入する（図3①）

この際，液量にはかなり余裕が取ってあるので，全量を入れる必要はなく，むしろ泡が入らないように少しだけ残す程度がよい．あわててオーバーフローしないように注意する．（カードを立てて手でもちながら注入すると比較的スムーズに入りやすい）．

*4　リザーバー最上部左側にある少し大きい方の穴．右側はvent用ポート．

❻ 8つあるサンプルポートすべてに対応するサンプルの反応液を注入する

❼ 専用の遠心機ホルダーにカードを挿入し，バランスが合うようにホルダーを遠心機のバケットにおさめる（図3②）

　　この際，This side out という表示が外側になるようにする．カードは最大で12枚まで一度に遠心可能．われわれが使っている特注ローターの場合には，リザーバーを中心側にして直接水平にカードを装着し，ストッパーで固定する．一度に最大2枚まで装着可能．

❽ 331×g，室温にて1分間遠心する

❾ 一度気泡が入っていないか確認し，もう一度331×g，室温にて1分間遠心する

❿ Array Cards専用のシーラーを実験台の上に準備し，スタートポジション（PULL TO RETURNと書いてある側）を手前側に来るように置き，Carriageをスタートポジションにセットする

⓫ カードをホイルが上になるようにシーラーにセットする（図3③）

　　この際，Fillポートが向こう側になるようにして，シーラーのピンの位置に合わせて優しく押して固定する．

⓬ Carriageを向こう側（図4では右方向）に止まるまでゆっくり押して，シーラー上をスライドさせる

　　この際，土台に手を置くとCarriageに挟まれて大変危険なので注意すること．

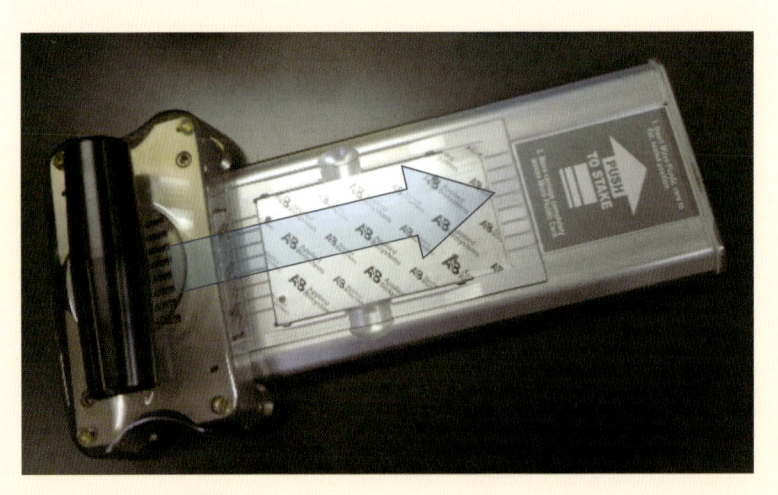

図4　シールの実際

⓭ カードに8本のくぼみができ，シールされるので，カードを取り出す

⓮ Fill リザーバーの部分をはさみで切り取る．これで，準備完了

　　以上の工程は，5〜10分程度で完結する（384プレートに分注することに比較すると格段に操作が楽であることを実感でき，この点がこの手法の最も優れた所であると言える）．

⓯ カードを，専用トレイを装備した7900リアルタイムPCR装置にセットし，付属のSDSソフトウエアにて，以下の反応条件でランを行う（図3④）

〈リアルタイムPCR反応条件〉

AmpErase UNG 活性化	50℃	2分
↓		
AmpliTaq Gold DNA Polymerase 活性化	94.5℃	10分
↓		
解離	97℃	30秒
アニーリング/伸長反応	59.7℃	60秒

40サイクル

TOTAL 90分

4. データ解析

付属のSDSソフトウエアを用いて，**ΔΔCt法**にて解析を行う．この際，規定の内在性コントロール遺伝子をソフトウエア上で指定し，この遺伝子のCt値に対する差（ΔCt値）を計算させ，比較したいサンプルのΔCt値との比較（ΔΔCt）により，相対定量が各遺伝子に対してなされる．なお，遺伝子情報はカードと一緒に提供されるファイルを読み込むことにより自動的に入力される．

トラブルシューティング

トラブル	考えられる原因	解決のための処置
ウェルに泡が入る	サンプル注入時に泡が入った	サンプル量は余裕が取ってあるので，全量を入れず少し残して泡を入れない．小さな泡であれば，ウェルに入ってもほとんど問題ない．
サンプルがウェル全体に入らない	遠心が不十分	遠心操作を追加する
内在性コントロールがばらつく	遺伝子が不適切	コントロール遺伝子を追加（変更）する．グローバルノーマライゼーション法を採用する
増幅が悪い	RNAサンプルが分解している	可能であればRNAの再抽出
	cDNA量が少ない	cDNAサンプル量を増やす
	遺伝子の発現量が低い	別のプローブを試す
		35サイクルを超えて増幅するような場合にはデータの信頼性が低いので注意する
増幅が途中で頭打ちになる	ウェルの中に泡が入った	あらかじめ予見された場合には，場所を記録しておきそのデータは排除する．ただし，Ct値としては使える場合もある
	スポットされたプローブ量が少ない	可能性としては考えられるが，確認は難しい
Array Cardsが入っていない（密閉されているので外からはわからない）	製造工程ミス	返品，交換

実験例

　Array Cardsを使った実験結果の例を図4に示す．この実験では，Affymetrix社のGeneChip解析に用いたサンプルを使って，データの相関性を検証した．一部のデータのみ示したが，全体としてGeneChip解析のデータとArray Cardsのデータは非常によく一致しており，両者のデータの信頼性が確認できた．

　また，Array Cardsデータの再現性について検討するため，異なるカード間での同一サンプルのCt値の比較を行ったところ，図5に示すように，両者は非常によく一致した．通常リアルタイムPCRの実験では複数のリプリケート（同一条件のウェル）を設定することが要求されるが，このデータの再現性から，あまり多くは必要なさそうであることが示唆された．

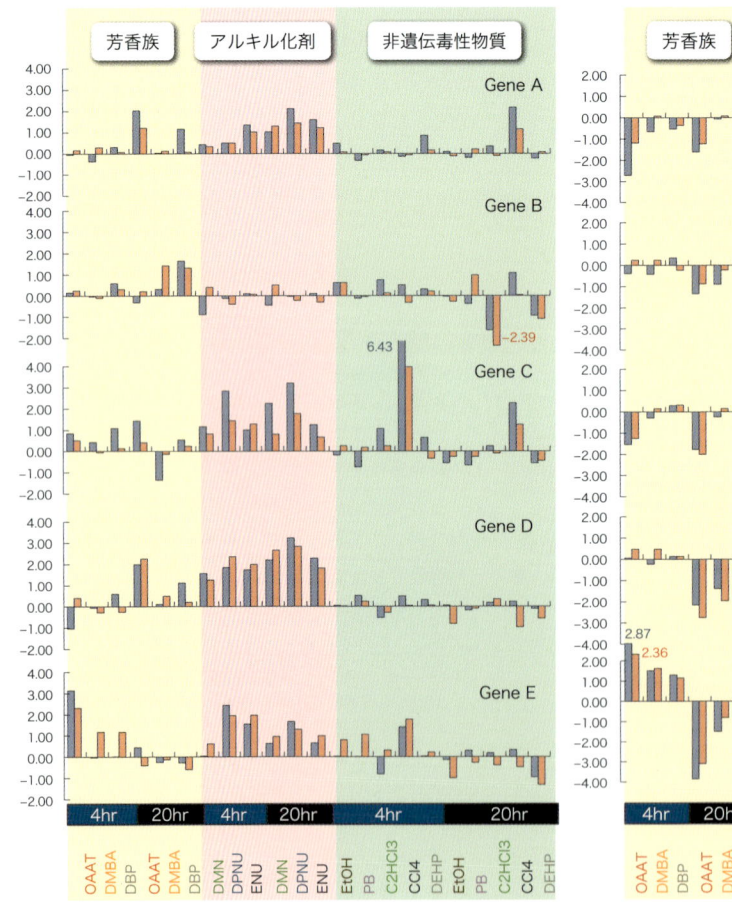

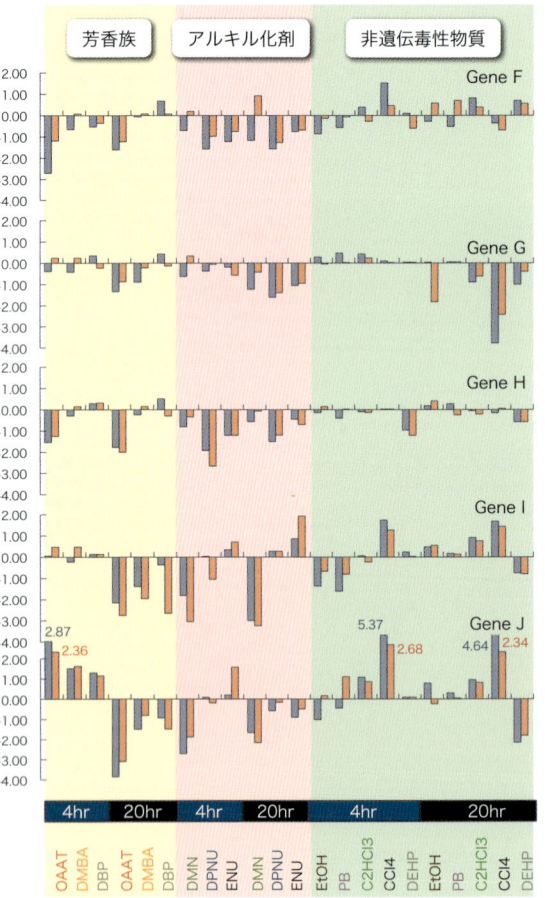

図4　Array CardsとGeneChipデータの相関性
■ Array Cards　■ GeneChip

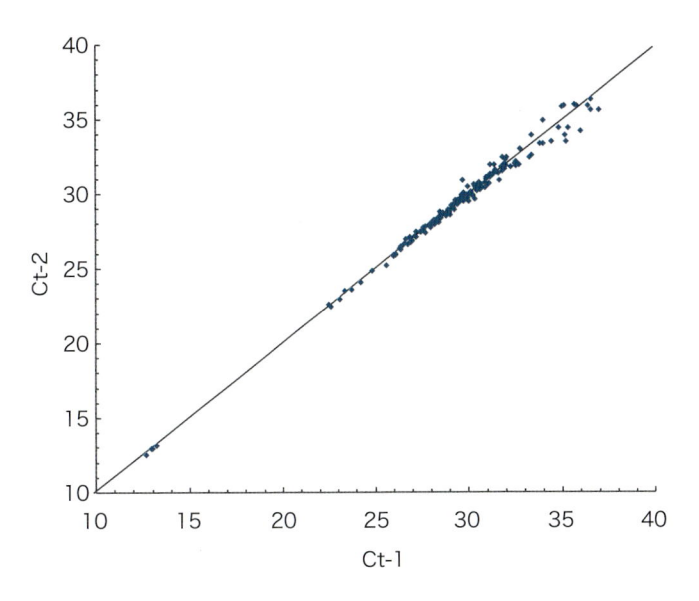

図5　同一ウェル間でのデータの再現性

おわりに

　マイクロアレイを用いた遺伝子発現解析は，新しい診断ツールとして注目されており，乳がんの予後予測用のMammaPrint（Agendia社）やOncotypeDX（Genomic Health社）のように海外ではすでに臨床応用されている例もある．一方，リアルタイムPCRを用いた例として，心臓移植後の拒絶反応を予測するAlloMap（XDx社）もFDAに承認されて使用されている．**遺伝子数が一定の数（100程度）以下になれば，迅速性，簡便性の面から次世代型アレイとしてのArray CardsやOpenArray® は注目されるはずである**．これらはマイクロRNAの発現解析やSNP解析への利用も期待され，基礎研究とともに今後診断ツールとしても普及していくと期待される．

◆参考文献
1) Cai, J. H. et al.：BioTechniques, 42：503–512, 2007
2) Yang, Y. et al.：Pharmacogenomics, 7：177–186, 2006
3) Goulter, A. B. et al. BMC Genomics 7：34, 2006
4) Abruzzo, L. V. et al.：Biotechniques, 38：785–792, 2005
5) Tuschl, G. & Mueller, S. O.：Toxicology, 218：205–215, 2006
6) Liu, R. et al.：N. Engl. J. Med., 356：217–226, 2007

◆参考図書
1) ラボマニュアルDNAチップとリアルタイムPCR　（野島博/編），講談社，2006

実践編 Ⅰ章 遺伝子発現解析

6 内在性コントロール遺伝子の設定

萩原圭祐

リアルタイムPCR活用の目的とヒント

ターゲット遺伝子の発現量を補正する内在性コントロール遺伝子としては，GAPDH，β-アクチンが使用されることが多い．ところがリアルタイムPCRではむしろ不適切であることが多い．実験に用いる細胞，組織の特性をよく検討し，実験系で使用する刺激による内在性コントロール遺伝子発現の安定性を検討することが必要である．HepG2細胞を用い，IL-6，IL-1，TNF-α，3つの炎症性サイトカインによる刺激を行った筆者の実験系においては，β2Mの発現が有意差をもって安定していることが明らかになった．この例をもとに本項では内在性コントロール遺伝子設定の重要性について解説する．

■ 内在性コントロール遺伝子とは

内在性コントロール遺伝子は，リアルタイムPCRにおいてターゲット遺伝子の発現量を補正する際に用いられ，その発現量は，採取したRNAの品質や逆転写反応の効率を反映していると言われている．解糖系の酵素や細胞の構成タンパク質などハウスキーピング遺伝子と言われる恒常的に安定発現している遺伝子が用いられることが多い．ノーザンブロッティングやRT-PCRなどの実験では，従来からGAPDHやβ-アクチンが用いられ，特に問題は報告されなかった．しかし，リアルタイムPCRが普及し，さまざまな研究室で実験に使用されるようになると，リアルタイムPCRの検出感度の高さより，内在性コントロール遺伝子の発現量が変動している可能性が報告されるようになった．その発現量が変動すれば，補正後のターゲット遺伝子の発現量は大きく変動してしまう．その設定を誤れば，ターゲット遺伝子の発現量を過大評価や過小評価する可能性が考えられる（図1）．

■ 適切な選択の手順

内在性コントロール遺伝子を検出するプローブは各メーカーから購入可能である．例えば，現在，ライフテクノロジーズ社で購入可能な内在性コントロール遺伝子の一覧を表に示す．適切な選択を行なっていくためにはまずは，この表やカタログをもとに，実験に用いる細胞，組織における内在性コントロール遺伝子についての報告を検索することである．同時に，撒き込

> ターゲット遺伝子の発現量（A），刺激後の発現量（A'）
> 内在性コントロール遺伝子の発現量（B），刺激後の発現量（B'）
> をそれぞれリアルタイムPCRで測定
> ↓
> A／Bを補正した発現量とすると，
> 刺激によるターゲット遺伝子発現誘導 $= \dfrac{A'/B'}{A/B}$
> ↓
> A=1, B=1, A'=10, B=5'のとき
> 刺激によるターゲット遺伝子の発現誘導は10倍でなく2倍となる
> ↓
> 内在性コントロール遺伝子の変動が大きいと，その値に応じて，ターゲット遺伝子の発現が決定され，アッセイとしての信頼性は低下する

図1 内在性コントロール遺伝子によるターゲット遺伝子の発現量補正とその設定の必要性

表 現在使用可能な主なヒト内在性コントロール遺伝子の一覧

内在性コントロール遺伝子	正式名称	主な働きなど
18S rRNA	18S ribosomal RNA	リボソーム粒子を構成するRNAで，細胞内に最も豊富に存在する
GAPDH	glyceraldehyde-3-phosphate-dehydrogenase	解糖系を構成する主要な酵素．グリセルアルデヒド3-リン酸を酸化的にリン酸化．筋肉中には多量に存在
ACTB	β-actin	筋肉に存在する収縮タンパク質のアイソタイプ．一般細胞に存在
β2M	β_2-microglobulin	組織適合抗原（クラスⅠ）を構成する二本鎖のうちの軽鎖．組織適合抗原の特異性を示す抗原をもたない
GUSB	β-glucuronidase	β-グルクロニドを加水分解し，D-グルクロン酸を遊離させる酵素．動物では全組織に存在．植物細胞には存在しない
HPRT1	Hypoxanthine-guaninephosphoribosyltransferase	プリン生合成系におけるサルベージ合成系に関与．ヒポキサンチンをイノシンモノフォスフェートに変換する酵素
PGK1	phosphoglycerate kinase 1	解糖系において基質準位のリン酸化を行う酵素．光合成においても重要．広く生物界一般に分布
PPIA	cyclophilin A	免疫抑制剤サイクロスポリンAの細胞内結合タンパク質
TBP	TATA-box binding protein	TATAボックスに結合するTFⅡDの構成サブユニットの1つである
TFRC（CD71）	transferrin receptor	トランスフェリンの受容体．腫瘍細胞に多く発現しているといわれている
RPLPO	large ribosomal protein	タンパク質を合成する細胞内小器官であるリボゾームの大サブユニット

主な働きについては「生化学辞典 第4版」（東京化学同人）をもとに作成

> ①標的となる細胞や組織での発現量は適切か？
>
> リアルタイムPCR，RT-PCR，ノーザンブロッティング法による内在性コントロール遺伝子発現量の検討が報告されているかどうかを論文レベルで検索
>
> ②刺激に対する反応性は適切か？
>
> これから始める実験系における刺激（サイトカイン，成長因子）に対する内在性コントロール遺伝子発現の安定性を検討

図2　内在性コントロール遺伝子を選定するうえでの注意点

む細胞の量や，使用するRNAの量についても至適化しておいたほうがよい．補正前の実験データの安定性が，結果的に安定したアッセイの確立につながる．

　次に，実験系で使用する刺激（サイトカインや成長因子など）による内在性コントロール遺伝子の安定性を検討することである．先輩や同僚のコメントを安易に鵜呑みにせず，データを自ら確認し，系の確立に向け慎重になることをお勧めする．筆者自身，ある程度実験が進んだ時点で炎症性サイトカイン刺激によるGAPDHの発現変動に気がつき，もう一度，すべての実験をやり直すことになった苦い経験がある．以上，実験を進めていくうえでの注意点を図2に示した．

準備

- [ ] RNeasy Mini Kit（74104 など，キアゲン社）
- [ ] HepG2 細胞
- [ ] TaqMan® Universal PCR Master Mix（4304437 など，ライフテクノロジーズ社）
- [ ] ヒト内在性コントロール（TaqMan® MGB プローブ/プライマー）
   human β2M（β-2-microglobulin），human GAPDH，human ACTB（β-actin）
- [ ] SuperScript® VILO™ cDNA Synthesis Kit（11754-050 など，ライフテクノロジーズ社）
- [ ] 使用する装置
   Applied Biosystems® ViiA™ 7 リアルタイム PCR システム

プロトコール

1. ヒト内在性コントロール遺伝子の安定性の検討のためのサンプル調製

❶ HepG2細胞を 5×10^5 cell/well になるよう6ウェルプレートに撒き3日培養

  細胞や組織を使う実験では，培養条件を至適化しておく必要がある．

❷ サイトカイン刺激

  IL-6：1〜100ng/mL，IL-1β：0.01〜10ng/mL，TNF-α：0.1〜10ng/mL．無刺激では変動しない内在性コントロール遺伝子も，実験で使用する刺激で変動することがある．希釈系列をつくり，確認する必要がある．

❸ 刺激後6時間後にRNeasy Mini Kitを使いRNAを回収

❹ RNA 2μgを使い逆転写反応を行いcDNAを合成

  使うRNAの量，逆転写の条件も検討の対象である．最近は，RNA合成とリアルタイムPCRを同時に行うことのできる試薬も販売されているが，系が確立するまではお勧めしない．近年，筆者は，ライフテクノロジーズ社のSuperScript® VILO™ cDNA Synthesis Kitを愛用している．

2. PCR反応

❶ ヒト内在性コントロール（TaqMan® MGBプローブ/プライマー）を用いてヒト内在性コントロール遺伝子の安定性を検討する

cDNA（50〜100ng程度）	1μL
TaqMan® Universal PCR Master Mix	25μL
human β2M（GAPDH，ACTB）TaqMan probe	1μL
Forward primer	1μL
Reverse primer	1μL
DDW	21μL
Total	50μL

PCR反応はtotal 12.5〜25μLでも可能．同時に検討することをお勧めする．

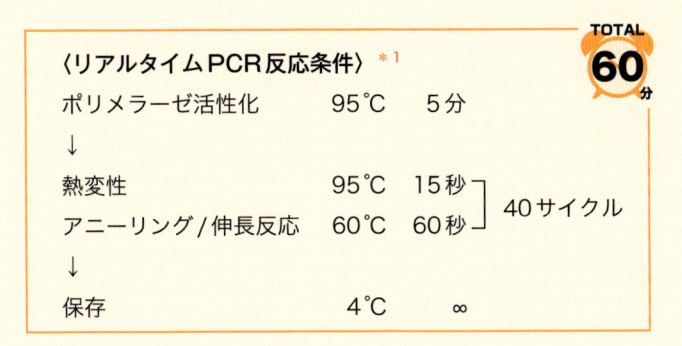

〈リアルタイムPCR反応条件〉[*1]   **TOTAL 60分**

ポリメラーゼ活性化	95℃	5分
↓		
熱変性	95℃	15秒 ⎫
アニーリング/伸長反応	60℃	60秒 ⎭ 40サイクル
↓		
保存	4℃	∞

*1 Fastシステムを用いれば25分．Fast PCRとは，Fast PCR専用酵素を使って，サーマルリサイクルを工夫し，劇的にサイクル時間を短縮する仕組みである．ただし，Fast PCRを行うための条件を確認する必要がある．

トラブルシューティング

トラブル	考えられる原因	解決のための処置
内在性コントロール遺伝子の発現量が安定しない	逆転写や用いるcDNAの量が至適化されていない	逆転写に用いるRNAの量や，リアルタイムPCRに用いるcDNAの量を検討する
	その実験系には不適切	その他の内在性コントロール遺伝子を購入し検討する．予算に余裕があれば，TaqMan Human Endogenous Control Plate[*2]を購入し，検討することを勧める．

*2 TaqMan® Express Human Endogenous Control Plateには，多くのヒト組織サンプルで使用された32の内在性コントロールの候補遺伝子が搭載され，至適な内在性コントロール遺伝子が比較的容易に選択できるツールである．

実験例

筆者が行った炎症性サイトカインによる血清アミロイドタンパク質（serum amyloid A：SAA）の発現解析の実験結果の一部を示す．SAAは，臨床的によく測定されるC反応性タンパク質（C-reactive protein：CRP）と同じく急性炎症タンパク質の1つであり，関節リウマチに続発する難治性のAAアミロイドーシスの原因タンパク質であるアミロイドAの前駆タンパク質としても知られている．関節リウマチ患者に対し，抗IL-6レセプター抗体療法によって，血清のSAAが正常化し，AAアミロイドーシス患者のアミロイド沈着が改善するという臨床結果が得られていたことから，なぜIL-6を阻害するだけでSAAが正常化するのかというユニークなアプローチで研究を始めた．

主に肝腫瘍細胞株であるHepG2細胞を使い，3つの炎症性サイトカイン（IL-6，IL-1β，TNF-α）を，さまざまに組み合わせて刺激を行った．当初，内在性コントロール遺伝子としてGAPDHを用い発現の補正を行ったが，安定性が悪く，補正前のデータと全く異なるパターンを示すことがしばしばみられた．そこで，文献を検索したところ，リアルタイムPCRの補正にはGAPDH，β-アクチンよりも，β2Mや18S rRNAが適切であるという報告[1)2)]や炎症性サイトカインの刺激にβ2Mの発現が安定であるという報告[3)]が認められた．

そこで，SAA発現のサイトカイン刺激に対する用量依存性を検討したサンプルを用いて，GAPDH，β-アクチン，β2Mの発現量のばらつきを検討した．無刺激コントロールサンプルを1としたときの発現量の値が，β2M：1.21 ± 0.39，GAPDH：1.60 ± 0.82，β-アクチン：1.50 ± 0.46（N＝11）（β2M vs. GAPDH $p < 0.04$，β2M vs. β-アクチン $p < 0.03$）と，β2Mの発現が有意差をもって安定していることが明らかになった[4)]．各サイトカイン刺激ご

実践編 I章 遺伝子発現解析

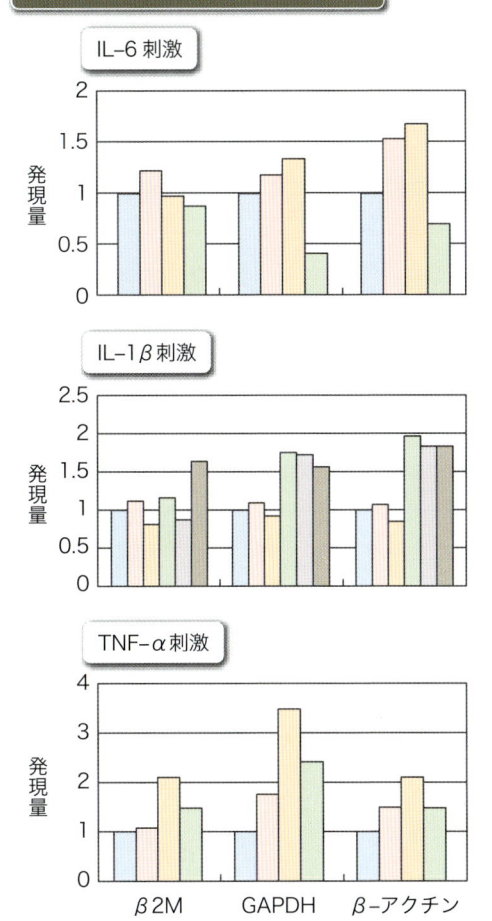

図3　サイトカイン刺激下でのβ2M, GAPDH, β-アクチンの発現量の変化

肝腫瘍細胞株であるHepG2細胞をIL-6：1，10，100 ng/mL，IL-1β：0.01，0.05，0.1，1，10 ng/mL，TNF-α：0.1，1，10 ng/mLで，それぞれ刺激し，duplicateでβ2M，GAPDH，β-アクチンの発現を検討した．β2Mがこの刺激においては安定して発現している（ばらつきが小さい）ことが示されている

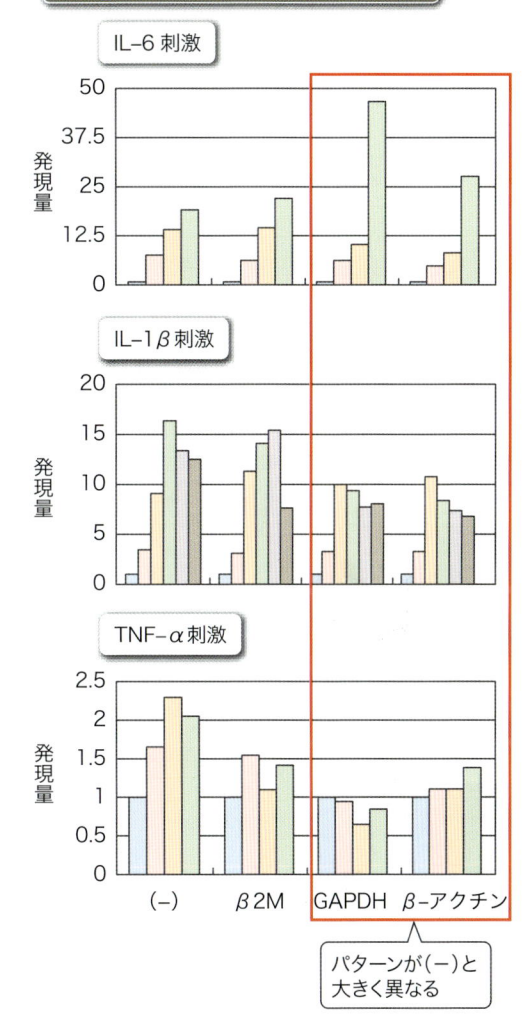

図4　各内在性コントロール遺伝子を用いたサイトカイン刺激によるSAA1遺伝子発現量の補正

β2M，GAPDH，β-アクチンそれぞれの発現量を用いて，SAA1遺伝子の発現量を補正した．補正していない生データと比較すると，GAPDH，β-アクチンの場合，サイトカイン刺激による用量依存性のパターンが大きく異なることが示されている

とに表したグラフを図3に示す．図3の結果をもとにSAAの発現量のサイトカインに対する用量依存性のグラフパターンがどう変化するかを見ていただきたい（図4）．β2Mで補正した場合と比較して，GAPDHやβ-アクチンで補正した場合は，パターンやピークが異なることが示されている．用いる内在性コントロール遺伝子が異なれば，全く違う実験結果になる可能性があることが示されている．

おわりに

　内在性コントロール遺伝子の設定は，決して難しいことではない．組織や細胞の性質を調べて，刺激に対する反応性を慎重に検討し，選択するというオーソドックスな手法で充分である．実験結果に追われるようになると，ついついこの作業をおろそかにしてしまいがちである．リアルタイムPCR登場以来，この領域の基本的な考え方は，大きく変化しているわけではない．地道な確認作業を行うというアプローチは今後も同様であろう．

　筆者自身振り返ると，1つの遺伝子発現を定量的に測定するという作業を通して，研究の基本を学んだように思う．安定したアッセイ系を確立できたことにより，その後の実験を確信してすすめることができた．その結果，従来言われていなかったJak-Stat系の関与を見出し[4]，SAAの相乗発現にはSTAT3とNF-κB p65のクロストークが必須であるというSTAT3の新たな転写活性機序の存在を見出すことができた[5]．

　読者の方々も，安定したアッセイ系を確立するという作業を通して，研究の基本を体感されることを願う．

◆ 参考文献

1) Schmittegen, T. D. & Zakrajsek, B. A. J. : Biochem. Biophys. Methods., 46 : 69-81, 2000
2) Zhong, H. & Simons, J. W. : Biochem. Biophys. Res. Commun., 259 : 523-526, 1999
3) Vraetz, T. et al. : Nephrol. Dial. Transplant., 14 : 2137-2143, 1999
4) Hagihara, K. et al. : Biochem. Biophys. Res. Commun., 314 : 363-369, 2004
5) Hagihara, K. et al. : Gene Cells, 10 : 1051-1063, 2005

7 マイクロRNA（miRNA）のcDNA合成

II章　マイクロRNA発現解析

北條浩彦

リアルタイムPCR活用の目的とヒント

マイクロRNA（miRNA）は，約22塩基長の小さな機能性RNA分子である．この小さなRNA分子をリアルタイムPCR（またはPCR）で解析するためには，まず，そのcDNAを合成しなければならない．そして，その小さなRNA分子からcDNAを合成するためにステム・ループRTプライマーやpoly（A）付加といった特別ツールもしくは処理が必要となる．

はじめに

マイクロRNA（microNA：miRNA）はタンパク質をコードしないnon-coding RNA[*1]遺伝子である．主にRNAポリメラーゼIIによって転写され，その一次転写産物（primary miRNA：pri-miRNA）は長鎖RNAであり，プロセッシングを受けてステム・ループ構造を有するmiRNA前駆体（precursor miRNA：pre-miRNA）となる．その後pre-miRNAは細胞質内に移動し，RNAi（RNA interference）経路に入り，Dicerによるプロセッシングを受けて約22塩基長のmiRNA二量体となる．最終的には片方の一本鎖miRNAがRISC[*2]に取り込まれ，その塩基配列に基づく遺伝子発現抑制が惹起される（図1）．発現抑制はmiRNAと相補的または一部相補的なメッセンジャーRNA（mRNA）に対して起こり，したがって1種類のmiRNAが複数の遺伝子の発現制御に関与する．このmiRNAがかかわるユニークな遺伝子発現調節機構はさまざまな生命現象・生命機能と密接に関与し，さらに疾患との関連も報告されている．

miRNAのcDNA合成のポイントと原理

リアルタイムPCRを利用したmiRNAの発現解析手順は，通常のmRNAと同様，まず逆転写反応（Reverse Transcription：RT）によってcDNAを合成し，そのcDNAを鋳型に目的のmiRNAをリアルタイムPCR法によって解析する．しかし，通常のmRNAのcDNA合成操作と若干異なる点がある．それは小さなmiRNAを検出するために必要な操作であり，その特別な

[*1] non-coding RNA：タンパク質をコードしないRNA．
[*2] RISC（RNA-induced silencing complex）：RNAの切断活性（スライサー活性）をもつAgo2タンパク質を中心としたリボ核タンパク質複合体．取り込んだ小さなRNA（siRNAやmiRNA）の配列に基づく遺伝子の発現抑制を惹起する．

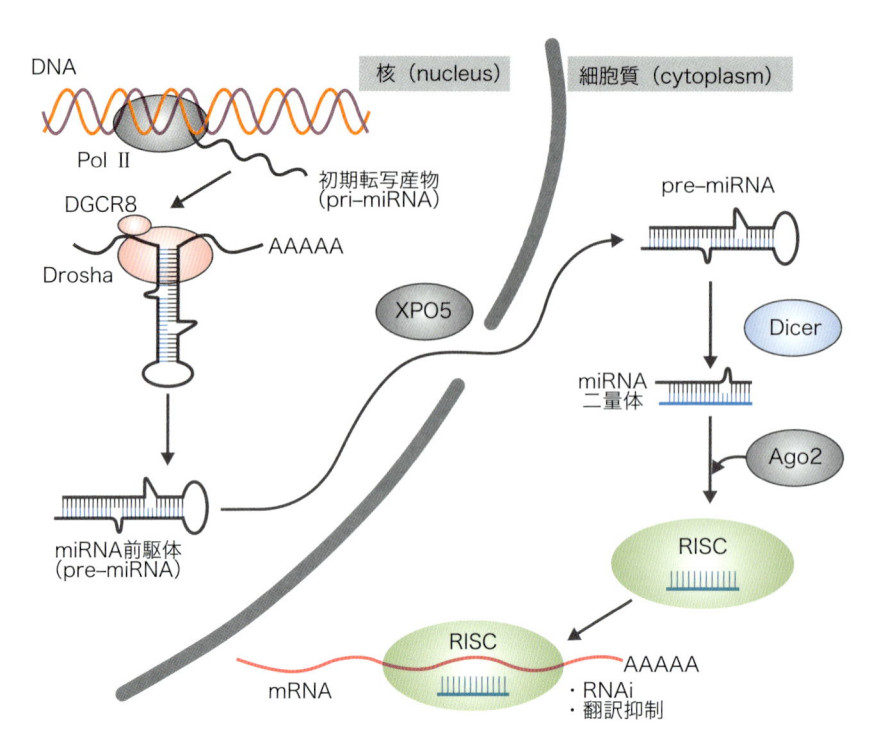

図1　miRNAの成熟プロセス

miRNAは，ゲノム上に存在するnon-coding RNA遺伝子であり，RNAポリメラーゼⅡ（Pol Ⅱ）によって転写される．その後，マイクロプロセッサー（Drosha），Dicerによるプロセッシングを受けて成熟したmiRNAとなる．成熟したmiRNAはRISC（RNA-induced silencing complex）に取り込まれ，機能性RNAとして働く

表　miRNAのcDNA合成法の比較

	cDNA合成の鋳型RNA	RTプライマーのmiRNAに対する特異性	目的miRNAに対するPCR増幅の特異性	タンパク質コーディング遺伝子の発現解析	マルチプレックス解析
ステム・ループRTプライマー	miRNA	あり（1ステム・ループRTプライマーに対して1種類のmiRNA）	きわめて高い	不可	可能
poly(A)付加処理	miRNA, mRNA (poly(A)+のすべてのRNA)	なし	高い	可能	特に適している

　操作には2種類の方法がある．1つはステム・ループRTプライマー（Stem-Looped RT primer）*3と呼ばれるステム・ループ構造をもった特殊なRTプライマーの使用であり，そしてもう1つがpoly(A)付加処理である．それぞれの特徴について表にまとめた．以下それらについて紹介する．

*3　「ループRTプライマー」とも呼ばれている．

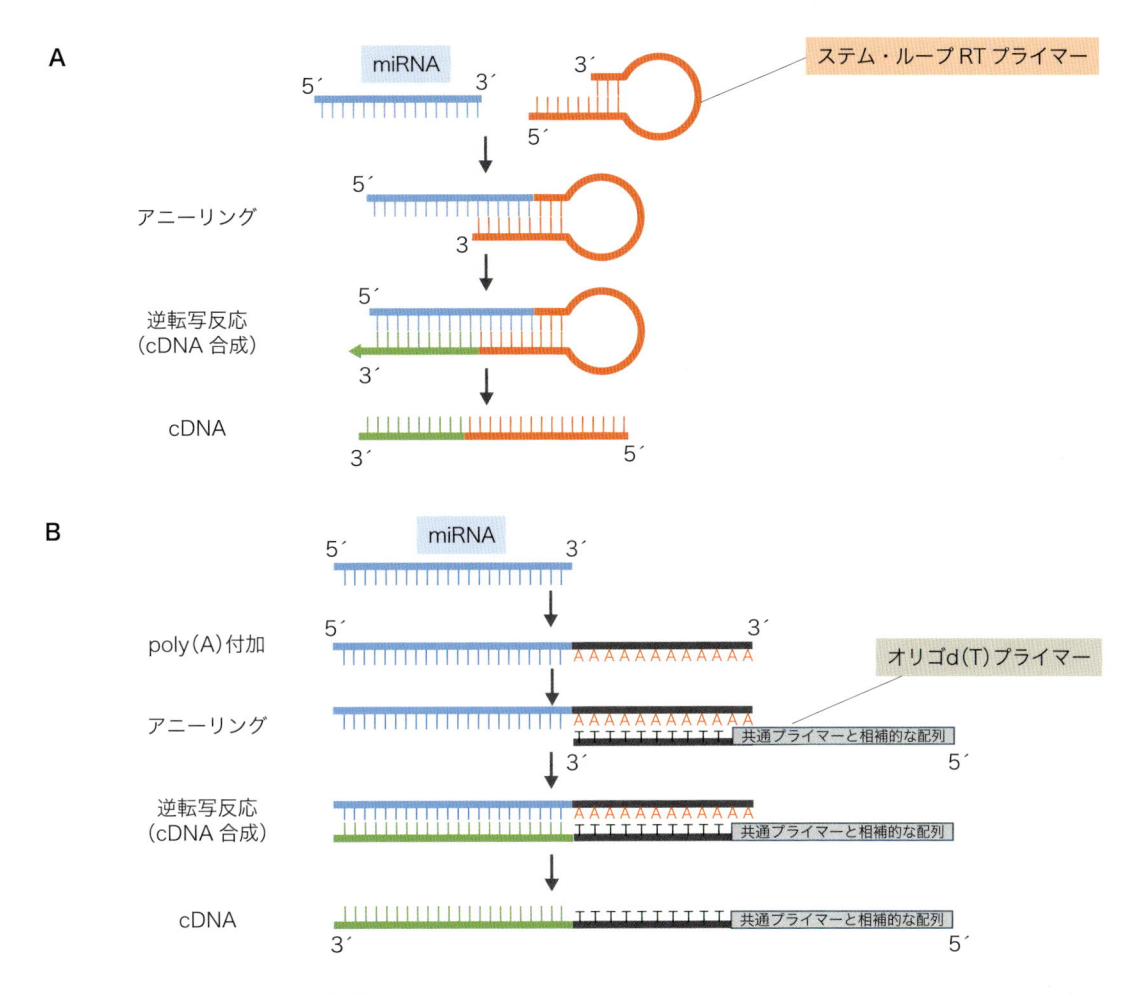

図2 miRNAのRT-qPCR解析

A) ステム・ループRTプライマーを使ったmiRNAのcDNA合成．目的のmiRNAに対して特異的なステム・ループRTプライマーを用いて逆転写反応（cDNA合成）を行う．ステム・ループRTプライマーの3′末端の突出配列とmiRNAの3′末端配列がアニーリングし，逆転写反応によってcDNAを合成する．その後，miRNAに特異的なPCRプライマーとTaqMan®プローブを用いてリアルタイムPCR解析を行う（**実践編-8**，**実践編-10**参照）．B) Poly(A)付加処理．ポリ(A)ポリメラーゼ〔Poly(A)付加酵素〕によってmiRNAの3′末端にPoly(A)を付加する．オリゴd(T)プライマー（共通PCRプライマーと相補的な配列を含む）とアニーリングし，逆転写反応によってcDNAを合成する．その後，それぞれのmiRNAに特異的なPCRプライマーと共通プライマーを使ってリアルタイムPCR解析を行う（**実践編-9**，**実践編-10**参照）．

1. ステム・ループRTプライマーの使用

ステム・ループRTプライマーは，**図2A**で示すようなステム・ループ構造をもった逆転写反応用のプライマーである．このRTプライマーは目的のmiRNAを特異的に捉えるためにユニークな工夫が施されている．プライマーの3′末端はmiRNAと相補的な約6塩基長の突出をもち，その突出配列が目的のmiRNAとアニーリングする．そしてRT反応によってcDNAを合成し，得られたcDNAを鋳型に特異的なPCRプライマーを使ってPCR増幅を行う．特異性をさらに高めるためにTaqMan®プローブを用いたリアルタイムPCR解析も可能である（**実践編-8**，実

践編-10参照).

　ステム・ループRTプライマーを使用したcDNA合成の大きな特徴は，使用するRTプライマーが検出目的のmiRNAに対して1つ1つ異なるという点である．例えば，miR-124（miRNAの1つ）を検出しようとしたとき，まずmiR-124特異的なステム・ループRTプライマーを使ってmiR-124のcDNAを合成する．他のmiRNAを検出する場合には，その目的のmiRNAに特化したステム・ループRTプライマーを使ってcDNA合成する．これは，通常のオリゴd(T)プライマーやランダムプライマーを使ってトータルRNAから一挙にcDNA合成する手順と大きく異なる（図3）．また，ステム・ループRTプライマーを使ったmiRNA解析の場合，最初のcDNA合成（RT反応）から検出まですべて独立の反応系で処理を行うため，実験工程の中で人為的な誤差が生じる可能性が高くなる．したがって，各ステップで実験誤差が生じないように充分心がけなければならない（実践編-8参照）．

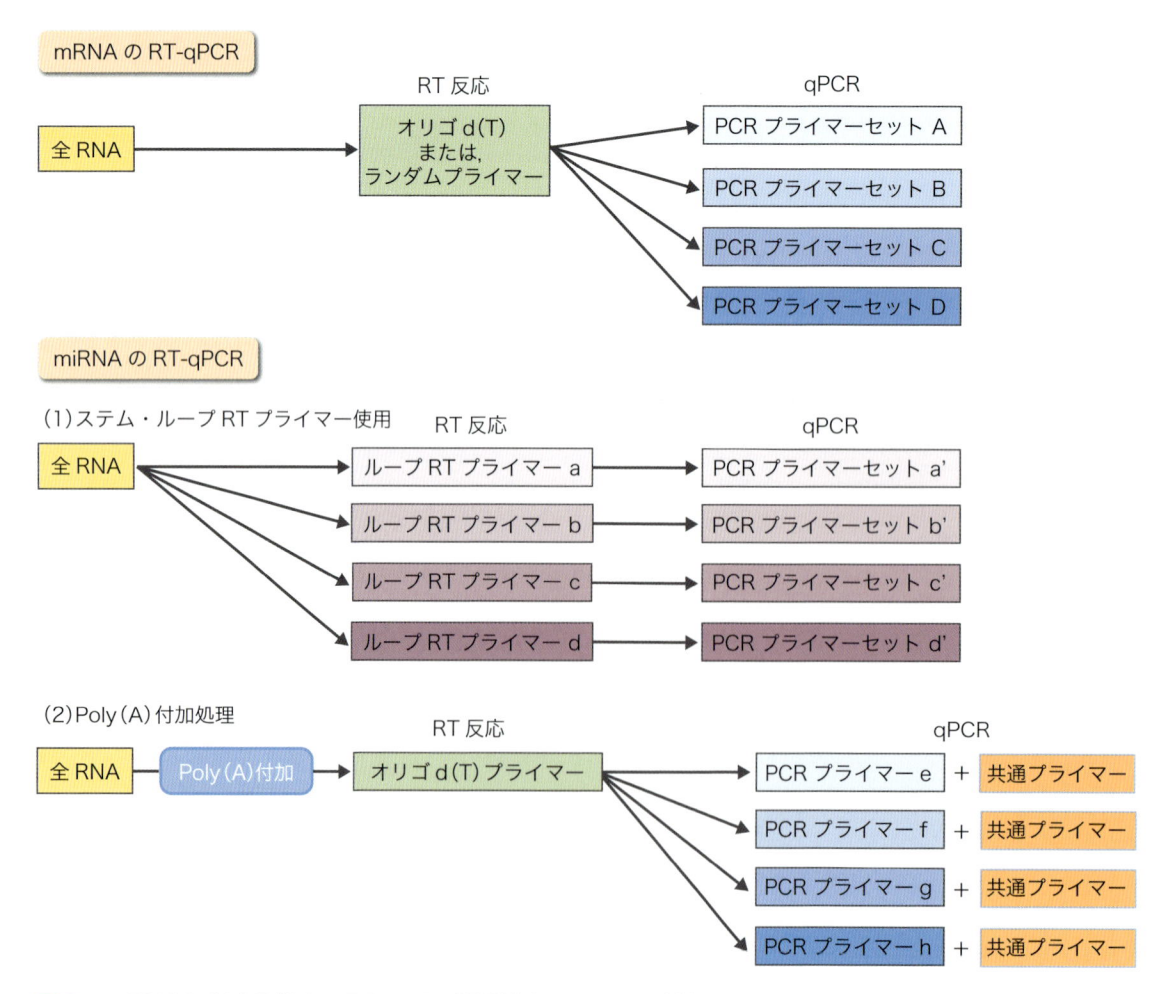

図3 mRNAに対する従来のRT-qPCR解析法とmiRNAを対象とするRT-qPCR解析法の違い

2. Poly(A)付加処理

　miRNAはmRNAのような3'末端のpoly(A)テールをもっていない．そこで，poly(A)ポリメラーゼによって，いったんmiRNAの3'末端にpoly(A)テールを付加してから通常のmRNAと同じようにオリゴd(T)プライマーを使ってcDNAの合成を行う方法がある（図2B）．このとき使用するオリゴd(T)プライマーの5'末端側には，PCR増幅のときに使用する共通PCRプライマー（ユニバーサルプライマー）と相補的な配列が含まれている．

　poly(A)付加処理によるcDNA合成の場合，poly(A)付加されたmiRNAだけでなく通常のmRNAも同時にcDNA合成される．つまり，1つのRT反応チューブ内で目的のmiRNAと一緒にターゲット候補の遺伝子転写産物（mRNA）さらにリファレンス遺伝子転写産物もcDNA合成される．同一の条件下でそれぞれのcDNAが合成されるため，この過程で個々の合成に誤差が生じる可能性はきわめて低い．RT反応後は，得られたcDNAを鋳型に目的のmiRNA特異的なPCRプライマーと共通PCRプライマーを使ってmiRNAのリアルタイムPCR解析，さらにターゲット遺伝子転写産物やリファレンス遺伝子転写産物を特異的なPCRプライマーセットを用いてリアルタイムPCR解析することができる（図3，実践編-9，実践編-10参照）．

　ただし，この方法は共通PCRプライマー配列と相補的な配列をもったさまざまなcDNAがたくさん合成されるため，miRNAのPCR解析ではPCR増幅の特異性について吟味する必要がある（例えば融解曲線分析など．基本編-1参照）．

◆ 参考文献

1) 北條浩彦：「エピジェネティクス医科学」（中尾光善ほか/編），pp179-185，羊土社，2006
2) Chen, C. et al.：Nucl. Acids Res., 33：e178, 2005

実践編 Ⅱ章 マイクロRNA発現解析

8 新規バイオマーカーを探す
加齢老化と関連するmiRNAを例に

高橋理貴，北條浩彦

リアルタイムPCR活用の 目的 と ヒント

マイクロRNA（miRNA）はさまざまな生命現象にかかわる内在性の機能性小分子RNAとして知られ，近年では疾患バイオマーカーとしての利用も期待されている．本項では「加齢・老化」に関連する新しいバイオマーカーの探索として，加齢に伴って発現変化するmiRNAについて紹介する[1]．

バイオマーカーとしてのmiRNA

マイクロRNA（miRNA）は遺伝子発現の制御因子として働く内在性の機能性小分子RNAである．現在，ヒトにおいて2,000種類以上のヒトmiRNAがデータベースに登録されている．そして，タンパク質をコードする遺伝子の約1/3がmiRNAの発現制御を受けていると考えられている．そのためmiRNAがかかわる生命現象は多岐に渡り，重要な研究対象の1つになっている．特に疾患関連研究においては，疾患と関連するmiRNAが見つかっていることや，PCRによって簡便に解析できることから新たなバイオマーカー候補として期待されている．本項では，加齢（老化）現象[*1]に関連する新たなバイオマーカーとしてmiRNAに注目し，老化モデ

図1 *Klotho*遺伝子欠損マウス（ヒト早発性老化症候群モデルマウス：右）と同腹仔の野生型マウス（左）

*Klotho*遺伝子欠損マウスは生後3週以降成長が止まり，平均寿命は約60日と短く，さまざまな老化症状を示す（写真提供：日本クレア株式会社）

[*1] 「加齢」は生まれてから死ぬまでの物理的な時間経過を示し，「老化」は性成熟後に加齢に伴いさまざまな生体機能が低下する現象を示す．

ルマウス（*Klotho* 遺伝子欠損マウス，図1）および正常加齢マウス（ICR マウス）の諸臓器におけるmiRNAの発現解析を行った[1)2)]．

準備

マウス解剖道具

- ☐ 消毒用エタノール（75％エタノール）
- ☐ 解剖器具一式
  ハサミ（大），ハサミ（小：眼科ばさみ），ピンセット2本など．
- ☐ 生理食塩水
  0.9％食塩水，またはPBS．
- ☐ 滅菌プラスチックシャーレ（10 cm）＊2
- ☐ 電子天秤
  摘出した臓器重量の計測用．

> ＊2　摘出した各臓器を入れる．事前に生理食塩水（0.9％食塩水）を適量入れ，氷上で冷やしておく．摘出する臓器，マウスの数に合わせて必要な枚数を適宜用意する．

RNA抽出

- ☐ TRIzol® Reagent（15596-018など，ライフテクノロジーズ社）
- ☐ クロロホルム
- ☐ イソプロパノール
- ☐ RNase free water
  UltraPure™ RNase/DNase free Distilled Water（ライフテクノロジーズ社）もしくはDEPC処理水．
- ☐ 75％エタノール
  エタノール，上記RNase free waterを用いて調製．
- ☐ 遠心機
  低温（4℃），12,000×gで使用できるもの＊3
- ☐ 滅菌済チューブ（1.5 mL）
- ☐ 滅菌済フィルターチップ（1000 μL，200 μL）
- ☐ 吸光度計

> ＊3　事前に電源を入れ4℃に冷やしておく．

cDNA合成

- ☐ TaqMan® MicroRNA Reverse Transcription Kit（4366596，ライフテクノロジーズ社）＊4
  10×RT buffer, 100mM dNTPs, RNase inhibitor, Reverse Trenscriptaseを含む．
- ☐ miRNA特異的RTプライマー
  TaqMan® MicroRNA assay（ライフテクノロジーズ社）＊5

☐ サーマルサイクラー
GeneAmp® PCR system 9700（ライフテクノロジーズ社）

> *4 試薬は氷上にて融解する．プライマーやcDNAテンプレートの希釈は前記のRNase free waterを使用する．
>
> *5 目的とする遺伝子に対応したRTプライマーとPCRプライマーとがセットで販売されている．ウェブ（http://www.appliedbiosystems.jp/website/jp/product/modelpage.jsp?MODELCD＝97662）より検索し注文できる．

PCR

☐ ABI 7300 Real-Time PCR system（ライフテクノロジーズ社）
☐ FastStart Universal Probe Master（ROX）（4914139など，ロシュ・ダイアグノスティックス社）[*6]
☐ miRNA特異的TaqMan® Assay[*6]
TaqMan® MicroRNA assay（ライフテクノロジーズ社）
☐ MicroAmp® Optical 96-well Reaction Plate（N8010560, ライフテクノロジーズ社）[*7]
☐ MicroAmp® Clear Adhesive Film[*7]（4306311, ライフテクノロジーズ社）

> *6 FastStart Universal Probe Master（ROX），miRNA特異的PCRプライマー（TaqMan Probe）の凍結再融解はできるだけ避ける．アッセイを続けて複数回行う場合は必要量を滅菌チューブに分注し4℃で冷蔵保存したものを使用する．長期の冷蔵保存は避け，必ず遮光した状態で保存する．
>
> *7 リアルタイムPCR用のプレートおよびシール（励起光や蛍光に干渉しない製品）であることを確認する．

プロトコール

1. 解剖

❶ 安楽死させたマウスに消毒用エタノールを噴霧してから解剖を行う[*8]
　↓
❷ 目的とする臓器を摘出し，氷上に置いた滅菌プラスチックシャーレ（生理食塩水入り）に入れる
　↓
❸ 臓器重量を量り，100 mgを上限として1.5 mLの滅菌チューブに入れる[*9]

> *8 消毒と体毛の飛散を防ぐため．
>
> *9 多量のRNAを必要とする場合は，複数個のチューブを用意する．RNAの収量が低下するため過剰量の組織を入れないこと．また，心臓，肺，腎臓や脾臓などの内臓器や骨格筋などの硬く弾力のある組織は，滅菌プラスチックシャーレや清潔なアルミ箔の上でハサミを使い細かく切っておくとよい．

2. RNA抽出

❶ 組織（約100 mg）が入った上記チューブに1 mLのTRIzol® Reagentを加え懸濁（ホモジェナイズ）しトータルRNAを回収する[*10][*11]

> *10 勢いよく懸濁するとTRIzol® Reagentがチューブから飛散する危険があるので充分に注意すること．グローブに加え，保護メガネも着用すること．
>
> *11 小分子RNAを含むトータルRNAを回収するため液層分離法（TRIzol Reagent）を用いた．カラムを用いた回収法については，小分子RNAが回収できる製品であることを確認し，かつRNAの分子サイズによって回収率に過度のバイアスが生じないか吟味する必要がある．

❷ サンプルのRNA濃度を吸光光度計にて測定する

ただちに使用しない場合は，－80℃のフリーザーにて凍結保存し，凍結再融解は極力避ける．

3. cDNA合成

TaqMan® MicroRNA Reverse Transcription Kit使用．

❶ RTマスターミックスの調製

	×1
RNase-free water	4.16 μL
10 × RT buffer	1.50 μL
100 mM dNTPs	0.15 μL
RNase inhibitor（20 U/μL）	0.19 μL
Reverse Transcriptase（50 U/μL）	1.00 μL
Total	7.00 μL[*12]

氷上にて静置．

> *12 5つのRNAサンプルに対して4種類のmiRNAの発現を調べる場合，Nは20（5×4）となり，×20のRTマスターミックスが必要となる．マスターミックスは必要量の1.05～1.1倍量を調製しておくと，ピペッティングなどの誤差で不足することがない（記入例では1.1倍量で計算）．また，ネガティブコントロールとして，逆転写酵素を含まないマスターミックスも調製する．

❷ 反応液の調製[*13]

miRNA特異的RTプライマー（5×）[*14]	3 μL
RNA（10～20 ng）	5 μL
RTマスターミックス（上記❶で調製したもの）	7 μL
Total	15 μL

> *13 最初のcDNA合成から，調べるmiRNAごとに独立したチューブで反応を行う．したがって，cDNAの鋳型となるRNAサンプルは，チューブ間で差が生じないように正確に量り取らなければならない．われわれは，誤差の少ないエッペンドルフ・リファレンス（エッペンドルフ社）とローリテンションチップを使用して量り取っている．
>
> *14 RTプライマーには発注時のスケールによって，「5×（5倍濃縮）」と「20×（20倍濃縮）」とがあるので使用前に必ず確認すること．

❸ 上記反応液が入ったPCR反応用チューブをボルテックスミキサーにて撹拌する

200 μLチューブ，シングルチューブ以外にも8連や96ウェルプレートでも可．

❹ 遠心を行い，サーマルサイクラー（ABI 9700 GeneAmp PCR system）にセットする

〈RT反応条件〉

アニーリング	16℃	30分
↓		
逆転写反応	42℃	30分
↓		
反応停止	85℃	5分
↓		
保存	4℃	∞ *15

*15 cDNAサンプルは，4℃（数日以内に使用の場合）または－20℃で保存可能．

4. リアルタイムPCR

❶ PCRマスターミックスの調製*16

	×1
RNase free water	7.5 μL
miRNA特異的TaqMan® Assay（20×）	1.0 μL
FastStart Universal Probe Master（ROX）（2×）	10.0 μL
Total	18.5 μL

*16 FastStart Universal Probe Master（ROX）は粘性が高いため，マイクロピペットで測り取る際は充分に注意する．ローリテンションチップを使用するとよい．また，ピペッティングもしくはボルテックスミキサーにて充分に混和することが重要である．

❷ 反応液の調製*17

cDNA	1.5 μL
PCRマスターミックス（上記❶で調製したもの）	18.5 μL
Total	20.0 μL

*17 それぞれのmiRNA特異的に逆転写したcDNAと，解析するTaqManプローブ［miRNA特異的TaqMan Assay（20×）］の組み合わせが一致していることを必ず確認する．間違った組み合わせでは目的とするmiRNAを検出できない．また「*12」と同様に，必要量の1.1倍量を調製する．

❸ 96 well micro plate用のスイングローターをもつ遠心機で遠心を行い，サーマルサイクラー（ABI7300 Real-Time PCR System）にセットし以下のプログラムで反応させる

A

組織	miRNA	実験 # 01			実験 # 02		
		Kl	Wt	FC	*Kl*	Wt	FC
心臓	mmu-miR-298	64	4	15.66	27	5	5.88
	mmu-miR-291a-3p	35	2	15.50	18	2	7.49
	mmu-miR-370	30	4	7.05	13	6	2.02
	mmu-miR-328	39	10	4.03	13	8	1.63
	mmu-miR-150	39	16	2.46	25	15	1.64
	mmu-miR-194	18	8	2.28	14	7	1.86
	mmu-miR-29b	320	143	2.24	240	136	1.77
	mmu-miR-92	47	31	1.52	28	17	1.64
	mmu-miR-146	12	22	0.56	8	14	0.57
肺	mmu-miR-29b	791	332	2.38	567	150	3.79
	mmu-miR-29c	502	256	1.96	449	133	3.37
	mmu-miR-409	42	22	1.88	41	26	1.55
	mmu-miR-296	124	67	1.86	122	45	2.71
	mmu-miR-29a	978	575	1.70	899	266	3.38
	mmu-miR-101a	228	147	1.55	214	88	2.43
肝臓	mmu-miR-29b	171	22	7.70	122	39	3.13
	mmu-miR-29a	216	47	4.60	154	67	2.30
	mmu-miR-29c	106	25	4.30	90	36	2.48
	mmu-miR-145	46	14	3.35	31	16	1.89
	mmu-miR-101a	102	32	3.19	77	51	1.52
	mmu-miR-27a	104	34	3.09	75	49	1.51
	mmu-miR-24	120	42	2.86	89	57	1.57
	mmu-miR-126-3p	97	36	2.71	72	48	1.50
	mmu-miR-26a	219	84	2.62	198	121	1.63
	mmu-miR-101b	131	55	2.40	116	75	1.56
	mmu-miR-30b	44	19	2.33	37	24	1.56
腎臓	mmu-miR-29a	437	158	2.76	361	192	1.88
	mmu-miR-29b	358	143	2.50	293	171	1.72
	mmu-miR-34a	99	41	2.41	105	49	2.16
	mmu-miR-31	17	7	2.34	15	10	1.53
	mmu-let-7b	1099	471	2.33	487	315	1.55
	mmu-miR-199a	65	29	2.23	51	33	1.54
	mmu-miR-92	54	25	2.20	34	19	1.83
	mmu-miR-125a	161	74	2.19	105	61	1.73
	mmu-miR-21	418	193	2.17	323	212	1.53
	mmu-miR-296	120	56	2.16	55	36	1.51
	mmu-miR-125b	212	101	2.10	152	94	1.61
	mmu-let-7c	1563	755	2.07	806	515	1.57

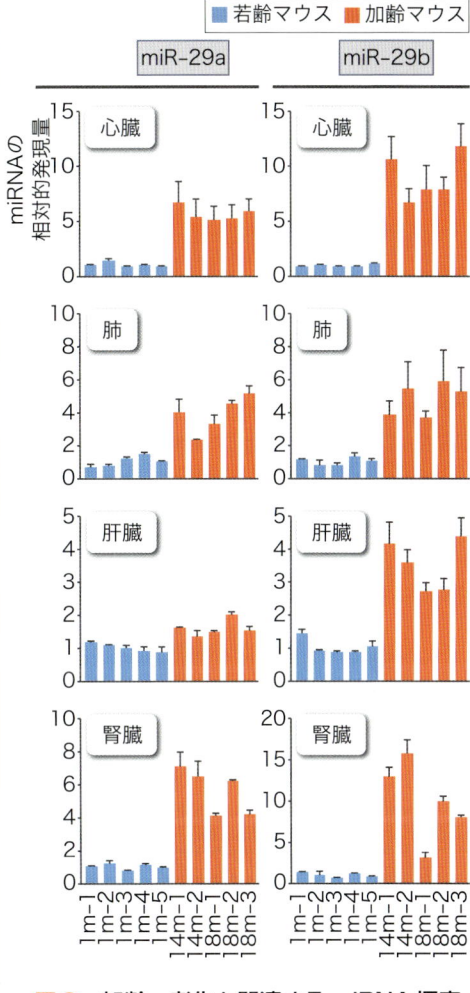

図2 加齢・老化と関連するmiRNA探索

A) 老化モデルマウス（*Klotho*遺伝子欠損マウス）諸臓器のmiRNA発現プロファイル．数値は正規化後の蛍光シグナル値であり，独立した2回の繰り返し実験を行った（実験#01，#02）．*Kl*：*Klotho*遺伝子欠損マウス，Wt：野生型マウス，FC：変化率（Kl÷Wt）．■は発現上昇のみられたmiR-29．B) 正常加齢マウスと若齢マウス諸臓器におけるmiR-29の発現解析．正常加齢ICRマウスと若齢ICRマウスの諸臓器（心臓，肺，肝臓，腎臓）におけるmiR-29aとmiR-29bの発現量を，TaqMan MicroRNA assayを用いたリアルタイムPCR法によって解析した．若齢マウスとして1カ月齢（5個体：1m-1〜1m-5），加齢マウスとして14カ月齢（2個体：14m-1，14m-2）と18カ月齢（3個体：18m-1〜18m-3）の個体を解析した．miR-29aとmiR-29bの発現量に個体差が観察されたが，その個体差以上に加齢ICRマウス群ではmiR-29aとmiR-29bの発現が増加していた

〈リアルタイムPCR反応条件〉

ポリメラーゼ活性化　　95℃　10分
　　　↓
熱変性　　　　　　　　95℃　15秒 ┐
アニーリング/伸長反応　60℃　60秒 ┘ 40サイクル

TOTAL 110分

実験例

　加齢・老化と関連するmiRNAを見つけるために，老化モデルマウス（*Klotho*遺伝子欠損マウス）とその野生型マウスの諸臓器（心臓，肺，肝臓，腎臓など）におけるmiRNAの発現解析を行った．まず，各臓器に対しDNAチップ（ジェノパール® MICMチップ™，三菱レイヨン社）を用いたmiRNAの網羅的発現解析を行った．その結果，老化モデルマウスの諸臓器においてmiR-29の発現上昇が観察された（図2A）．この結果を確認するために，正常の加齢マウスと若齢マウス（クローズドコロニーのICRマウスを使用）を用いてmiR-29a，miR-29bの発現量をリアルタイムPCR法によって解析した（図2B）．個体差によるmiRNA発現量のバラつきを考慮して，複数個体を用いて個体別に発現解析を行った．その結果，個体間のバラつきを加味しても，若齢マウスに対し正常加齢マウスの各臓器において明らかなmiR-29の発現上昇が確認された．

　このように候補遺伝子に対してリアルタイムPCRを用いて新たなバイオマーカーの検討を行うことができる．

おわりに

　miRNAはさまざまな生命現象と密接に関連する重要な遺伝子発現の制御因子であり，その発現を定量的に解析できるリアルタイムPCR法はmiRNA研究において必須の手法である．リアルタイムPCRによる詳細な解析によって，疾患と関連する新規バイオマーカー候補や治療標的となりうるmiRNAが見出されてきている．今後もmiRNAの基礎生物学的理解だけでなく，医療分野にも役立つ応用可能なmiRNAの発見にリアルタイムPCR法が大きく貢献していくことを期待する．

◆参考文献
1) Takahashi, M. et al.：PLos One, 7：e48974, 2012
2) Eda, A. et al.：Gene, 485：46-52, 2011

◆参考図書
1) 北條浩彦：「エピジェネティクス医科学」（中尾光善ほか/編），pp179-185，羊土社，2006

実践編 Ⅱ章 マイクロRNA発現解析

9 分泌型miRNAを捉える
血清・血漿に存在するmiRNAを例に

北野敦史，大井久美子

リアルタイムPCR活用の 目的 と ヒント

血液中に安定に存在する分泌型miRNAの発見は，血清・血漿をサンプルとする疾病特異的なmiRNA発現解析に対する関心を高め，非侵襲的バイオマーカーとしての利用に期待を集めている．しかし，サンプルの取り扱いやリアルタイムPCR法でのデータ解析において，いくつか注意点が存在する．それらの具体的ポイントと細胞性RNAのコンタミの影響や補正方法について解説する．

分泌型miRNAとは

分泌型miRNA（circulating miRNA）は細胞外でシナプス小胞様マイクロベジクルやエクソソームに内包され[1]，あるいはAgo2などのタンパク質と複合体を形成しており[2]，安定であることが報告されている．さらに，これらの分泌型miRNAが正常の生理機能に，あるいはがん細胞の転移への関与が報告されている[3]．そのため，これらの細胞外に存在する分泌型miRNAの発現解析は関心を集めている．しかし，細胞性miRNAと分泌型miRNAはプロファイルが大きく異なり（図1A），細胞性RNAの無細胞体液サンプルへの混入は，分泌型miRNA発現プロ

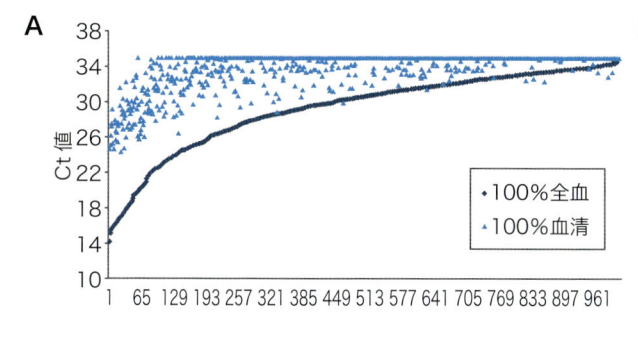

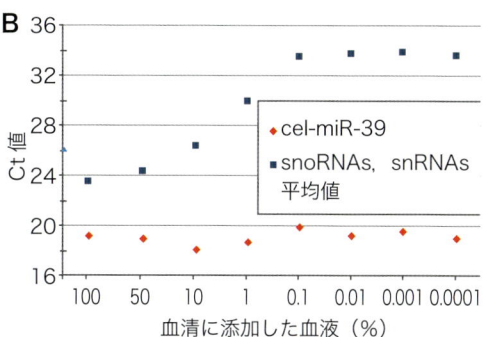

図1 細胞性（全血）と分泌型（血漿）のmiRNAプロファイルの違い

全血，血清あるいはさまざまな割合で全血と血清を混合したサンプルからトータルRNAを精製し，計1,809 miRNAs assaysによるqPCRを行い，Ct値を比較した．A）細胞性（全血）と分泌型（血清）は，miRNA発現プロファイルが大きく異なる．B）全血と血清を混合後に添加した外部コントロール（線虫miR-39，cel-miR-39）のCt値は一定しているが，snRNAとsnoRNAの平均値は血液の割合が高くなるほどCt値が小さくなった．snRNAとsnoRNAのほとんどは，細胞由来であると考えられる

ファイルへの影響が考えられる．また，リアルタイムPCRの相対定量ではリファレンス遺伝子による補正が必要となるが（**実践編-6**参照），細胞性miRNAの補正に広くリファレンスとして利用されている核内低分子non-coding RNA（snoRNAやsnRNA）は分泌型miRNAが検出される血清・血漿中に充分量発現していない（**図1B**）．このため，血清・血漿サンプルからの分泌型miRNA定量には別の補正が必要となる．本項では，サンプル調製，miRNA精製，リアルタイムPCRに関する注意点や補正方法の提案を紹介する．

準備

- ☐ 遠心機
  冷却機能があり，固定アングルローターで16,000×g以上の遠心が可能なもの．
- ☐ miRNeasy Serum/Plasma Kit（217184，キアゲン社）
- ☐ miRNeasy Serum/Plasma Spike-In Control（219610，キアゲン社）
  miRNA回収率を見るための外部コントロール[*1]，cel-miR-39．

  > [*1] 外部コントロールは，主にサンプル抽出，精製，調製過程で起こるサンプル間のバラツキを補正するためにサンプルの処理前に加えられる識別可能な人工のオリゴDNA配列などである．同じ量の外部コントロール（オリゴDNA）をそれぞれのサンプルに加え，処理後その残存量にしたがって処理したサンプル量を補正することができる．

- ☐ miScript II RT Kit（218160など，キアゲン社）
  5×miScript HiSpec Buffer，10×miScript Nucleics Mix，miStript RT Mixを含む．
- ☐ miScript SYBR Green PCR Kit（218073など，キアゲン社）
  QuantiTect SYBR Green PCR master mix，miScript Universal Primerを含む．
- ☐ 採血管
  凝固促進剤を含む採血管も使用可能．
- ☐ ABI PRISM 7900HT（ライフテクノロジーズ社）
- ☐ miScript miRNA PCR Array（MIHS-3106Z，キアゲン社）
  96ウェル（**図2**）など．今回はHuman Serum & Plasma 384HC, Format E（384ウェル）を使用．
- ☐ RT² PCR Array Loading Reservoir（338162，キアゲン社）

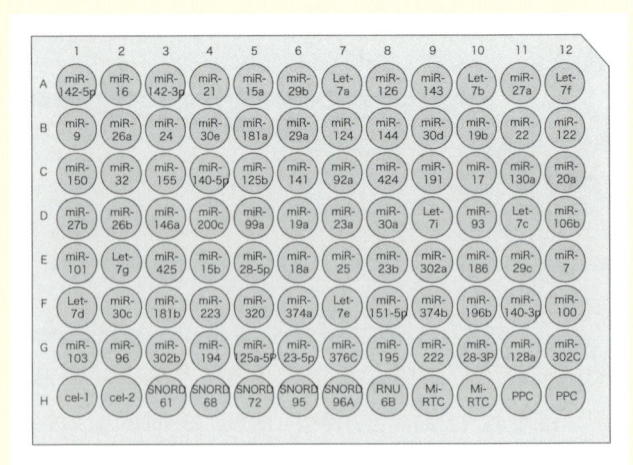

図2 miScript miRNA PCR Array（96ウェル）
miRNA特異的Primer（miScript Primer Assay）がスポット済みのPCRプレート

プロトコール（図3）

1. 血清サンプルの調製

❶ 全血を採血管に取り，10分～1時間，室温で放置し凝固させる

　　凝固促進剤を含む採血管の場合，10分間以上が必要．凝固促進剤を含まない採血管の場合，少なくとも30分間以上の放置が必要．

❷ 採血管を，スイングバケットの遠心機にて，10分間，1,900×g，4℃で遠心する

❸ 血餅を崩さないよう，注意深く血清画分を別のコニカルチューブに移し替える*2

　　通常，10 mL全血から3～5 mL程度の血清が回収できる．

　　*2　凝固層には白血球や血小板が含まれており，細胞性RNA混入の主な由来と考えられる．欲張って回収しないよう気を付ける．

❹ 血清が入っているコニカルチューブを固定アングルローターの遠心機で，10分間，16,000×g，4℃で遠心する*3

　　*3　この遠心により，細胞デブリス（細胞破壊片）を除く．

❺ ペレットを崩さないよう*4，注意深く上清を新しいチューブに移し替えて精製に用いる

　　*4　溶血によりペレットが赤く見える場合がある．

❻ その日の内にmiRNA精製を行う場合，血清を4℃で保存

　　それ以上長期に保存する場合，小分けして−80℃で保存する．凍結保存した血清は，使用時に室温で融解させる．このとき凍結融解により不溶物が生じることがある．不溶物を除くため固定アングルローターの遠心機で，5分間，16,000×g，4℃で遠心し，上清を新しいチューブに移し替える．

2. miRNAを含むトータルRNA精製

❶ 調製した血清200 μLを，2mL遠心ミニチューブに用意する

❷ 血清の5倍量（1,000 μL）のmiRNeasy Serum/Plasma KitのQIAzolを添加する

　　ボルテックスまたはピペッティングで充分に混和させる．

❸ 室温で5分間放置する

❹ 3.5 μLのmiRNeasy Serum/Plasma Spike-In Control（1.6×10^8コピー/μL）を添加する

❺ 血清と等量（200 μL）のクロロホルムを添加し，転倒混和を10回行い，15秒間ボルテックスを行う*5

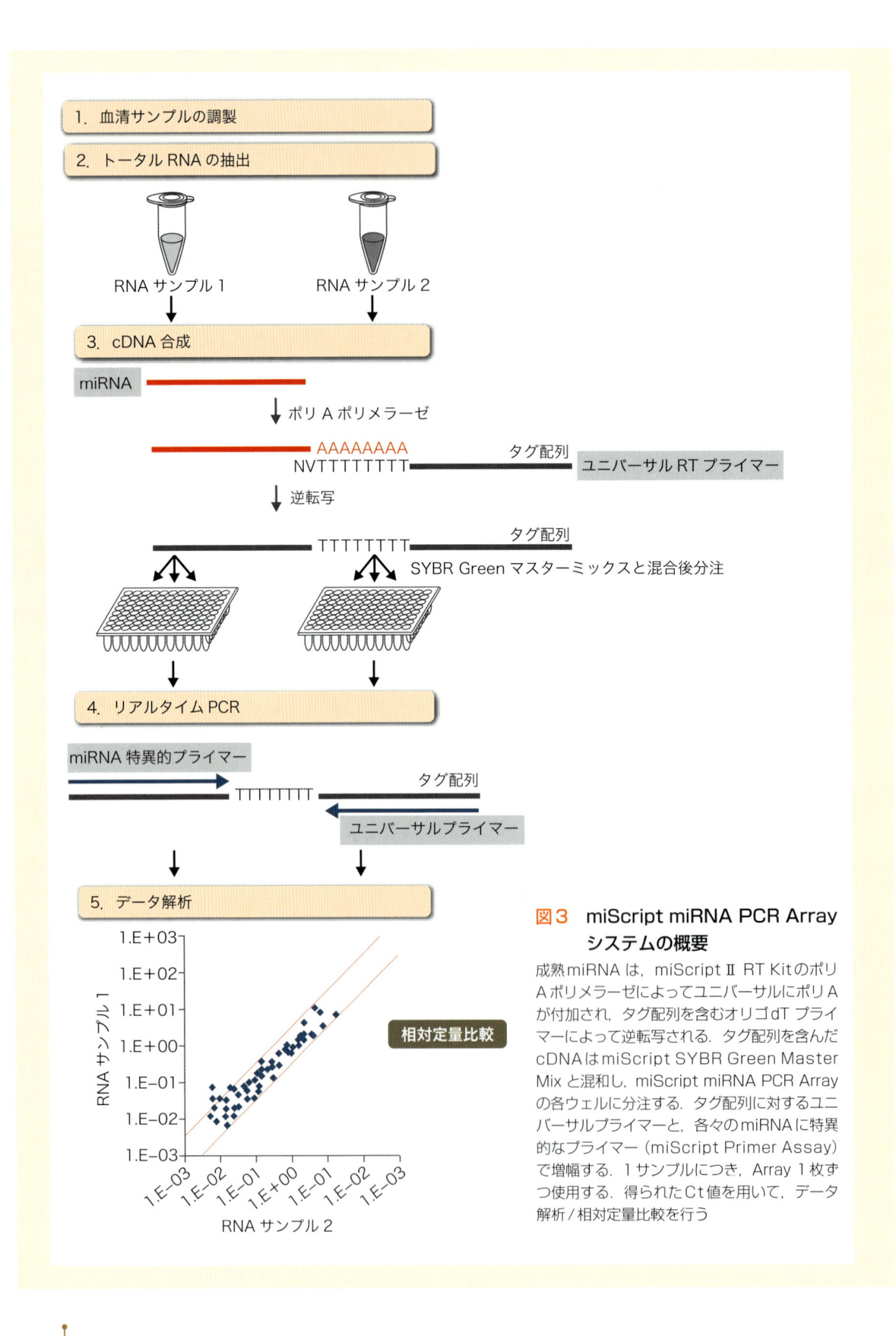

図3　miScript miRNA PCR Array システムの概要

成熟miRNAは，miScript II RT KitのポリAポリメラーゼによってユニバーサルにポリAが付加され，タグ配列を含むオリゴdTプライマーによって逆転写される．タグ配列を含んだcDNAはmiScript SYBR Green Master Mixと混和し，miScript miRNA PCR Arrayの各ウェルに分注する．タグ配列に対するユニバーサルプライマーと，各々のmiRNAに特異的なプライマー（miScript Primer Assay）で増幅する．1サンプルにつき，Array 1枚ずつ使用する．得られたCt値を用いて，データ解析／相対定量比較を行う

＊5 ボルテックスだけでは混和が不充分な場合があり，後で充分に液相分離しないことがある．しっかり転倒混和する．

❻ miRNeasy Serum/Plasma Kit 説明書に従い，miRNA を含むトータル RNA を精製する

得られた RNA は濃度が低すぎるため，NanoDrop を含めた分光光度計の濃度測定はできない，もしくは信頼性が低い[4]．

3. cDNA 合成

❶ 以下の逆転写反応液を氷上で調製する

5 × miScript HiSpec Buffer	4.0 μL
10 × miScript Nucleics Mix	2.0 μL
RNase-free water	10.5 μL
miScript RT Mix	2.0 μL
RNA サンプル＊6	1.5 μL
Total	20.0 μL

＊6 吸光度による RNA 量を揃えることができないため，サンプル間で使用する RNA 容量を揃えることを推奨．

❷ 穏やか混和し，スピンダウンする

❸ 以下の条件にて，逆転写反応を行う

〈RT反応条件〉

逆転写反応	37℃	60分
↓		
反応停止	95℃	5分

❹ 90 μL RNase-free water を 20 μL cDNA に添加し，穏やか混和する＊7

＊7 すぐ使用しない場合は，RNase-free water を添加せずに－20℃にて保管する．

4. リアルタイム PCR

❶ 冷凍保存してある各試薬と cDNA を室温に戻す

穏やか混和し，溶け残りなどを充分に溶解させる．

❷ 以下の PCR 反応液を調製する

【384HC miScript miRNA PCR Array（384ウェル）用反応液】

2 × QuantiTect SYBR Green PCR master mix	2,050 μL
10 × miScript Universal Primer	410 μL
RNase-free water	1,540 μL
RNase-free water を添加した cDNA	100 μL
Total	4,100 μL

❸ −20℃保存してあるmiScript miRNA PCR Arrayを室温に戻す

❹ PCR反応液をRT² PCR Array Loading Reservoirに移し，マルチチャンネルピペットにて，miScript miRNA PCR Arrayの各ウェルに10μLずつPCR反応液を分注する

❺ miScript miRNA PCR Arrayを，Optical Adhesive Filmにてシールする

❻ miScript miRNA PCR Arrayを，プレート遠心機で1分間，1000×g，室温で遠心する

❼ 以下の条件にて，リアルタイムPCR反応を行う

〈リアルタイムPCR反応条件〉 TOTAL 120分

ホットスタート酵素の活性化	95℃	15分
↓		
熱変性	94℃	15秒
アニーリング	55℃	30秒
伸長（蛍光シグナル取得）	70℃	30秒

40サイクル

↓		
熱変性[*8]	95℃	15秒
ハイブリダイゼーション[*8]	60℃	15秒

[*8] 融解曲線分析．ラン後のCtの取得についてはp.147「参考」を参照．

5. データ解析

miScript Primer Assayは増幅効率がほぼ100％であることが検証済みであるため，ΔΔCT法による相対定量を行うことができる（基本編−2参照）．しかしながら，分泌型miRNAの場合は恒常的に安定発現しているリファレンス遺伝子が確立されておらず，どのような補正が適切であるかはいまだ定まっていない．以下に，実験系に応じた補正方法の例を紹介する．

Whole miRNome解析など，定量するmiRNA数が多い実験系	グローバルノーマライゼーション法[*9]を採用する．サンプルごとに発現しているすべてのmiRNAの平均値を，リファレンス値として代用する[5)6)]．
Whole miRNome解析後，数を絞って小規模なmiRNA数を解析する場合	Whole miRNome解析時にグローバル平均値と類似した動向の内在性miRNAを選び，その後，リファレンス遺伝子として補正に用いる[5)6)]．
定量するmiRNA数が小規模な実験系	NormFinderやgeNorm[*10]など，リファレンス遺伝子を選択するためのソフトウエアを利用する[7)]．

[*9] グローバルノーマライゼーション法とはマイクロアレイで使用されてきた補正方法であり，比較サンプル間で一部の遺伝子の変動があっても，全体としての発現レベルはほぼ変わらないと考え，全体の平均値または中央値を一致させる補正方法である．

[*10] NormFinder (http://www.mdl.dk/publicationsnormfinder.htm)，geNorm (basePLUSの機能の一部：http://www.biogazelle.com/qbaseplus)．

参考

◆ラン後のCt値の取得の手順
❶ Amplification plot を Linear View 表示にし，始まりは2または3サイクルから，終わりは増幅の立ち上がる2サイクル前までをベースラインとして設定する[*1]
❷ Amplification plot を Log View 表示にし Threshold を設定する[*2]
❸ エクスポート機能により，Ct値のリストを得ることができる[*3]

[*1] ベースラインの終わりは，15サイクルより大きくする必要はない．

[*2] Threshold Line が，各サンプルの増幅曲線の指数関数的に増幅し直線的にプロットされている領域に設定する（右図）．Array間で，Threshold値を同じ値にする．右図の場合はThreshold値が0.20となっており，別サンプルのArrayのThreshold値もマニュアル入力で0.20にする．

[*3] Ct値が35より大きい数値や融解曲線解析でピークが複数ある値は，データ解析から除外する．

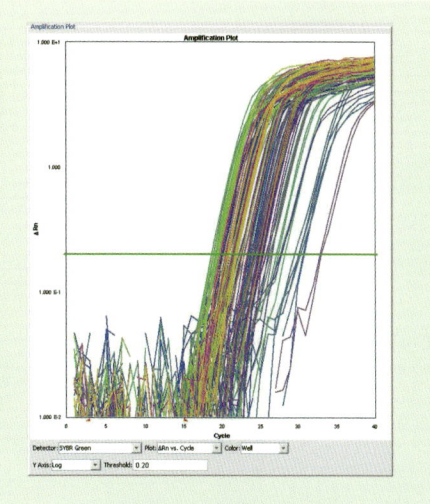

図 Log View の amplification plot

実験例

　グローバルノーマライゼーション法と，NormFinder によって選択したリファレンス遺伝子を使用して補正した，肺がん患者血清と健常者血清との miRNA 発現比較を図4に示す．miRNeasy Serum/Plasma Kit を用いて，200 μL の健常者および肺がん血清サンプル（各n=3）からトータルRNAを精製した．Human Serum & Plasma 384HC miScript miRNA PCR Array を使用してリアルタイムPCRを行い，183種類の miRNA が検出された．両方の結果で有意義なアップレギュレーションを示す miRNAs の中に，過去に肺がん患者の血清中のマーカーとして可能性が報告されている hsa-miR-223[8] が存在した（図4中赤い矢印）．

おわりに

　筆者の経験では，血清調製時の16,000×gの遠心をスキップすると，血清中によく発現しているmiR-16などのCt値はほとんど変動はなかったが，snoRNAsやsnRNAsのCt値は数サイクル小さくなった．細胞デブリスが混入したと思われる．溶血の程度などにも影響されるが，16,000×gの遠心は細胞性RNA混入防止に効果があると考えられる．分泌型miRNAの補正は，本アプリケーションの悩みどころと言える．リファレンス遺伝子を選択するためのソフトウエアを利用する場合は，複数種類のソフトウエアを使用し，共通に候補に挙がったmiRNAを選択することで信頼性を高める試みがなされている．また測定miRNA数が小規模な実験系の場合，miRNA回収率を見るための外部コントロール（cel-miR-39など）も補正に用いられ

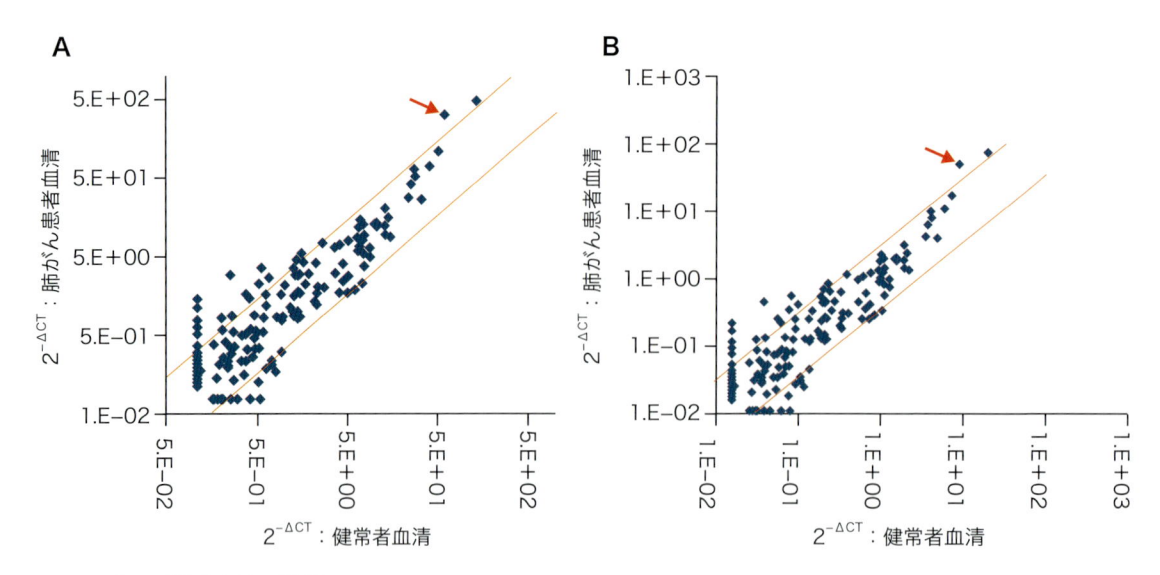

図4　データ補正方法の比較

A）グローバルノーマライゼーション法によって補正しプロファイルを行った．B）NormFinderにてhsa-miR-15bを内在性コントロールとして選択し，プロファイルを行った．変動のカットオフとして±3-foldを赤い線に示す．赤い矢印で示すのはhsa-miR-223

ている[9]．リアルタイムPCR後にさまざまな補正方法を試せるよう，準備しておくとよいと思われる．これらの情報が，研究者の皆様の一助になれば幸いである．

◆ 参考文献

1) Kosaka, N. et al.：J. Biol. Chem., 285：17442-17452, 2010
2) Arroyo, J. D. et al.：Proc. Natl. Acad. Sci USA, 108：5003-5008, 2011
3) Kosaka, N. et al.：J. Biol. Chem., 28：1397-405, 2012
4) McDonald, J. S. et al.：Clin. Chem., 57：833-840, 2011
5) Mestdagh, P. et al.：Genome Biol., 10：R64, 2009
6) D'haene, B. et al.：Methods Mol. Biol. 822：261-272, 2012
7) Latham, G. J.：Methods Mol. Biol., 667：19-31, 2010
8) Chen, X. et al.：Cell Research, 10：997-1006, 2008
9) Mitchell, P. S. et al.：Proc. Natl. Acad. Sci. USA, 105：10513-10518, 2008

実践編

Ⅱ章 マイクロRNA発現解析

10 miRNA生合成経路をみる
MCPIP1がmiRNA生合成に与える影響を例に

鈴木　洋，宮園浩平

リアルタイムPCR活用の目的とヒント

マイクロRNA（miRNA）は代表的な低分子RNA群であり，細胞内で多段階の生合成経路を経て産生される．近年，リアルタイムPCR法を利用して，成熟型miRNAおよびmiRNA前駆体の発現を解析することにより，miRNAの発現解析のみならず，miRNA生合成機構の多様な制御過程の解析も可能となってきた．

miRNAの生合成経路とは

マイクロRNA（miRNA）は約22塩基の代表的な低分子RNAである．miRNAは，多数の標的mRNAに対して，RNAサイレンシング機構を介して相互作用することで遺伝子発現を負に制御する．さまざまな生理現象および疾患の病態にmiRNAが関与することが示され，大きな注目を集めている[1]．

また，最近では，miRNAを含む低分子RNAの細胞内における動態，生合成機構も注目を集めている（図1）[2]．miRNA生合成経路では，まず，ヘアピン構造を含むmiRNA一次転写産物（primary miRNA：pri-miRNA）が核内で主にRNAポリメラーゼⅡによる転写により合成される．続いて，60～70塩基のpre-miRNA（precursor miRNA）が，pri-miRNAから核内でRNaseⅢ活性を有するDrosha/DGCR8複合体により切り出される．さらに，pre-miRNAは核外輸送因子であるXPO5（exportin-5）により核から細胞質に輸送され，細胞質において，別のRNaseⅢであるDicerによって切断され二本鎖RNAとなる．二本鎖RNAのうち，片側のRNA鎖が成熟型miRNA（mature miRNA）としてArgonauteに取り込まれ，遺伝子発現制御を行う（実験編-7参照）．

研究の進展により，miRNAの発現を捉える手段として，現在では，ノーザンブロット，in situ hybridization，定量的リアルタイムPCR法，microRNAマイクロアレイ，RNAシーケンシングなどの幅広いアプリケーションを運用することが可能である．それぞれに長所・短所がある（詳細は文献3を参照されたい）が，リアルタイムPCR法は，感度と特異度の高い手法としてmiRNAの定量に幅広く利用されている．また，絶対定量にも使用可能な手法である．

成熟型miRNAのリアルタイムPCRは，現在，数社から提供されているリアルタイムPCRシステムによって実施することができる．TaqMan® MicroRNA Assayは，検出対象となる個々のmiRNAに対応したステム・ループRTプライマーを使用して逆転写反応（RT反応）を行う（図2A）．つまり，個々のmiRNAごとに，別々のRT反応およびPCR反応を行う点が，オリゴ

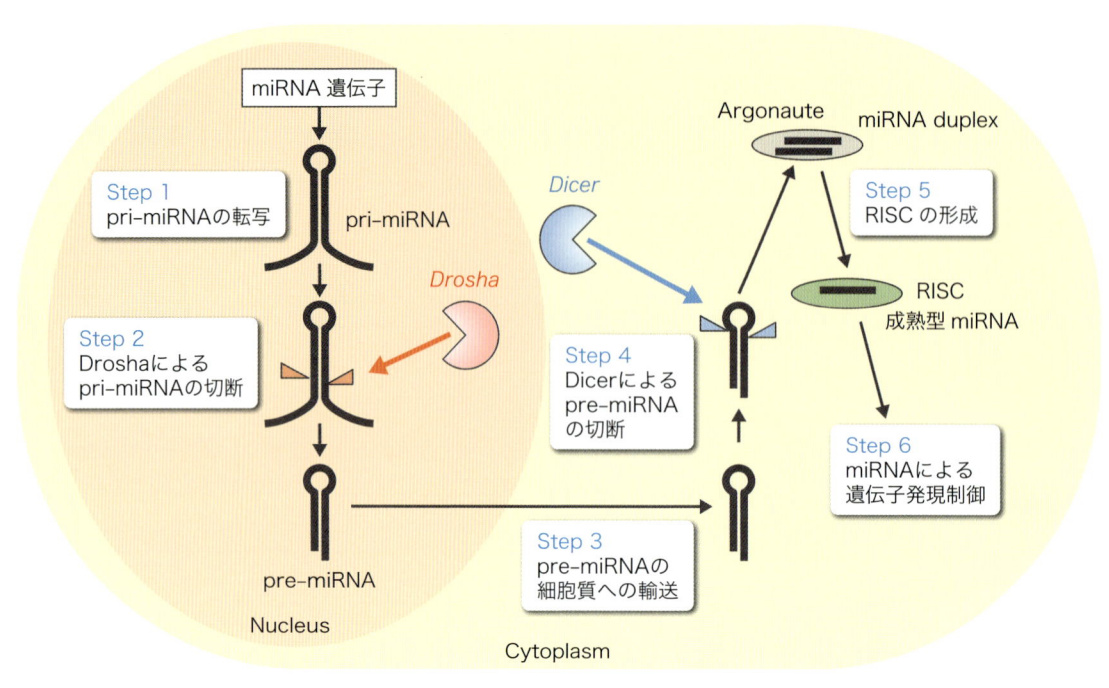

図1 miRNAの生合成過程

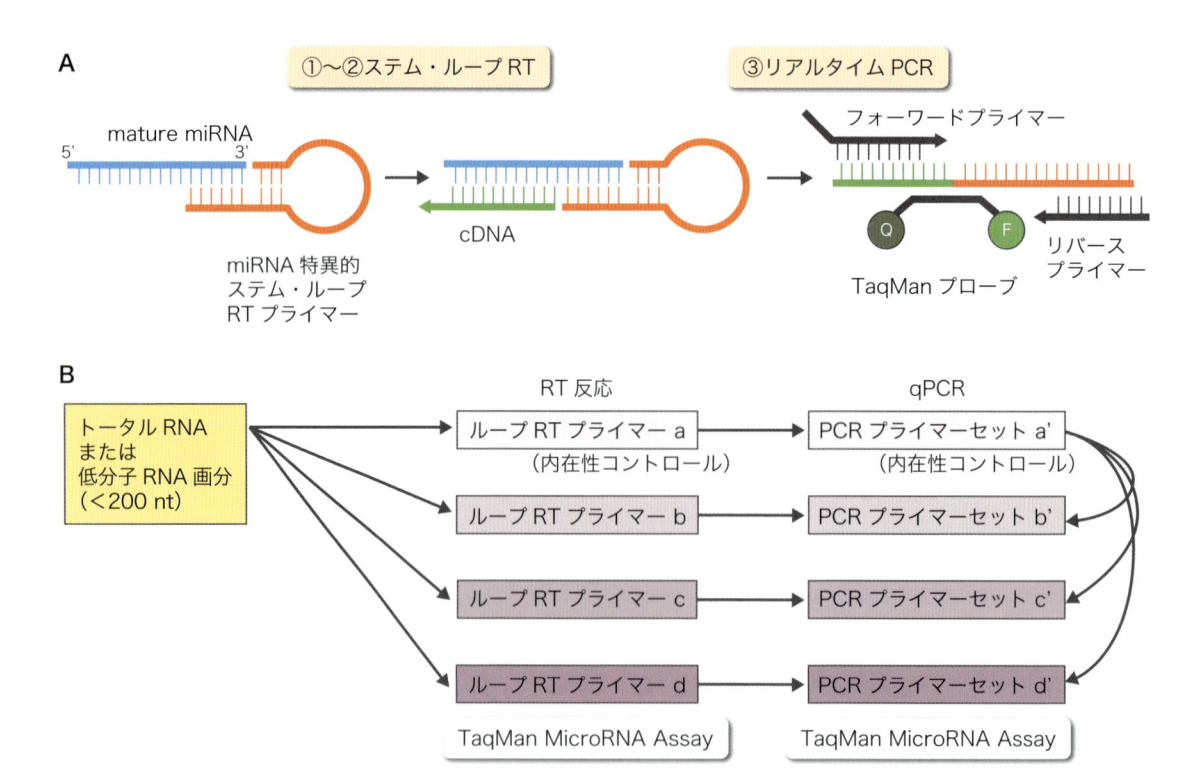

図2 ステム・ループRTプライマーを用いたリアルタイムPCR法
A) TaqMan® MicroRNA Assayを用いたリアルタイムPCR法の原理．B) TaqMan® MicroRNA Assayにおける，RT反応とPCR反応の関係．従来的なリアルタイムPCRでは，一括してcDNAのプールを作製するのに対して，TaqMan® MicroRNA Assayを用いたリアルタイムPCR法では，個々のmiRNAに対応したRTプライマーを用いて，RT反応を別個に行う

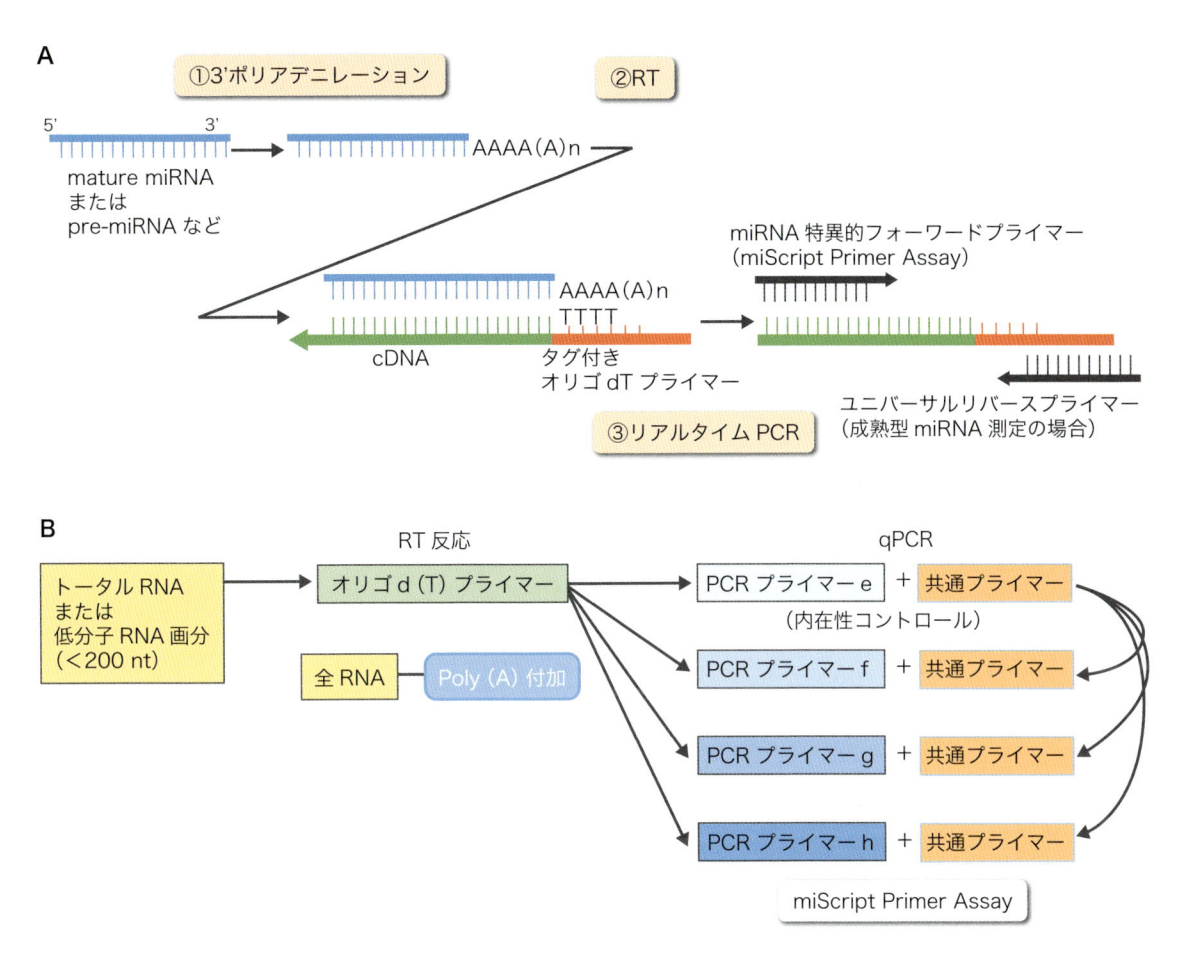

図3 poly(A)付加を利用したリアルタイムPCR法

A) miScript PCR Systemを用いたリアルタイムPCR法の原理．エキシコン社が提供しているシステムも同様の流れであるが，PCRの際にLNAを含んだプライマーを用いる．B) miScript PCR Systemにおける，RT反応とPCR反応の関係．従来的なリアルタイムPCRではランダムプライマーあるいは，mRNAのpoly(A)に対応するオリゴdTプライマーを用いてcDNAプールを産生するが，miScript PCR Systemでは，3´ポリアデニレーションとオリゴdTプライマーを用いた逆転写により，cDNAプールを一括産生する

　　dTプライマーやランダムプライマーを用いたRT反応を行う従来のリアルタイムPCR法と大きく異なる点である（図2B）．一方で，キアゲン社が提供しているリアルタイムPCRシステム（miScript PCR system）では，RNAにpoly(A)鎖を付加し，オリゴdTプライマーを用いてRT反応を行い，miRNA特異的なフォワードプライマーと共通のリバースプライマーでPCR反応を行う（図3）．エキシコン社が提供しているシステムは，キアゲン社と同様のpoly(A)鎖の付加を用いたシステムであるが，PCR反応での特異性を高めるためにDNAヌクレオチドの一部をLNA（Locked Nucleic Acid）に置換したプライマーを使用している．また，複数のmiRNAを同時に測定するために，PCRアレイも現在提供されている．

　　miRNAの生合成経路の解析は，ノーザンブロット法以外に，リアルタイムPCR法で，成熟型miRNA，miRNA前駆体を別個に定量解析することで可能となる．pre-miRNAの解析は，主

に低分子RNA画分に対して，従来的なRT反応およびリアルタイムPCR法を適用することで可能である．また，miScript PCR systemはpre-miRNAの検出にも対応しており，こちらも利用可能である．本項では，成熟型miRNAの検出について，TaqMan® MicroRNA Assay，およびmiScript PCR systemのプロトコール，pre-miRNAの検出について，従来的なRT反応を利用したプロトコール，およびmiScript PCR systemのプロトコールを紹介する．

RNA抽出

準備

トータルRNA抽出の場合
- ☐ TRIzol® Reagent（15596-018，ライフテクノロジーズ社）
- ☐ miRNeasy Mini Kit（217004，キアゲン社）
  その他に，miRNeasy Serum/Plasma Kit，FFPE Kit（いずれもキアゲン社）などもある．
- ☐ *mir*Vana™ miRNA Isolation Kit（Am1560，ライフテクノロジーズ社）

低分子RNA抽出の場合
- ☐ miRNeasy Mini Kit および RNeasy MinElute Cleanup Kit（74204，キアゲン社）
- ☐ *mir*Vana™ miRNA Isolation Kit（Am1560，ライフテクノロジーズ社）

RNase free water
- ☐ UltraPure™ DNase/RNase-Free Distilled Water（10977-023，ライフテクノロジーズ社）

プロトコール

培養細胞，組織などから，TRIzol® Reagent，miRNeasy Mini Kitなどを用いてトータルRNAを抽出する．低分子RNA画分を使用する際（pre-miRNAを検出する場合など）は，miRNeasy Mini Kit および RNeasy MinElute Cleanup Kit，または*mir*Vana™ miRNA Isolation Kitを用いて低分子RNA画分を抽出する．

A. TaqMan® MicroRNA Assay プロトコール

準備

- ☐ リアルタイムPCR装置
  ABI 7500 Fast Real-Time PCR system や Applied Biosystems StepOnePlus™ リアルタイムPCRシステム（ライフテクノロジーズ社）

- ☐ TaqMan® MicroRNA Reverse Trarscription Kit(4366596,ライフテクノロジーズ社)
- ☐ TaqMan® MicroRNA Assays
  検出対象のmiRNAに対応するもの[*1].
- ☐ TaqMan® Universal PCR Master Mix またはMix II(4304437など,ライフテクノロジーズ社)

> [*1] コントロールはRNU44(ヒトの場合),RNU6Bを使用,サンプル間で変動がないと思われる内在性miRNAでも可.

プロトコール

❶ RTマスターミックスの調製

TaqMan® MicroRNA RT Kitを用い,RTマスターミックスを調製し,氷上で静置する.例えば,4つのRNAサンプルについて,1種類のコントロールと4種類のmiRNAの発現を検討する場合は,×20のRTマスターミックスを調製する.

100 mM dNTPs	0.15 μL
MultiScribe™ Reverse Transcriptase, 50 U/μL	1.00 μL
10 × Reverse Transcription buffer	1.50 μL
RNase Inhibitor, 20 U/μL	0.19 μL
Nuclease-free water	4.16 μL
Total	7.00 μL

❷ RT反応

0.2 mL PCRチューブ(8連PCRチューブでも可)に,RNAサンプル5 μL(1〜10 ng/チューブ[*2]),TaqMan® MicroRNA AssaysのうちRTプライマー(無色透明)3 μL,RTマスターミックス7 μL(計15 μL)を加え,撹拌し,軽く遠心してからサーマルサイクラーでRT反応を行う.

> [*2] われわれは,2 ng/μLのRNAを5 μL使用している.

〈RT反応条件〉

アニーリング	16℃	30分
↓		
逆転写反応	42℃	30分
↓		
反応停止	85℃	5分
↓		
保存	4℃	∞

(反応後,−20℃でサンプルを保存し,実験を中断可能)

❸ リアルタイムPCR反応

　下記の組成のように，RT産物，TaqMan® MicroRNA Assaysのうち，PCRプライマー（ピンク色透明），TaqMan® Universal PCR Master Mix Ⅱを用いて，計20μLのPCR反応液を，リアルタイムPCR用96ウェルプレート（48ウェル，384ウェルでも可）の各ウェルに加える．

TaqMan® MicroRNA Assay（20×）	1.00μL
RT産物	1.33μL
TaqMan® Universal PCR Master Mix Ⅱ（2×），no UNG	10.00μL
Nuclease-free water	7.67μL
Total	20.00μL

　通常，三重測定（3反復）を行う．各ウェルについて，RTプライマーとPCRプライマーのmiRNA種が合致していることに留意する．プレートに粘着フィルムでシールし，低速遠心機（2,500×g，3分）で反応液をスピンダウンしてから，リアルタイムPCRシステムでPCRを行う．7500 FastリアルタイムPCRシステムの場合，Run Mode：Emulationで解析を行ってもよい．解析方法としてはΔΔCt法を通常用いることが多いが，検量線を用いた方法も可能である．

〈リアルタイムPCR反応条件〉　　　　　　　　　　　　　　　　　TOTAL 90分

PCR初期の活性化ステップ*3	95℃	10分
↓		
熱変性	95℃	15秒 ┐
アニーリング/伸長	60℃	60秒 ┘ 40サイクル

＊3　UNG処理を行う場合は最初に50℃，2分のステップを追加する．

B. miScript PCR Systemプロトコール

準備

☐ リアルタイムPCR装置
　ABI 7500 Fast Real-Time PCR systemやApplied Biosystems StepOnePlus™ リアルタイムPCRシステム（ライフテクノロジーズ社）

☐ miScript Ⅱ RT Kit（218160など，キアゲン社）
　検出対象のmiRNAに対応するもの．

☐ miScript Primer Assays（成熟型miRNAに対応）
　またはmiScript Precursor Assays（pre-miRNAに対応）*1

☐ miScript SYBR Green PCR Kit（218073，キアゲン社）

＊1 コントロールはRNU6Bを使用．snoRNA，サンプル間で変動がないと思われる内在性miRNAでも可．

プロトコール

❶ RTマスターミックスの調製，RT反応

　miScript II RT Kitを用いた成熟型miRNAの検出は，以下の通り，RT反応液を氷上で調製する．成熟型miRNA測定の場合は，miScript HiSpec BufferおよびmiScript HiFlex Bufferの両方が使用可能である．miScript HiSpec Bufferは成熟型miRNAの選択的逆転写に使用し，pre-miRNAの検出にはmiScript HiFlex Bufferを使用する＊2．注意すべき点として，TaqMan® miRNA Assayと異なり，miScript PCR SystemではRNAサンプル数分のRT反応を行う．

＊2 HiSpec Bufferを用いて逆転写を行った産物は，成熟型miRNAの測定の使用のみに使うことが可能である．

＜RT反応＞

5 × miScript HiSpec Buffer または 5 × miScript HiFlex Buffer	4 μL
10 × miScript Nucleics Mix	2 μL
miScript Reverse Transcriptase Mix	2 μL
テンプレートRNA	適量＊3
Nuclease-free water	適量
Total	20 μL

＊3 HiSpec Bufferの場合10 pg〜2 μg，HiFlex Bufferの場合10 pg〜0.5または1 μg．pre-miRNAを測定する場合は，最大0.5 μgとする．

〈RT反応条件〉

RT反応	37℃	60分
↓		
熱変性	95℃	5分
↓		
保存	4℃	∞

（反応後，−20℃でサンプルを保存し，実験を中断可能）

＊4 【pre-miRNAの検出】
miScript PCR Systemを用いたpre-miRNAの検出では，5 × miScript HiFlex Bufferを用い，テンプレートRNAは10 pg〜0.5 μgとする．場合に応じて（pri-miRNA強制発現などの場合pri-miRNAも増幅されてしまうため），低分子RNA画分の使用を積極的に検討する．

❷ **リアルタイムPCR反応**

　下記の組成のように，RT産物，miScript SYBR Green PCR Kit（2×QuantiTect SYBR Green PCR Master Mixと10×miScript Universal Primerが含まれる），miScript Primer Assaysを用いて，計25μLのPCR反応液を，リアルタイムPCR用96ウェルプレートの各ウェルに加える．

＜PCR反応＞
2×QuantiTect SYBR Green PCR Master Mix	12.5μL
10×miScript Universal Primer	2.5μL
10×miScript Primer Assay	2.5μL
Nuclease-free water	適量
テンプレートcDNA	適量
Total	25.0μL

　通常，三重測定（3反復）を行う．プレートに粘着フィルムでシールし，低速遠心機（2,500×g，3分）で反応液をスピンダウンしてから，リアルタイムPCRシステムでPCRを行う．

　注意すべき点として，1 PCR反応に使用するRT産物の量を，RT反応に使用したテンプレートRNAにして1 PCR反応あたり50 pg〜3 ng相当となるように，RT産物を適宜希釈してPCR反応液に加える．また，検量線作成のために，この希釈段階を含むように，数段階の希釈サンプルを用意する．さらに，各サイクラーの特性に応じて，蛍光の検出はABI PRISM 7000では最低30秒間，Applied Biosystems 7300および7500では34秒間で行う．

〈リアルタイムPCR反応条件〉

PCR初期の活性化ステップ	95℃	15分	
↓			
熱変性	94℃	15秒	
アニーリング	55℃	30秒	40サイクル
伸長	70℃	30〜34秒	
		蛍光データの収集を行う	

TOTAL 110分

＊5　【pre-miRNAの検出】
　miScript PCR Systemを用いたpre-miRNAの検出では，成熟型miRNAの場合と異なり，miScript SYBR Green PCR Kitの10×miScript Universal Primerは使用せず，以下のように，プライマーとして10×miScript Precursor Assay（フォワードプライマーとリバースプライマーの両方が含まれる）を用いる．
　注意すべき点として，1 PCR反応に使用するRT産物の量を，RT反応に使用したテンプレートRNAにして1 PCR反応あたり10〜20 ng相当となるように，RT産物を適宜希釈してPCR反応液に加える．Pre-miRNAの検出ではPCRサイクル数を50回に設定する場合もある．

PCR反応
2×QuantiTect SYBR Green PCR Master Mix	12.5μL
10×miScript Precursor Assay	2.5μL
Nuclease-free water	適量
テンプレートcDNA	適量
Total volume	25.0μL

C. 従来型RT反応を利用したpre-miRNAの検出

準備

- □ リアルタイムPCR装置
  ABI 7500 Fast Real-Time PCR systemやApplied Biosystems StepOnePlus™ リアルタイムPCRシステム（ライフテクノロジーズ社）
- □ **QuantiTect Reverse Transcription Kit**（205310など，キアゲン社）
  pre-miRNAに対応するプライマー．
- □ **FastStart Universal SYBR Green Master（ROX）**（4913922など，ロシュ・ダイアグノスティックス社）

プロトコール

❶ RT反応

QuantiTect Reverse Transcription Kitを用いてpre-miRNAを検出する場合，主に低分子RNA画分のRT反応を行う[*1]．従来型RT反応を利用したpre-miRNAの検出は，基本的には，通常のmRNAの検出の際のリアルタイムPCRと同様に行うことができる．

> [*1] 他の逆転写キットを用いる場合はランダムプライマーを使用する．

＜RT反応＞

gDNA Wipeout Buffer, 7×	4 μL
テンプレートRNA	適量（最高1 μg）
Nuclease-free water	適量
Total	14 μL

上記を氷上で調製し，42℃で2分間インキュベートし，氷上に移動．以下のRTマスターミックスと混合（計20 μLとなる）し，RT反応に移行する．

Quantiscript Reverse Transcriptase	1 μL
Quantiscript RT Buffer, 5×	4 μL
RT Primer Mix	1 μL
Total	6 μL

〈RT反応条件〉

RT反応	42℃	30分
↓		
熱変性	95℃	3分
↓		
保存	4℃	∞

（反応後，−20℃でサンプルを保存し，実験を中断可能）

❷ リアルタイム PCR 反応

下記の組成のように，PCR 反応液をリアルタイム PCR 用 96 ウェルプレートの各ウェルに加える．

＜PCR 反応＞
FastStart Universal SYBR Green Master（ROX）	10.00 μL
フォワードプライマー（100 μM）	0.06 μL（終濃度 300 nM）
リバースプライマー（100 μM）	0.06 μL（終濃度 300 nM）
Nuclease-free water	適量
テンプレート cDNA	適量
Total	20.00 μL

プレートに粘着フィルムでシールし，低速遠心機（2,500×g，3分）で反応液をスピンダウンしてから，リアルタイム PCR システムで PCR を行う．Pre-miRNA に対応するフォワードプライマーおよびリバースプライマーは，pre-miRNA のヘアピン構造の 5p 部分と 3p 部分に対して設計する場合が多いが，適宜調節する．

注意すべき点として，pre-miRNA が細胞内に含まれる量が非常に少ないことが多いため，1 PCR 反応に使用する RT 産物の量を，RT 反応に使用したテンプレート RNA にして 1 PCR 反応あたり 10〜100 ng 相当となるように，RT 産物を PCR 反応液に加える．Pre-miRNA の検出では PCR サイクル数を 50 回に設定する場合もある．

〈リアルタイム PCR 反応条件〉

PCR 初期の活性化ステップ[*2]	95℃	10 分
↓		
熱変性	95℃	15 秒
アニーリング/伸長	60℃	60 秒

40 サイクル

TOTAL 90 分

[*2] UNG 処理を行う場合は最初に 50℃，2 分のステップを追加する．

実験例

Pri-miRNA 発現ベクターと miRNA センサーベクターを用いて，miRNA 活性を修飾する分子を探索した結果，MCPIP1 と呼ばれる分子が miRNA の活性を抑制することを見出した[4]．MCPIP1 が miRNA 生合成に与える影響を検討するために，HEK293T 細胞にさまざまな pri-miRNA 発現ベクターと MCPIP1 発現ベクターを導入し，pri-miRNA，pre-miRNA，成熟型 miRNA の発現状態を検討した．

結果として，MCPIP1 が，強制発現させた pri-miRNA の発現量は大きくは変えないが，pre-miRNA の量を半分程度に減少させ，成熟型 miRNA は 1/10 程度に強く減少させることが見出された（図 4A）．この結果は，ノーザンブロットの結果と合致するものであった．また，HepG2 細胞で siRNA を用いて MCPIP1 をノックダウンしたところ，miRNA マイクロアレイで多くの

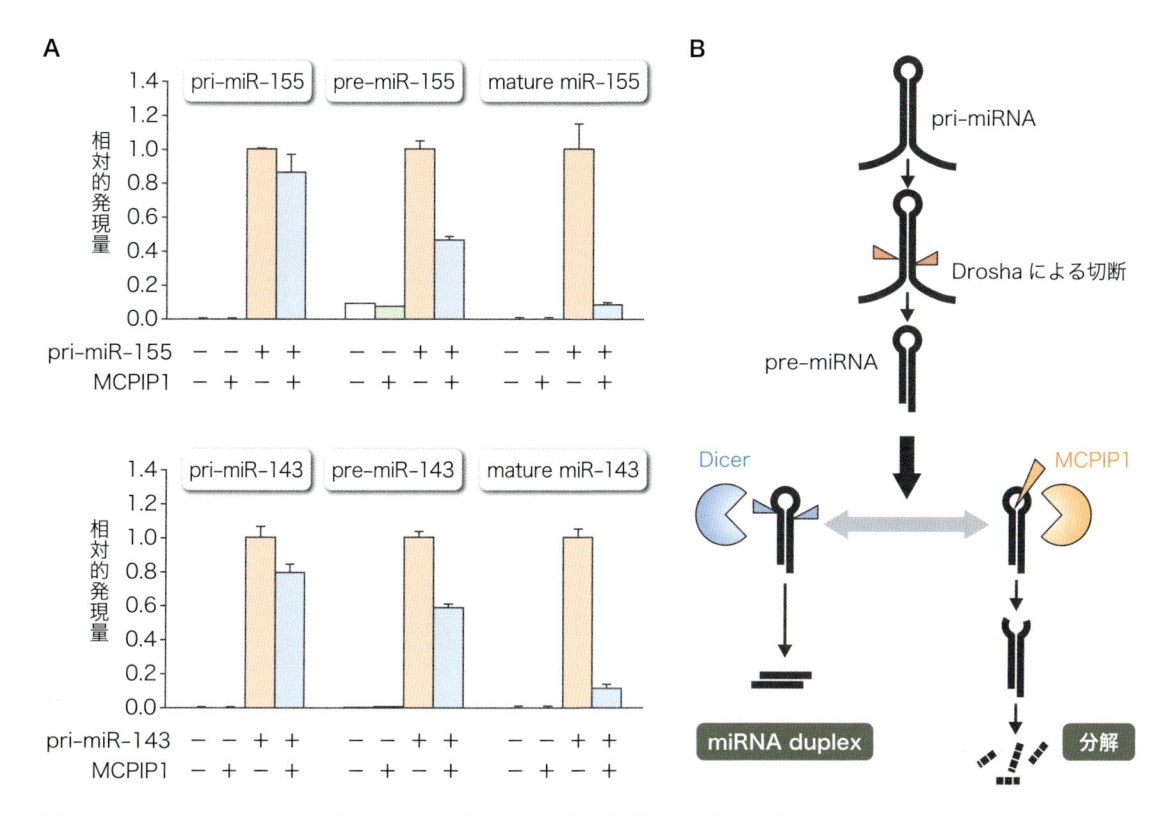

図4　リアルタイムPCRによるmiRNA生合成経路の解析：MCPIP1によるmiRNA生合成の抑制

A) リアルタイムPCRによるmiRNA生合成経路の解析．HEK293T細胞にpri-miRNA発現ベクターとMCPIP1発現ベクターをトランスフェクションした後に抽出したRNAを用いて，リアルタイムPCR法でpri-miRNA，pre-miRNA，成熟型miRNAの発現量を解析した．Pri-miRNAについては，トータルRNAに対して**プロトコールC**のRT反応／リアルタイムPCR反応，pre-miRNAについては，低分子RNA画分に対して**プロトコールC**のRT反応／リアルタイムPCR反応，成熟型miRNAについては，トータルRNAに対して**プロトコールA**のTaqMan® miRNA PCR assayを実施した．Pri-miRNAについては，pri-miRNA発現ベクターに挿入したpri-miRNAのうち，pre-miRNAに隣接するフランキング領域に対して作製したプライマーで評価している．出典：文献4．B) MCPIP1によるmiRNA生合成抑制機構

miRNAの発現量が増加しており，複数のmiRNAについて，pre-miRNAおよび成熟型miRNAの発現量が増加していることがリアルタイムPCRで確認された．その後の解析により，MCPIP1がpre-miRNAを分解し，miRNA生合成を抑制していることが見出された（図4B）[4]．

おわりに

miRNAによる遺伝子発現調節機構，そして，miRNAとさまざまな生命現象との関連について飛躍的に研究が進展しており，医学への応用の期待も高まっている．また，miRNAは，遺伝子の発現を転写後にダイナミックに制御するが，miRNAの発現自体も転写後のさまざまな調節機構によって制御されていることが明らかになっている[2,4,5]．つまり，miRNAの発現

を捉え理解するためには，miRNA生合成機構のダイナミクスを把握することが必須となりつつある．リアルタイムPCR法やRNAシークエンシングを用いた発現解析により，miRNA生合成機構のダイナミクスや，miRNAと他のRNA間のコミュニケーションの理解がさらに進むことが期待される．

◆ 参考文献
1) Croce, C. M.：Nat. Rev. Genet., 10：704-714, 2009
2) Suzuki, H. I. & Miyazono, K.：J. Biochem., 149：15-25, 2011
3) Pritchard, C. C. et al.：Nat. Rev. Genet., 13：358-369, 2012
4) Suzuki, H. I. et al.：Mol. Cell, 44：424-436, 2011
5) Suzuki, H. I. et al.：Nature, 460：529-533, 2009

11 3アレル性のタイピングを検出する
炎症関連遺伝子のSNPを例に

実践編　Ⅲ章　遺伝子多型のタイピング

村松正明，池田仁子

リアルタイムPCR活用の目的とヒント

リアルタイムPCR法はPCR増幅量をリアルタイムでモニターし解析する方法であり，電気泳動が不要で迅速性と定量性に優れているだけでなく，一塩基多型（SNP）の判定にも利用できる．生成されたPCR産物とプローブの融解温度（Tm）の違いを用いてタイピングを行うHybProbeによるジェノタイピングを紹介する．ゲノムDNAとタイピング用プライマーとプローブと試薬を使用して，短時間で大量のDNAサンプルのSNPタイピングが行える優れた方法である．

はじめに

　SNPによる遺伝統計解析は，一般的に疾患にかかわる遺伝子の探索として，全ゲノム関連解析（Genome-wide Association Study：GWAS）や連鎖解析（LODスコア，TDT，罹患同胞対），有意差検定（Quantitative trait：QTL解析，多変量解析）などの研究に用いられる．本項で解説するHybProbeによるジェノタイピングは，近接してハイブリダイズする2種類の蛍光プローブとこれを挟むように設計されたPCR用プライマーを組み合わせて，プローブの融解温度の違いからSNPを判定する方法である（基本編-5参照）．この方法は，目的のSNP部位の近くおよびPCR用プライマーの内側に他の多型が存在している場合，あるいはTaqMan® SNP Genotyping Assayでプライマーおよびプローブの設計が不可能な場合に試すことができる．さらに，バイアレル（bi-allelic：2アレル性）のみならずトリアレル（tri-allelic：3アレル性）の検出も可能である．本項では，HybProbeによるトリアレルのタイピング法について実際の実験手順を述べる．

　トリアレルの場合には，Tm値と蛍光強度の微妙な差をとらえ，三層性に変化するので，計6種類の遺伝子型が判定できる．

準備

- [ ] ゲノムDNA
    1サンプルあたり1 SNPにゲノムDNA　5〜10 ng
- [ ] プライマーセット・プローブセット

株式会社日本遺伝子研究所にてLightCycler® 480 SNP Genotyping用に合成．精製グレードはOPCカートリッジ．
- ☐ LightCycler® 480マルチウェルプレート384（4729749，ロシュ・ダイアグノスティックス社）
- ☐ プレート遠心機
- ☐ プレートミキサー
- ☐ 自動分注装置Biomek® 2000（ベックマン・コールター社）
  ならびに専用チップ（P-20，P-250）．
- ☐ リアルタイムPCR機器
  LightCycler® 480（ロシュ・ダイアグノスティックス社）．

プロトコール

1. プライマー／プローブの設計

株式会社日本遺伝子研究所（**NGRL**; http://www.ngrl.co.jp/pcr/pcr.html）のLightCycler®アプリケーションサービスにより，SNP解析（HybProbe法）でのプライマー／プローブデザインおよび合成を外注できる．

目的のSNPのrs number（dbSNP ID）があらかじめ判明している場合には，rs numberと目的の変異部位を含む前後約50 bpの塩基配列情報を，株式会社日本遺伝子研究所へメールにて送付，およびプライマー／プローブの合成を依頼すると，LightCycler®を利用する場合は無料でプライマー／プローブのデザインもしてくれる（合成価格などの情報は株式会社日本遺伝子研究所のホームページを参照）．

または，LightCycler® 480に付属のLightCycler® Probe Design Software ver.2.0により，自分達でプライマー／プローブの設計を行うこともできる．

この際，考慮すべき基本事項は下記の通りである．

- ☐ プライマーペアのTm値が55〜65℃以内とする．ペア間でTm値の差が大きくならないよう±5℃の範囲内に設定すること
- ☐ プライマー内やプライマーペアに相補配列がないこと．特にプライマー間の3'-末端のプライマー同士がアニーリングするような配列を含まれていないかを確認する
- ☐ 鋳型DNA上にミスプライミングする部位がないこと
- ☐ PCR反応でのアンプリコンサイズは100 bp前後に設定する
- ☐ プライマーの長さは30 bp以内に設定する
- ☐ プライマーのGC含有率は40〜60%とし，配列中で塩基の隔たりがないこと．部分的にGCあるいはATリッチな配列部位を避けること

デザインしたプライマーを用いて実際にPCR反応を行うか，あるいはPCR反応シミュレーションソフトウェアAmplify® Version 3.1 For MasOS (http://engels.genetics.wisc.edu/amplify/) を用いて，目的とするPCR産物のみが増幅されているか確認する．

加水分解プローブの
- ☐ Tm値は60〜70℃以内とする
- ☐ GC含有率は30〜70%以内とする
- ☐ 5'末端にG塩基を含まないこと

最適なプライマーペア・プローブを設計することは，最も重要であり，基本事項に従ったプライマーペア・プローブが設計できれば，HybProbeによるSNPジェノタイピングはほぼ確実に成功する．しかしながら，この設計には，多くの時間と経験を必要とするので，LightCycler®装置を用いたSNPジェノタイピングの初心者には，プライマーペア・プローブの設計・合成をしてくれる日本遺伝子研究所の「LightCycler® アプリケーションサービス」がお勧めである．

2. ゲノムDNAサンプルの準備

ゲノムDNAサンプルは自動分注装置Biomek® 2000を用いて，LightCycler® 480用384ウェルプレートに5〜10 ngずつ分注し，室温で一晩かけてドライアップする．ドライアップ後のプレートをすぐに使用しない場合は，シールを貼り，4℃で約1週間保存することができる．

3. 試薬準備

❶ プライマーペアは最終濃度が0.1〜5 μMの範囲で最適な濃度に希釈する[*1]

> *1 あらかじめ，テスト用ゲノムDNAサンプルを用いて，最適なプライマーペア濃度の条件検討を行っておく．われわれはプライマーペア比が1：1, 1：5, 1：10の3条件で，各条件につき3〜4サンプル程度で条件検討を行っている．

❷ プローブは最終濃度が0.2 μMに希釈する

❸ PCR反応液を作製する

一般的なPCR反応液の組成を以下に示す．

5 × LightCycler® 480 Genotyping Master Mix	1.0 μL
フォワードプライマー（100 μM）	最終濃度0.1〜0.5 μM
リバースプライマー（100 μM）	最終濃度0.1〜0.5 μM
プローブ（FITC蛍光色素）（0.2 μM）	1.0 μL
プローブ（LC Red640蛍光色素）（0.2 μM）	1.0 μL
ゲノムDNAサンプル（ドライアップ）	5〜10ng
Total	DDWでメスアップして5 μLとする

❹ PCR反応液5μLをドライアップ済みの384ウェルプレートの各ウェルにBiomek® 2000を用いて分注する

❺ 各ウェル間のDNAコンタミネーションを防ぐため,反応液を分注後のプレートはスピンダウン後に専用のシールを貼ってから,卓上プレートミキサーで各ウェルのDNAサンプルとPCR反応液を混合する

❻ 混合後,各ウェルの反応液をウェル底に集めるため,プレートをスピンダウンする

4. PCR反応・融解曲線反応

PCR反応液を加えたDNAプレートは,LightCycler® 480にセットして,各反応を開始する.LightCycler® 480を用いた,代表的なHybProbeによるジェノタイピングの反応条件を以下に示す.

	温度(℃)	時間	
酵素活性化反応	95℃	10分	
↓			
熱変性	95℃	10秒	
アニーリング*2	(Tm値)	10秒	45サイクル
伸長反応*3	72℃	5〜20秒	
↓			
熱変性	95℃	60秒	
ハイブリダイゼーション	40℃	60秒	
メルティング	75℃	∞	

TOTAL 90分

*2 プライマーの計算上のTm値から4℃引いた温度で行う.プライマーの設計を株式会社日本遺伝子研究所に依頼した場合はTm値がデザインレポートに記載されているので,その温度に設定する.

*3 使用しているMaster Mix中に含まれるDNAポリメラーゼが1秒間に25 bp合成するため,予想されるPCR産物サイズを25で割った値を秒数として設定する.

5. HybProbeによるジェノタイピングによるSNPの判定

HybProbeによるジェノタイピングで判定した,代表的なSNPの結果画面を示す(図1).

一般に1つのSNPは2アレル性なので,3つのジェノタイピング結果が得られる.実際に観測される蛍光曲線の負の微分をとることにより融解曲線は,低温度側と高温度側2つの温度をそれぞれピークとした3種類の波形(野生型ホモ,変異型ホモ,ヘテロ)として目視で判断することができる.実際にLightCycler® 480に付随した解析ソフトウェアでの融解曲線分析の画面を示す(図2A).

また,ごく少数の3アレル性のSNPでも,融解曲線の形に反映されるものであれば,同時に6つのジェノタイピングパターンを判定することができる(図2B).これまでダイレクトシー

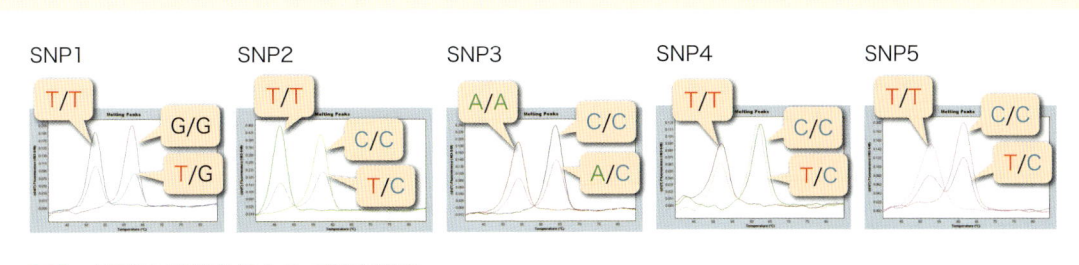

図1 実際の融解曲線とその判定結果

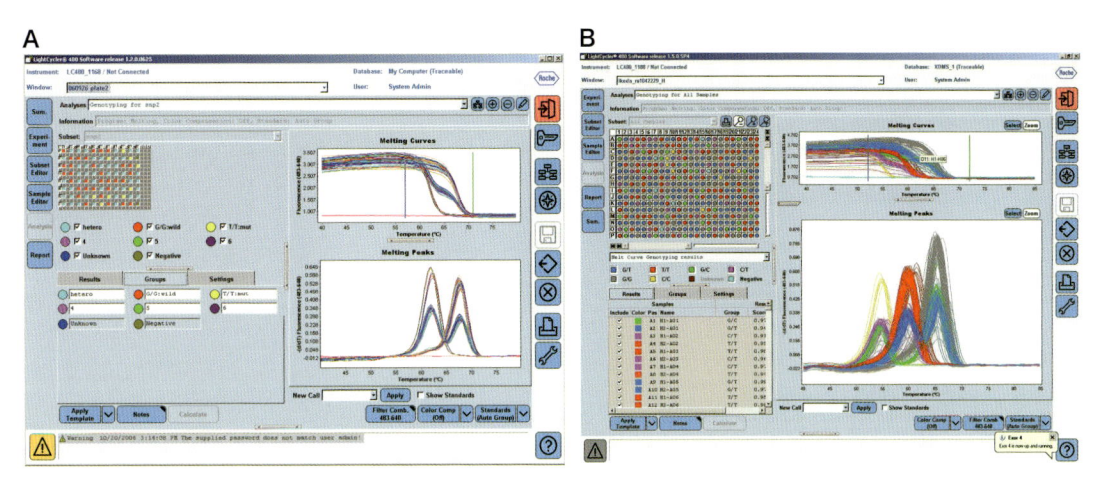

図2 融解曲線分析ソフトウェア画面
A) バイアレルの場合，B) トリアレルの場合

クエンスによる判定を行っていた3アレル性のSNP解析にも，融解曲線分析を応用したリアルタイムPCR機を用いたジェノタイピング法を応用することにより，一度に多数のDNAサンプルを解析することが可能である．

実験例

　日本人の高齢者連続剖検例1,500検体のホルマリン固定腎臓組織からフェノールクロロホルム抽出したDNAサンプルを使って，リアルタイムPCR機を用いたHybProbeにより，数種類の炎症関連遺伝子の一塩基多型（SNP）のジェノタイピングを行った[1]．各SNPの変異部位にマッチするようにハイブリプローブを，目的の変異部位特異的となるようプライマーペアの設計および合成を，株式会社日本遺伝子研究所に依頼した．DNA量は各サンプルあたり10 ngとなるように384ウェルプレート計4枚に撒き，ドライアップ後，調製したPCR反応液5 μLを加え，代表的なPCR反応条件においてトリアレル性のジェノタイピングの判定を行ったところ，各SNPのジェノタイピングは成功率97％以上で，Hardy-Weinberg平衡を保持していた（図3）．

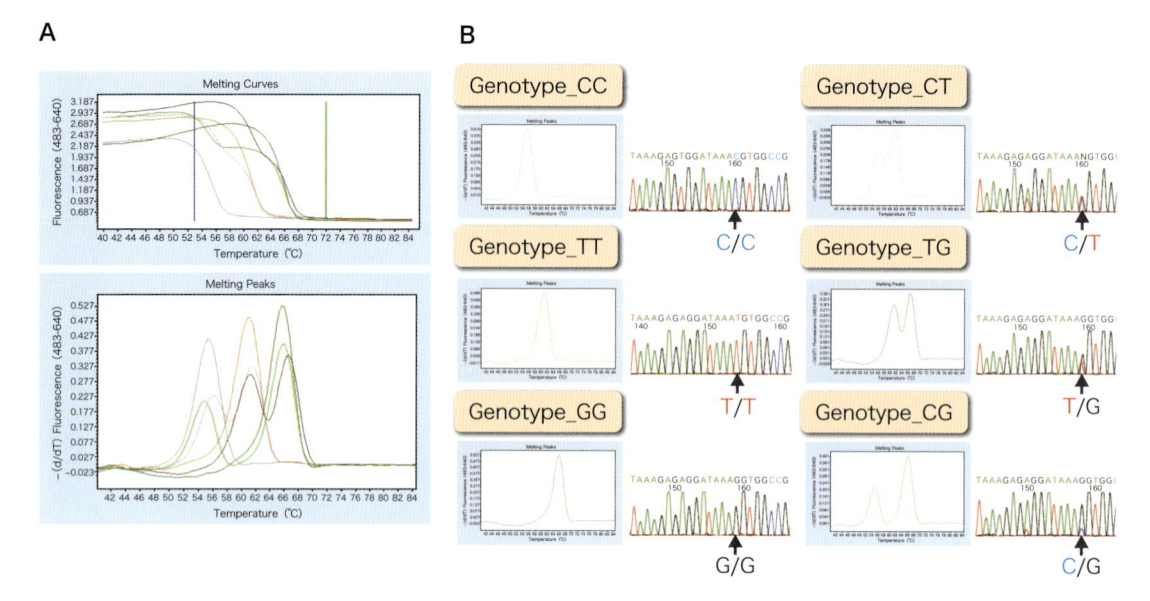

図3　3アレル性SNPの融解曲線（A）と3アレル性SNPの判定画面とダイレクトシークエンス結果（B）

　一般的に，LightCycler® 480による融解曲線分析法によるSNPジェノタイピングでは，10 ng DNA量以上，20 μL PCR反応液での実験系を推奨しているが，われわれは5 ng DNA量，5 μL PCR反応液でのプライマーペア・プローブ・Master Mix・DNA量などの使用量を節約した実験系でジェノタイピングに成功している（図1）.

おわりに

　LightCycler® 480を用いたHybProbe（融解曲線分析法）によるSNPジェノタイピングについて概説した.

　この方法は，一度に大量のDNAサンプルにおいて，中程度数（十数個）のSNPを判定する方法として，簡便，迅速かつ再現性の高い方法の1つである．目的のSNPを判定するために，連続して蛍光シグナルを取得し，これを連続温度としてスキャンするために，リアルタイムPCR反応データから得られる情報量が多く，プライマーペアの反応条件などをいろいろと変えることができるのも利点である．また，2アレル性のSNPのみならず3アレル性のSNP判定[2]も可能である（図2B）．さらに，同一プローブ内に目的以外の別のSNPが存在する場合でも，そのハプロタイプを直接解析できることを確認している[3]．他にも，DNAメチル化解析への応用[4]も報告があり，さまざまな解析への発展が期待できる手法である．

◆ 参考文献
1）Oda, K. et al.：Hum. Mol. Genet., 16：592-599, 2007
2）Otani, T. et al.：Biochem. Biophys. Res. Commun., 405：356-361, 2011
3）Song, Y. et al.：Tissue Antigens, 66：284-290, 2005
4）Worm, J. et al.：Clin. Chem., 46：1183-1189, 2001

実践編 Ⅲ章 遺伝子多型のタイピング

12 SNPハプロタイプを判定する
ハンチンチン遺伝子を例に

高橋理貴, 北條浩彦

リアルタイムPCR活用の目的とヒント

疾患原因遺伝子のSNPハプロタイプは疾患の特徴を理解するうえできわめて重要な情報である. われわれは, 独自技術のプルダウン法と既存のTaqMan® SNP Genotyping Assayを組み合わせてハンチントン病の病因となる変異型ハンチンチン遺伝子のSNPハプロタイプを迅速に判定する方法を確立した.

はじめに

　病気の発症機序の解明や新しい診断・治療法を開発するうえで, 疾患原因（または関連）遺伝子上の塩基変異や一塩基多型（SNP）は重要な情報になる. 特に, 疾患発症リスクや薬剤感受性に関連する変異や多型はきわめて重要である. さらに近年, 疾患原因（関連）遺伝子上の塩基変異やSNPをターゲットにした, 正常対立遺伝子には影響しない疾患原因遺伝子特異的RNA干渉（RNAi）技術が開発され, 個人化医療をめざす創薬ターゲットとしても注目されている. われわれは, 難治性の優性遺伝性疾患であるハンチントン病に対して, その原因遺伝子である変異型ハンチンチン遺伝子のcoding SNP（cSNP）[*1]をターゲットにした疾患原因遺伝子特異的RNAiに成功した. しかし, この技術を利用するためには, まず変異型ハンチンチン遺伝子上のcSNP塩基を明らかにしなければならない.

　ハンチントン病は, ハンチンチン遺伝子のエキソン1に存在するCAG繰り返し配列が異常伸長することによって発症する神経変性疾患である. 患者細胞内ではCAG繰り返し配列が正常（11〜34回繰り返し）な正常型対立遺伝子と異常伸長（36回以上）した変異型対立遺伝子がともに発現している. 変異型対立遺伝子上のcSNP塩基を調べる方法としてはクローニング法とシークエンス解析が行われてきたが, 操作が煩雑であり多くの時間を必要とするといった問題点があった. そこでわれわれは, 対立遺伝子間の繰り返し配列の長さの違いを利用し, 相補的な繰り返し配列をもつ核酸プローブを用いて, 繰り返し配列の長い変異型対立遺伝子を優先的に回収する方法（プルダウン法）を開発した（図1）. このプルダウン法によって得られたサンプルを用いれば, 既存のTaqMan®プローブを使用して簡単に変異型ハンチンチン対立遺伝子のcSNP塩基とそのハプロタイプ[*2]を解析することができる[1)].

[*1] Coding SNP（cSNP）: タンパク質をコードする遺伝子領域内に存在するSNP.
[*2] ハプロタイプ: 対立遺伝子の組み合わせ. 今回のようにSNPに注目している場合, 同一の染色体上に存在するSNP塩基の組み合わせが"SNPハプロタイプ"となる.

167

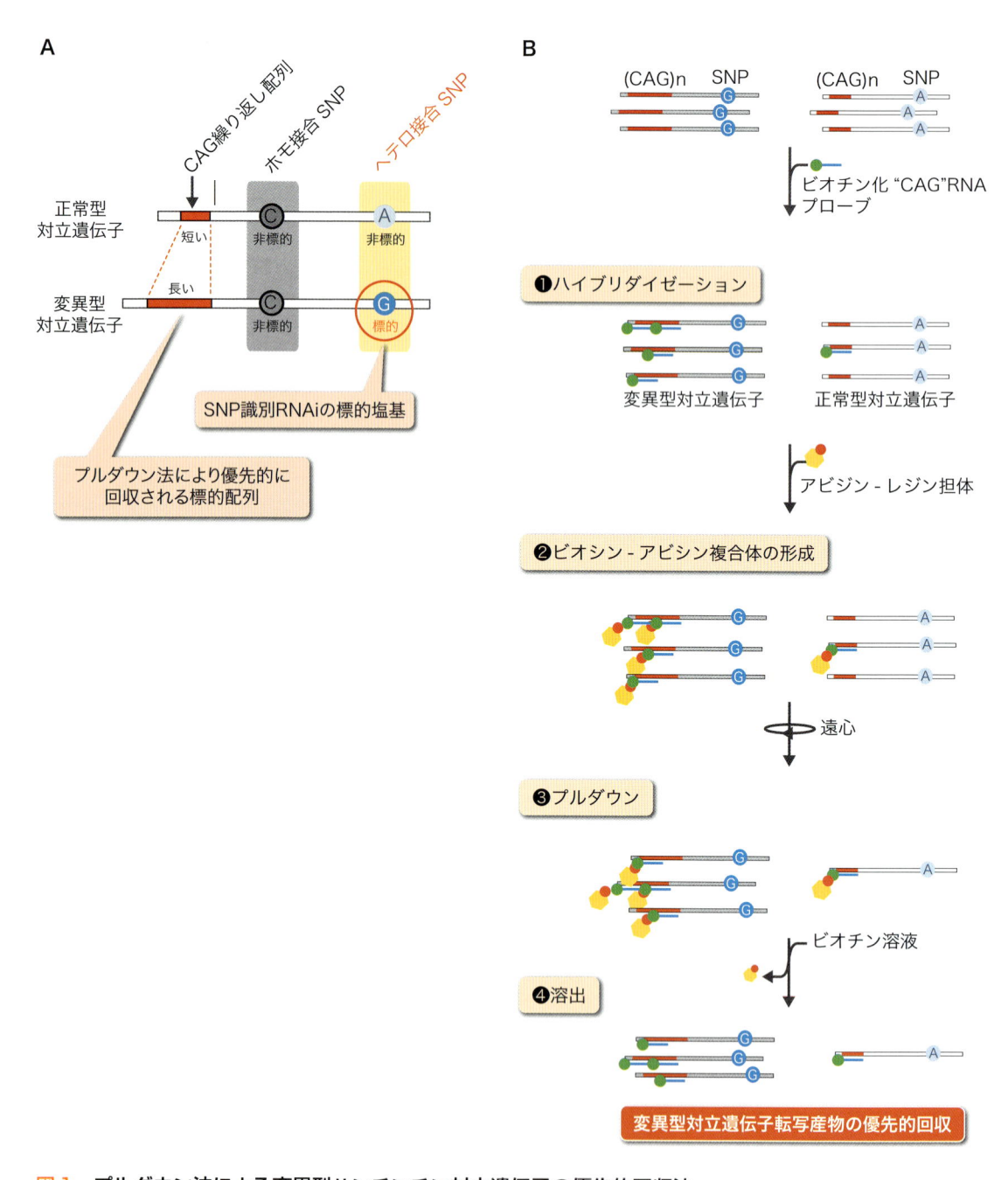

図1　プルダウン法による変異型ハンチンチン対立遺伝子の優先的回収法

A) 正常型と変異型ハンチンチン対立遺伝子．疾患原因遺伝子特異的RNAi誘導の標的として適したSNP塩基は，対立遺伝子間でヘテロ接合なSNPであり，かつ病因となる異常伸長したCAG繰り返し配列と連鎖しているSNP塩基である．プルダウン法 (B) は，変異型対立遺伝子の最大の特徴である異常伸長したCAG繰り返し配列を標的として優先的に回収する方法である．
B) プルダウン法の概略図．ハンチントン病（もしくは他のトリプレットリピート病）患者由来のcDNAを合成ビオチン化CAG-RNAプローブとハイブリダイズさせる．アビジン-レジン担体を添加した後，cDNAとハイブリダイズしたビオチン化CAG-RNAプローブをプルダウン（遠心操作）によって回収する．これを洗浄後，溶出液（ビオチン溶液）にてcDNAを溶出し，回収する

準備

プルダウン法に必要な準備

☐ **cDNAサンプル**

完全長のcDNAを合成することが重要である．われわれは，検体（組織，細胞など）からTRIzol® Reagentを用いてトータルRNAを抽出し（**実践編-8**参照），SuperScript® III逆転写酵素とOligo (dT)$_{20}$（いずれもライフテクノロジーズ社）を用いて，添付プロトコールに従って逆転写反応を行った．

☐ **5′末端ビオチン化CAG-RNAプローブ**[*3]

5′-(biotin)-CAGCAGCAGCAGCAGCAGCA-3′

☐ **ハイブリダイゼーションバッファー**

10 mM Tris-HCl (pH7.5), 1 mM EDTA, 400 mM sodium chloride, 30 mM sodium citrate

☐ **SoftLink™ Soft Release Avidin Resin（プロメガ社）**

☐ **ブロッキングバッファー**

10 mM Tris-HCl (pH7.5), 1 mM EDTA, 100 mM sodium chloride, 1% (w/vol) bovine serum albumin, 1 mg/mL yeast RNA

☐ **洗浄液**

10 mM Tris-HCl (pH7.5) 1 mM EDTA, 100 mM sodium chloride

☐ **溶出液**

5 mM biotin solution

> [*3] 必ずRNAプローブを使用する．DNAプローブを用いた場合，その後のPCR反応でプライマーとして働くため非特異的な増幅が起こってしまう．

SNPタイピングに必要な準備

☐ **TaqMan® SNP Genotyping Assay（4362691，ライフテクノロジーズ社）**

調べるSNPに特異的なTaqManプローブ．本実験で使用したTaqMan®プローブは，ハンチンチン遺伝子上に存在するrs363099, rs362331, rs362273, rs362272の4つのSNPに対応したものである．遮光した状態で氷上にて融解する．

☐ **FastStart Universal Probe Master（ROX）（4914139など，ロシュ・ダイアグノスティックス社）**

TaqMan®プローブの凍結再融解はできるだけ避ける．アッセイを続けて複数回行う場合は，必要量を滅菌チューブに分注し4℃で冷蔵保存し，使用する．長期の冷蔵保存は避け，必ず遮光した状態で保存する．

☐ **MicroAmp® Optical 96-well Reaction Plate（N8010560，ライフテクノロジーズ社）**[*4]

☐ **MicroAmp® Clear Adhesive Film（4306311，ライフテクノロジーズ社）**[*4]

> [*4] リアルタイムPCR用のプレートおよびシール（励起光や蛍光に干渉しない製品）であることを確認する．

プロトコール

1. プルダウン法による優先的回収

❶ PCRチューブ（200 μLチューブ）にて，cDNAと5´末端ビオチン化CAG-RNAプローブをハイブリダイゼーションバッファー中で混合する

複数のSNP部位に対してタイピングを行う場合は，このプルダウン法で回収したcDNAサンプルが多く必要になるため適宜必要な本数を準備する．

検体から合成したcDNA（10 ng/μL）	10 μL
5´末端ビオチン化CAG-RNAプローブ（100 pmol/μL）	1 μL
ハイブリダイゼーションバッファー	29 μL
Total	40 μL

熱変性	95℃	5分
↓		
アニーリング	室温	30分

❷ アビジン-レジン担体を加える

cDNAサンプル（上記❶の溶液）	40 μL
SoftLink™ Soft Release Avidin Resin*5	10 μL
ブロッキングバッファー	350 μL
Total	400 μL

> *5 事前にSoftLink™ Soft Release Avidin Resin（100 μL）をブロッキングバッファー（1 mL）と混合し，42℃で1時間以上ブロッキング処理を行ったものを使用する．ブロッキング処理後は4℃で1〜2週間程度保存可能．

調製した反応液を37℃，30分間ハイブリオーブンで撹拌する（ビオジン-アビシン複合体が形成される）．反応液に1mLの洗浄液を添加しボルテックスミキサーでよく撹拌する

❸ 遠心（1,500×g，1分間）によって，ビオチン-アビジン複合体（レジン担体）を回収し，上清を除去する．同様にして，1 mL洗浄液の添加，遠心，上清除去の操作を2回繰り返す

❹ 回収したレジン担体に溶出液（ビオチン溶液）を10〜20 μL加え10分間室温にて静置する

❺ ボルテックスミキサーによる撹拌と遠心による操作を2〜3回程度繰り返した後，上清を回収しSNPタイピングに用いる

2. SNPタイピング

❶ プルダウン法によって回収したcDNAと未処理のcDNA（10, 1, 0.01, 0 ng）を用意する*6

> *6 未処理のcDNAは基準線を描くために必要となる．

❷ 氷上で融解させたTaqMan® プローブ（TaqMan® SNP Genotyping Assay）の希釈液を準備する

TaqMan® SNP Genotyping Assay（20×）	1 μL
Nuclease-free Water	6 μL
Total	7 μL

❸ MicroAmp® Optical 96-well Reaction Plateに各種cDNA（3 μL）を入れる
　　各ウェルにcDNAサンプルが入ったことを下から覗き確認する．

❹ 上記❷で希釈したTaqMan® プローブを，cDNAが入ったMicroAmp® Optical 96-well Reaction Plateに加え，ピペッティングにより混合する

TaqMan® プローブ（上記❷で調製）	7 μL
cDNA	3 μL
FastStart Universal Probe Master（ROX）	10 μL
Total	20 μL

❺ MicroAmp® Clear Adhesive Film*7にてプレートを密閉した後，よく混合する*8
　　プレート用遠心機で遠心を行い，壁に付いた溶液をチューブの底に集める．その後，サーマルサイクラー（ABI7300 Real Time PCR System）にセットし，「Allelic Discrimination」の機能を使用して以下のプログラムで反応させる．

TOTAL 120分

Pre-read	60℃	1分
↓		
ポリメラーゼ活性化	95℃	10分
↓		
熱変性	92℃	15秒 ⎤
アニーリング/伸長反応	60℃	60秒 ⎦ 40サイクル
↓		
Post-read	60℃	1分

*7　ABI PRISM Optical Caps, 8 Caps/Stripも使用できる．
*8　FastStart Universal Probe Master（ROX）は粘性が高いため，マイクロプレートミキサーやボルテックスミキサーなどを使って充分に混合する．

3. SNPタイピング結果とハプロタイプ解析

　患者由来のcDNA（10，1，0.01，0 ng：プルダウン前のcDNA，正常型と変異型がほぼ等量存在する）を用いて判定のための基準線を描く．対立遺伝子間でホモ接合のSNPの場合，垂直もしくは水平に基準線が描かれる．それに対して，ヘテロ接合のSNPでは傾斜のある基準線が描かれる．この傾斜のある基準線（ヘテロ接合のSNP）に対し，プルダウンを行ったcDNAのタイピング結果は，基準線の右下，もしくは左上に検出される（変異型対立遺伝子が優先的

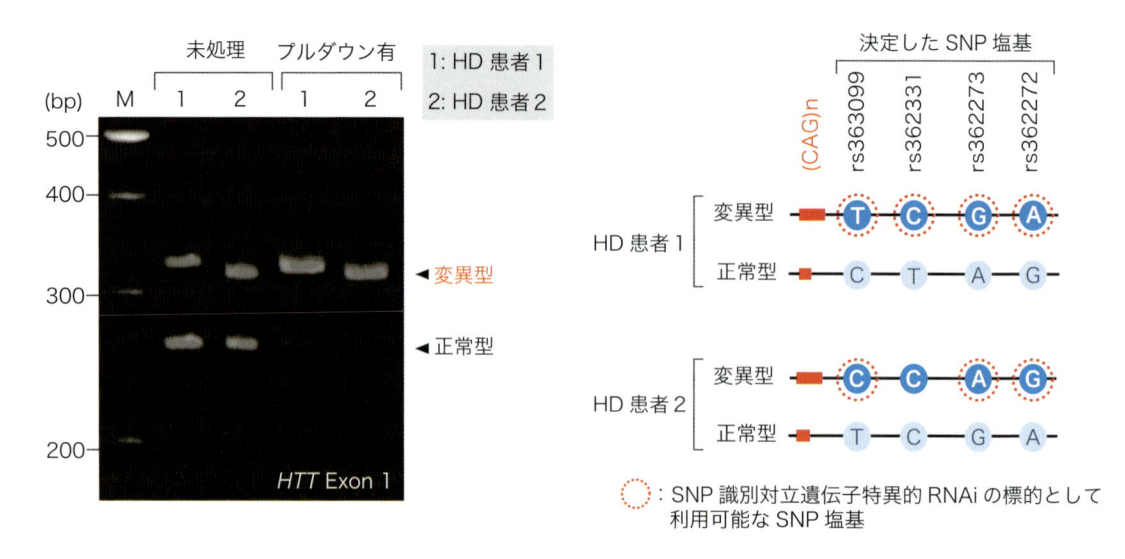

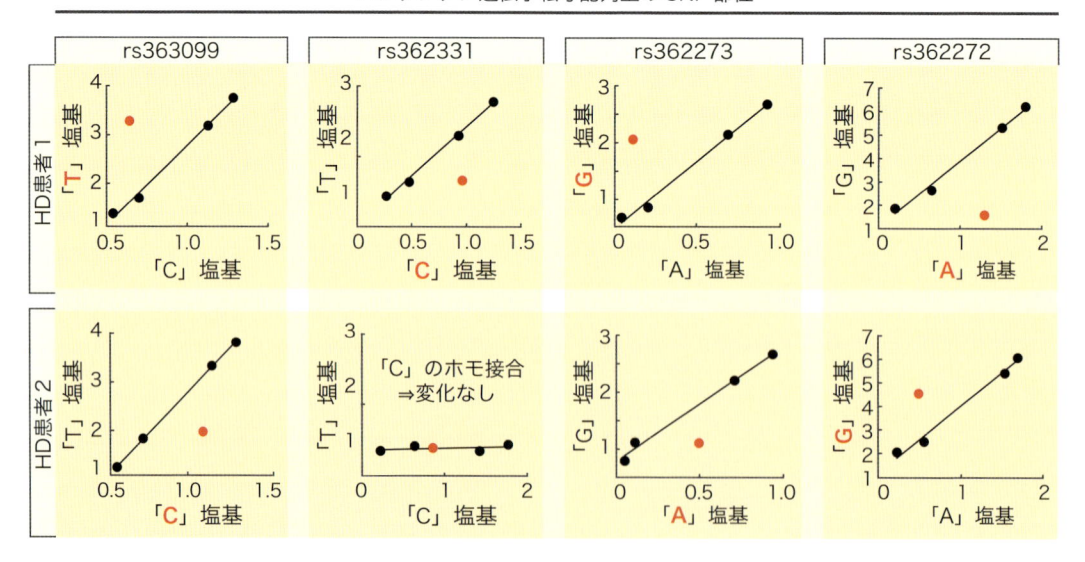

図2 プルダウン法を行ったcDNAによるSNPタイピング

A) PCR解析．プルダウン法による変異型対立遺伝子の優先的回収を確認するために，回収したcDNAを用いてCAG繰り返し配列領域のPCR解析を行った．B) プルダウン処理を施したcDNAを用いたSNPタイピングの結果．既存のSNPタイピング法（TaqMan SNP Genotyping Assay）によってハンチンチン遺伝子上の4つのcSNPに対し，未処理のcDNAを段階希釈したもの（●と直線：基準線）とプルダウン法によって回収したcDNA（●）から得られたタイピングの結果を示す．プルダウン処理したcDNAは，変異型ハンチンチン対立遺伝子が偏って存在するため基準線から離れた位置に結果がプロットされる．偏って検出された側が変異型対立遺伝子のSNP塩基である（例：HD患者1の変異型対立遺伝子上のrs363099のSNP部位は「T」塩基）．C) SNPハプロタイプ．各SNPのタイピング結果より導き出されたハンチンチン遺伝子のSNPハプロタイプ

に回収され，変異型と正常型の対立遺伝子の存在比が大きく変わったためである）．各ヘテロ接合のSNP部位に対し，偏って検出された塩基が変異型のSNP塩基となる．その結果をSNPの位置情報に基づいて並べたものが，変異型対立遺伝子のSNPハプロタイプとなる．

実験例

　ハンチントン病（Huntington's disease：HD）患者由来株化細胞（2細胞株）から調製したcDNAとプルダウン法によって得られたcDNA（図2A）をTaqMan® allelic discrimination assayによって解析し，病因となるCAG反復配列が異常伸長した変異型ハンチンチン対立遺伝子上のSNPハプロタイプを解析した．ハンチンチン遺伝子内に存在する4つのcSNPs（rs363099, rs362331, rs362273, rs362272）についてSNPタイピングを行った．その結果，未処理のcDNA（10，1，0.01，0 ng）を用いて描いた基準線に対し，プルダウン処理したcDNAは，右下もしくは左上の偏った位置に結果がプロットされた（図2B）．偏って検出された側が変異型のSNP塩基であり，それぞれのSNP塩基を順番に並べると変異型対立遺伝子上のSNPハプロタイプを簡単に決定することができる．図2Cに示すように，今回調べた2つのHD患者由来株化細胞は異なるSNPハプロタイプを有することがわかる．

　さらに，このタイピング結果をもとに，各患者のSNP塩基に対応したSNP識別siRNAを選び，それぞれの患者由来株化細胞に導入しRNAiを誘導した．その結果，患者ごとに異なるSNPハプロタイプであってもSNP塩基に対応した適切なsiRNAを選択することで，目的の変異型ハンチンチン遺伝子を特異的に抑制できることを実証した（図3）．

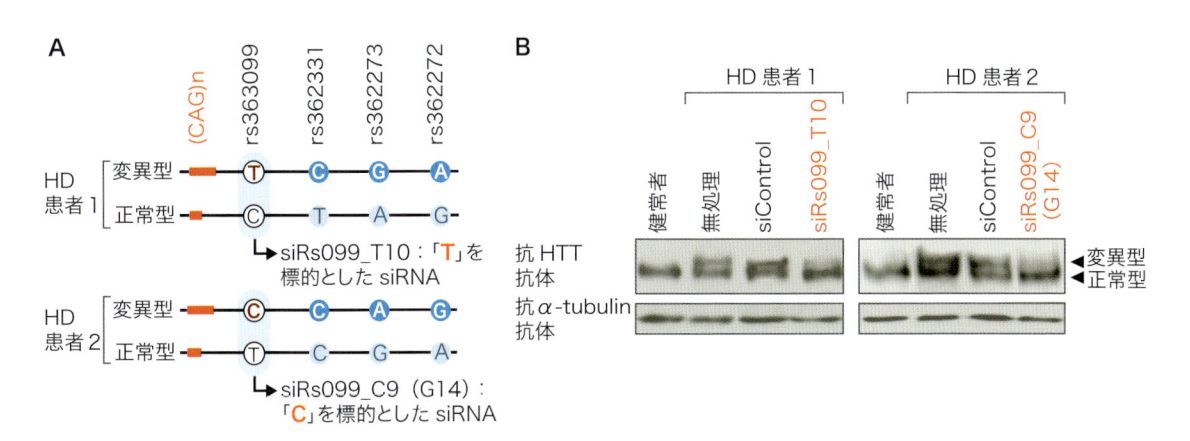

図3　SNP識別対立遺伝子特異的RNAi
A）ハンチントン病患者由来株化細胞のSNPハプロタイプと，これをもとに選定した変異型ハンチンチン対立遺伝子を特異的に発現抑制するsiRNA〔siRs099_T10，siRs099C9（G14）〕．C）ウエスタンブロット解析．ハンチントン病患者由来株化細胞のSNPハプロタイプに対応したsiRNAを導入した．病因となる変異型ハンチンチンタンパク質のみが特異的発現抑制されていることが確認できる

おわりに

　疾患関連遺伝子のSNPやそのハプロタイプは，疾患感受性や薬剤感受性の指標として有用である．また近年，1塩基の違いを識別するRNAi誘導が可能になったことから，指標のみならず直接的な創薬ターゲットとしても有用性が高まってきている．疾患と関連するSNPや塩基変異の情報の充実が，それらを基盤とする新たな個別化医療技術の開発と発展に今後も繋がっていくことを期待する．

◆ 参考文献

1) Takahashi, M. et al.：Proc. Natl. Acad. Sci. USA, 107：21731-21736, 2010
2) Ohnishi, Y. et al.：J. RNAi Gene Silencing, 2：154-160, 2006
3) Hohjoh, H.：Methods Mol. Biol., 623：67-79, 2010
4) 高橋理貴，北條浩彦：実験医学，29：931-934, 2011

実践編

Ⅳ章　遺伝子量解析

13 コピー数多型を検出する
CYP2D6の遺伝子多型を例に

勝本　博

リアルタイムPCR活用の目的とヒント

コピー数多型（CNV）の検出手法はさまざまあるが，FISHやマイクロアレイなどより得られるデータはプローブの長さ，または間隔に依存して比較的長い領域として検出される．リアルタイムPCRはプライマー，プローブ設計のフレキシビリティーが高いため，より狭い領域への絞り込みなどCNV領域の詳細なる検討が可能となる．

はじめに

　これまで一部の例外を除き，細胞には父方由来の遺伝子と母方由来の遺伝子の2コピーが存在していると考えられてきた．しかし個体によってはある遺伝子に関して3コピーや1コピーであるというようなコピー数多型（Copy Number Variation：CNV）が存在することが明らかとなった（図1）．CNVはヒトゲノムの約1割以上の領域で存在しており[1]，疾患感受性，薬物応答性の個人差に関与するものとして注目されている．これまでにマイクロアレイを用いたゲノムワイドなCNV検出によりデータベースの構築など，基盤整備がなされたが，遺伝子領域に任意にアッセイ（プライマー，プローブ）を設計できるリアルタイムPCRを用いることで，より詳細なるCNV領域の検討や，マイクロアレイの結果のバリデーションを行うことができる．

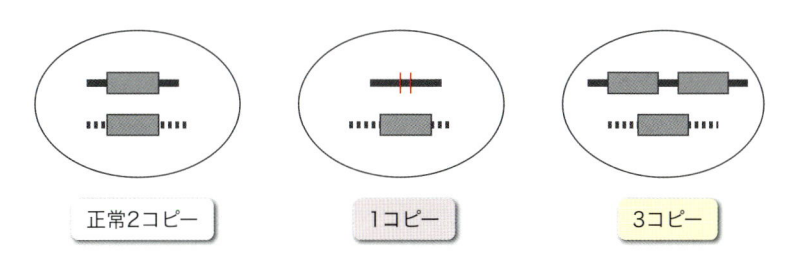

図1　コピー数多型（CNV）
実線：父方由来　点線：母方由来

CNV 検出の原理

リアルタイムPCRでCNVを検出するには，目的CNV領域を検出するTaqMan® Copy Number Assays（FAM™ラベル：MGBプローブ）と，ゲノムDNAサンプルのインプット量を補正するためのTaqMan® Copy Number Reference Assays（VIC®ラベル：TAMRAプローブ）を使用する．蛍光標識の異なる2種類のアッセイを使用することでマルチプレックス反応（同一ウェル内で同時に反応）を行い，相対定量法であるΔΔCt法によりコピー数の算出を行う．基本的に正常2コピーの基準サンプル（キャリブレーター）と相対比較することによりコピー数を算出する．ΔΔCt法の原理詳細については基本編-2，もしくは文献2を参照されたい．

TaqMan® Copy Number Assayはヒト用としてゲノムワイドに160万種類のアッセイがデザインされており，マウス用には18万種類以上のアッセイがデザインされている．目的領域にアッセイがデザインされていない場合，Custom TaqMan® Copy Number Assaysによりカスタムデザインが可能である．また，TaqMan® Copy Number Reference Assaysはヒト用2種類（RNasePおよびTERT），マウス用2種類（TfrcおよびTert）がデザインされている．

準備

使用した装置
- ☐ Applied Biosystems StepOnePlus™ リアルタイムPCRシステム（ライフテクノロジーズ社）
- ☐ MicroAmp® Fast Optical 96-well Reaction Plate（N8010560，ライフテクノロジーズ社）
- ☐ MicroAmp® Optical Adhesive Film（4311971，ライフテクノロジーズ社）
- ☐ CopyCaller® Software v2.0
  http://www6.appliedbiosystems.com/support/software/copycaller より入手できる，フリー．

使用した試薬類
- ☐ TaqMan® Copy Number Assays（4400291，ライフテクノロジーズ社）
  CYP2D6検出用，Assay ID：Hs00010001_cn
- ☐ TaqMan® Copy Number Reference Assays, RNase P（4403326など，ライフテクノロジーズ社）
- ☐ TaqMan® Genotyping Master Mix（4371355，ライフテクノロジーズ社）

その他
- ☐ DNAサンプル
- ☐ 滅菌水

解析可能なサンプル数（1サンプル4反復を推奨）	
384well 20 μL系の場合	96サンプル
0.1 mL Fast 96well 20 μL系の場合	24サンプル
0.2 mL Standard 96well 20 μL系の場合	24サンプル

プロトコール

❶ DNAサンプル溶液の調製

DNAサンプルを滅菌水で5 ng/μLに調製する．

❷ PCR反応試薬調製

1ウェルあたりの反応組成

TaqMan® Genotyping Master Mix[*1]	10 μL
TaqMan® Copy Number Assays（20×）	1 μL
TaqMan® Copy Number Reference Assays（20×）	1 μL
滅菌水	4 μL
Total	16 μL [*2]

[*1] TaqMan® GeneExpression Master Mix, TaqMan® Universal Master Mixでも可であるが，ウェットバリデーションにはTaqMan® Genotyping Master Mixが使用されている．

[*2] 〔サンプル数×4（反復）×1.1（10%の＋α）〕ウェル分作製する．12サンプルの場合，12×4反復×1.1で53ウェル分作製．

16 μLのプレミックスを各ウェルに分注する．ついで各ウェルにDNAサンプル（5 ng/μL）を4 μL加える（20 μLの反応系になる）．

❸ リアルタイムPCR条件

AmpliTaq Gold® UPの活性化	95℃	10分
↓		
熱変性	95℃	15秒
アニーリング/伸長反応	60℃	60秒

40サイクル

TOTAL 120分

❹ データエクスポート

リアルタイムPCRシステム付属ソフトウェアで各々のターゲット（FAMおよびVIC）についてThreshold Lineを0.2にマニュアルで設定し，各ウェルのCt値を算出する．算出後，resultsファイルをエクスポートする．

❺ CopyCaller® Softwareによる解析

エクスポートされたresultsファイルをCopyCaller® Software v2.0にインポートし，解析を行う．CopyCaller® Software操作詳細についてはソフトウェアのヘルプを参照．

トラブルシューティング

トラブル	原因	対策
4反復間のCt値がそろわない	ピペッティング誤差	DNAサンプルを少量で分注していれば4μL以上で分注する または 4ウェル分の反応液＋DNAサンプルを作製してから4ウェルに分注
コピー数が整数にならない	PCR効率が悪い	ReferenceアッセイとCNVアッセイの増幅曲線の増幅程度を比較．増幅曲線の傾きが大きく異なる場合には別のCNVアッセイを試してみる

実験例

　今回は12個人に由来するゲノムDNAをサンプルとして，CYP2D6のコピー数を検出した．反応後，リアルタイムPCRシステム付属ソフトウェアにより各サンプルについてCYP2D6およびRNasePのCtを算出し，そのCt値からCopyCaller® SoftwareによりΔΔCt法でコピー数を解析したところCYP2D6について1〜3コピーのCNVが認められた（図2）．コピー数は通常整数であり，今回のCN測定値がどれも整数値に近いことから，精度の高い結果であることが推察された．

　マルチプレックス反応を行った場合，まず各ウェルについてCYP2D6のCtからRNasePのCtを引くことでCtの差（ΔCt）を算出し，それから4反復間の平均を計算する．次に各サンプルの平均ΔCtからキャリブレーターサンプルの平均ΔCtを差し引き，各サンプルのΔΔCtを算出する．このΔΔCt値を$2^{-\Delta\Delta Ct}$に代入することによりキャリブレーターサンプル（今回はサンプル1）の値を1としたときの相対値を得ることができる．コピー数の検出の場合，キャリブレーターサンプルのコピー数は2コピーであるので，この相対値に2を掛けることで各サンプルのコピー数を算出する．従来はCt値より表計算ソフトなどで解析をしていたが，CopyCaller® Softwareにより解析が簡便化された．

おわりに

　リアルタイムPCRによるコピー数の検出は簡便かつ高精度な手法であり，これまでにもがん細胞における染色体特定領域の増減，導入遺伝子のコピー数などの検討に使用されてきた．ゲノムワイドなデザイン済みアッセイのほか，カスタムデザインでもプライマー，プローブを目的領域に自由に設計できるため，CNV領域の精査，バリデーションにおいて強力なツールとなる．

A

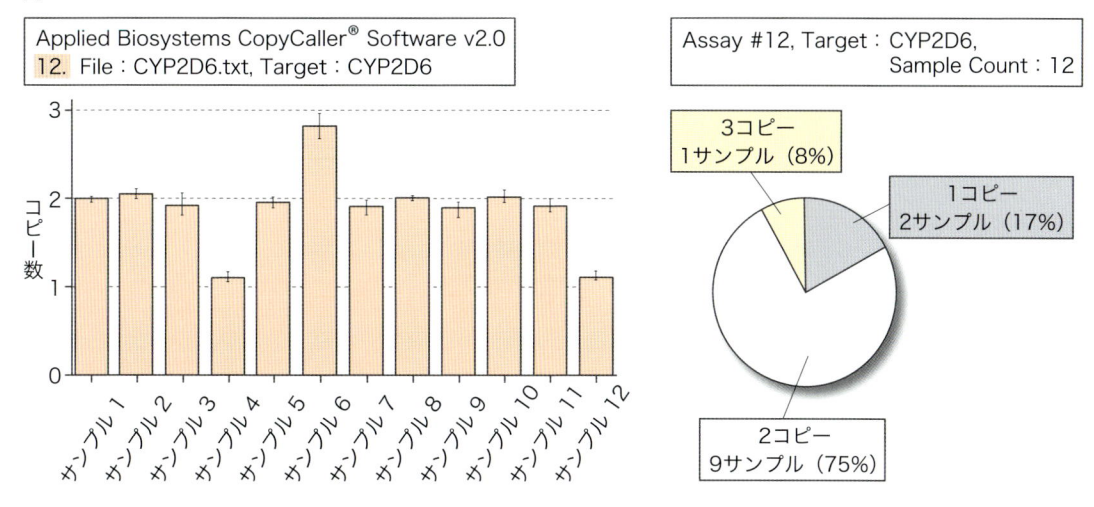

Applied Biosystems CopyCaller® Software v2.0
12. File：CYP2D6.txt, Target：CYP2D6

Assay #12, Target：CYP2D6, Sample Count：12

3コピー 1サンプル（8%）
1コピー 2サンプル（17%）
2コピー 9サンプル（75%）

B CopyCaller® Software によるコピー数計算例

サンプル	ターゲット遺伝子	リファレンス遺伝子	CN測定値	CN予測値	ΔCt中央値	ΔΔCt	RQ
サンプル1	CYP2D6	RNaseP	2.00	2	−0.15	0.00	1.00
サンプル2	CYP2D6	RNaseP	2.05	2	−0.19	−0.04	1.03
サンプル3	CYP2D6	RNaseP	1.92	2	−0.09	0.06	0.96
サンプル4	CYP2D6	RNaseP	1.11	1	0.70	0.85	0.55
サンプル5	CYP2D6	RNaseP	1.96	2	−0.12	0.03	0.98
サンプル6	CYP2D6	RNaseP	2.83	3	−0.65	−0.5	1.41
サンプル7	CYP2D6	RNaseP	1.91	2	−0.08	0.06	0.96
サンプル8	CYP2D6	RNaseP	2.02	2	−0.16	−0.01	1.01
サンプル9	CYP2D6	RNaseP	1.90	2	−0.08	0.07	0.95
サンプル10	CYP2D6	RNaseP	2.02	2	−0.16	−0.01	1.01
サンプル11	CYP2D6	RNaseP	1.92	2	−0.09	0.06	0.96
サンプル12	CYP2D6	RNaseP	1.12	1	0.69	0.84	0.56

図2 CopyCaller® Software による解析

◆ 参考文献

1) Redon, R. et al.：Nature, 444：444-454, 2006
2) User Bulletin #2—ABI PRISM 7700 Sequence Detection System
http://www3.appliedbiosystems.com/cms/groups/mcb_support/documents/generaldocuments/cms_040980.pdf

実践編　Ⅳ章　遺伝子量解析

14 エピジェネティックな状態を知る
がんとDNAメチル化を例に

山下　聡

リアルタイムPCR活用の目的とヒント

リアルタイムPCRを活用することにより，特定のゲノム領域におけるDNAメチル化状態の定量解析が可能になる．恣意性のない判断や，量そのものに意味がある発がんリスクマーカーの場合に有用である．正確な定量のためには，メチル化および非メチル化対照を準備すること，適切なプライマーを設計すること，テンプレートDNAの絶対量に注意することなどが重要である．

■ リアルタイムMSPとは

がんをはじめとする疾患へのエピジェネティック異常の関与はますます明らかになってきている．DNAメチル化の解析では，メチル化特異的PCR（methylation-specific PCR：MSP）によりバンドの有無を観察する解析が主流である．しかしMSPではPCRサイクル数次第でバンドの有無は大きく変わりうるため，主観の入る余地が多い．標準的なMSP条件でがん組織由来DNAメチル化を検出する場合，サイクル数を40回以上にすれば，メチル化レベル0.1％であっても明瞭なバンドを得ることができる．すなわち，サンプル内のがん細胞のうち，1,000個中1個しかメチル化されていなくても，メチル化（＋）のデータをつくることができる．このような恣意性をなくすためには数値的な判定が必要である．また，がんの予後やリスクの診断などメチル化の定量値自体に意味がある場合もある[1)2)]．

そこでわれわれは，SYBR® Green I を用いたリアルタイムMSP法によりDNAメチル化の定量を行ってきた．本法はリアルタイムPCR用サーマルサイクラー以外の特別な機器を必要とせず，数％程度のメチル化を検出できる点で有用である．

リアルタイムMSPはリアルタイムPCRで行うMSPである．まず，重亜硫酸（bisulfite）処理[*1]によって，メチル化状態の違いを塩基配列の違いへと変換する（C→T，メチル化C→C）．重亜硫酸処理を行ったDNAを鋳型に，専用のプライマーを用いてリアルタイムPCRを行い，メチル化DNA分子，非メチル化DNA分子の数を定量する．原則的に，メチル化DNA分子数，

[*1] 重亜硫酸（bisulfite）処理：メチル化解析に頻用される重要な反応．一本鎖DNA上のシトシンはbisulfite（重亜硫酸ナトリウム）により低pHでスルホン化，加水脱アミノ化反応し，引き続きNaOHで高pHにすることにより脱スルホン化することでウラシルに変換される[8)9)]．5-メチルシトシンはスルホン化が非常に遅いため，脱アミノ反応によるチミンの生成に至らない．すなわち，重亜硫酸処理によってメチル化状態の違いが塩基配列の違い（C→T，メチル化C→C）へと変換される．

非メチル化DNA分子数からメチル化レベルを算出する（図1）．リアルタイムPCRは，蛍光色素のSYBR® Green Iを用いた方法[1]と，TaqMan®プローブを用いた方法（Methylight法という）[3]がある．TaqMan®プローブを用いれば特異性がより高いが，SYBR® Green Iを用いるほうが安価で，プライマーをいろいろ試すことができる．本項では，SYBR® Green Iを用いたリアルタイムMSP法を紹介する（図2）．

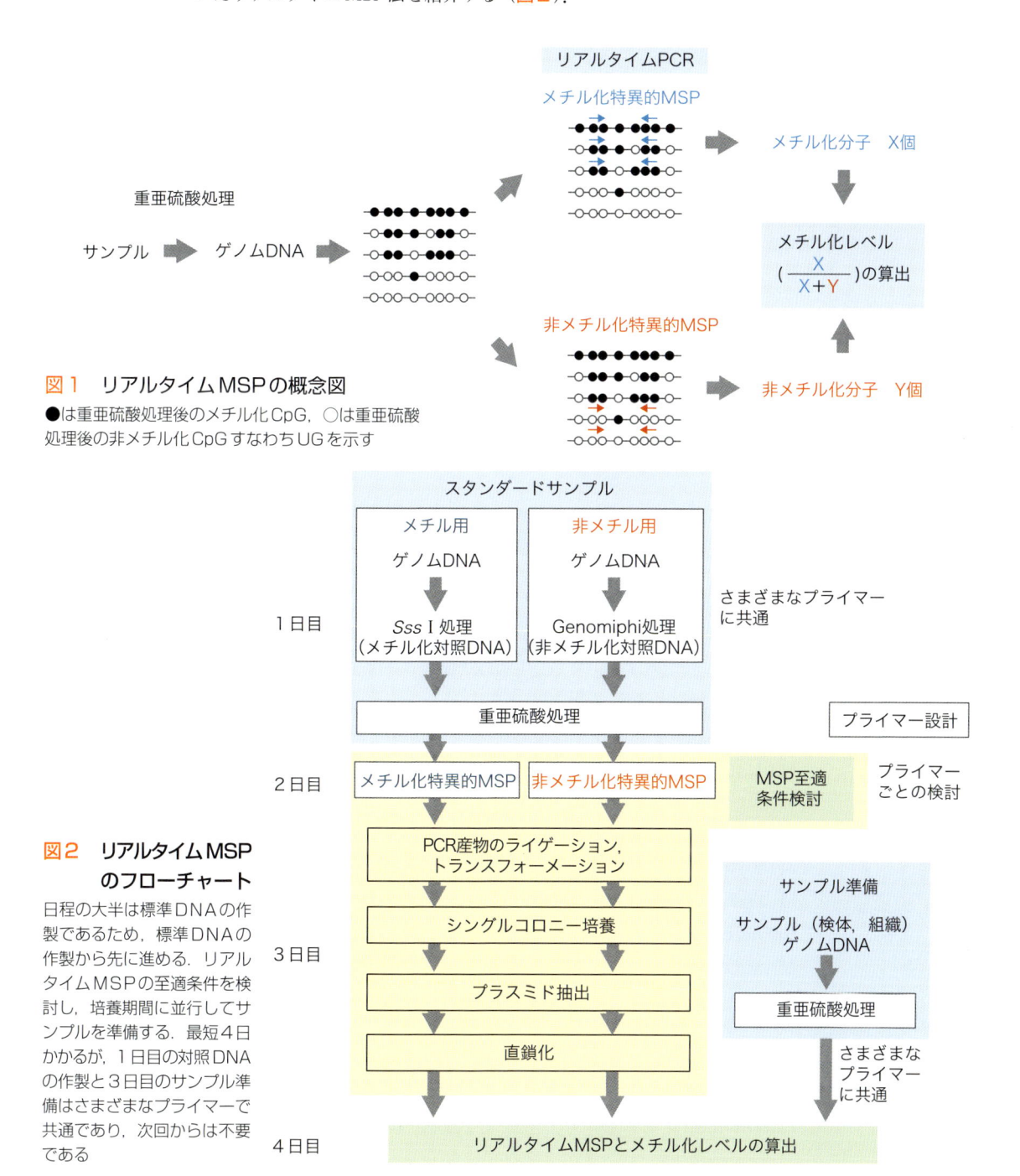

図1 リアルタイムMSPの概念図
●は重亜硫酸処理後のメチル化CpG，○は重亜硫酸処理後の非メチル化CpGすなわちUGを示す

メチル化レベル $\left(\dfrac{X}{X+Y}\right)$ の算出

図2 リアルタイムMSPのフローチャート

日程の大半は標準DNAの作製であるため，標準DNAの作製から先に進める．リアルタイムMSPの至適条件を検討し，培養期間に並行してサンプルを準備する．最短4日かかるが，1日目の対照DNAの作製と3日目のサンプル準備はさまざまなプライマーで共通であり，次回からは不要である

準備

- [ ] リアルタイムPCR装置
    われわれはリアルタイムPCR機としてCFX connectシステムまたはMyiQ Real-time PCR system（いずれもバイオ・ラッド社）を用いている．望ましい機種は，①パッシブレファレンス色素[*2]を試薬中に入れることを必要としない，②96ウェルプレートが使用可能，③グラジエント機能を搭載している，ものである．

    > [*2] パッシブレファレンス色素は，一部のリアルタイムPCR装置でPCR反応に関係のない蛍光シグナルの変動を正規化するために使用されている．高い安定性をもつROXが用いられることが多いが，PCR反応を著しく阻害する．必要な場合はパッシブレファレンス色素を含んだ市販のマスターミックスを用いる．またはTHUNDERBIRD® qPCR MIX（TOYOBO社）のように色素を添加できるキットを用いる．

対照DNA作製

- [ ] ヒト（マウス，ラットなど）ゲノムDNA
- [ ] *Sss* I methylase（M0226Sなど，ニューイングランドバイオラボ社）
    CpGメチルトランスフェラーゼともいう．32 mM SAM（S-adenosyl methionine）を含む．
- [ ] illustra GenomiPhi HY Kit（25-6600-20など，GEヘルスケア・ジャパン社）
- [ ] MicroSpin S-300 HR（27-5130-01，GEヘルスケア・ジャパン社）

重亜硫酸処理

われわれは以下の試薬などを用いてキットの代替とし，コストを抑制している．EZ DNA Methylation-Gold Kit（Zymo Research社），MethylCode™ Bisulfite Conversion Kit（ライフテクノロジーズ社）を用いても同じ結果が得られる．

- [ ] 4M Sodium bisulfite
    1.9 gのSodium bisulfite（NaHSO$_3$）またはSodium meta (di) sulfite（Na$_2$S$_2$O$_5$）を4.4 mLのDDWに溶解する．遮光して室温で振盪すれば30分で溶ける．用時調製．
- [ ] 10 mM Hydroquinone
    11 mgのhydroquinoneを10 mLのDDWに溶解する．分注して−20℃保存可能．
- [ ] 6M NaOH
    1.76 gのNaOHを7.1 mLのDDWに溶解する．用時調製とされるが密栓に気をつければ少なくとも1カ月は利用可能．高濃度アルカリなので取り扱い注意．
- [ ] Zymo-Spin column I（C1003-250，Zymo Research社）
- [ ] M-binding buffer（D5002-3，Zymo Research社）
- [ ] NaOH/EtOH（0.1M NaOH, 25mM KCl in 90％エタノール）
- [ ] 断片化DNA
    〜1 μg．ゲノムDNAの場合，重亜硫酸反応の効率化のために，*Bam*HI（MSPで増幅する配列内に認識部位があるならば，*Eco*RIなど他の酵素に変更）処理して断片化した後，エタノール沈殿で精製しておく．
- [ ] 80％ EtOH
- [ ] PCR用チューブ
    サーマルサイクラーに適合するもの．

- ☐ 2 mL フタなしチューブ
- ☐ 1.5 mL マイクロチューブ
- ☐ 高速微量遠心機
  室温にセット．
- ☐ サーマルサイクラー
  0.2 mLの反応が可能なものが望ましい．

リアルタイムMSP
われわれは以下の試薬を用いてキットの代替とし，コストを抑制しているが，THUNDER-BIRD® qPCR Mix (TOYOBO) はよりPCR効率がよい（よく増える）ことが多く，より広い測定レンジでの解析が可能．プライマーによっては（後述するAluなどの多コピー数の場合など）このキットを用いる．

- ☐ 10 × SYBR® Green I 溶液
  SYBR® Green I (10,000 × concentrate in DMSO, BMA) をDMSOで1,000倍に希釈する．遮光チューブ中で−20℃保存．
- ☐ AmpliTaq Gold® DNA polymerase with Buffer I（N8080240，ライフテクノロジーズ社）
  AmpliTaq Gold® DNA polymerase, 10 × PCR buffer I（15 mM MgCl$_2$）を含む．
- ☐ 25 mM MgCl$_2$
- ☐ dNTP mix（2 mM each）
- ☐ 重亜硫酸処理済みDNA
- ☐ プライマー

名称		配列
メチル化用プライマー	HOXA9-M-F	5′-TCGGATTATTAATAGCGTGC-3′
	HOXA9-M-R	5′-ATCACCTAATAAATTACCGACG-3′
非メチル化用プライマー	HOXA9-UM-F	5′-TAATAGTGTGTGGAGTGATTTATGT-3′
	HOXA9-UM-R	5′-CAATCACCTAATAAATTACCAACA-3′
ヒトAlu用プライマー[*3]	Alu-F	5′-GGTTAGGTATAGTGGTTTATATTTGTAATTTTAGTA-3′
	Alu-R	5′-ATTAACTAAACTAATCTTAAACTCCTAACCTCA-3′

*3 ユニバーサルに用いることのできる，非メチル化用プライマーの代替．

- ☐ TAクローニングおよびプラスミド精製に必要な試薬類
- ☐ ssDNA溶液
  オートクレーブなどで断片化したサケ精巣DNA（ハイブリダイゼーションのブロッキングに用いるものと同じ）の10 mg/mLストック溶液を用時にTE（pH 8.0）で10 μg/mLに希釈．

プロトコール

1. メチル化スタンダードサンプルの作製
MSPおよび重亜硫酸シークエンシングにより，検出領域が完全にメチル化していることを確認したDNAを用いてもよい．高価ではあるが，市販もされている（われわれは使ったことがない）．

❶ 下記の反応組成で37℃，15分間インキュベート（*Sss* I 処理）する

<反応組成>
*Bam*HI 処理したゲノムDNA*4	10 μg
Sss I methylase（4U/μL）	4 μL
10×*Sss* I Buffer（MgCl$_2$-free）	20 μL
32 mM SAM	1 μL
ddw	適宜
Total	200 μL

*4 　DNA濃度が高すぎると反応が進みにくくなる．

❷ SAM*5 をさらに1 μL加えて，37℃で15分インキュベートする

*5 　SAMはとても分解しやすいので，購入時に氷上で分注・凍結保存する．融解したものは1回の実験で使い切る．

❸ フェノール・クロロホルム抽出，エタノール沈殿を行い，得られたDNAをもう1回同様に *Sss* I 処理する

　　Sss I methylaseは半量でよい．

❹ フェノール・クロロホルム抽出，エタノール沈殿を行い，分光光度計で定量する

2. 非メチル化スタンダードサンプルの作製

　検出領域が完全に非メチルであることを確認した重亜硫酸処理済みDNAを用いてもよい．これも市販されている（われわれは使ったことがない）．

❶ illustra GenomiPhi DNA Amplification Kit（HY Kit）のプロトコールに従い，正常ゲノムDNAを増幅する

　GenomiPhiはHYキットとV2キットがあり，HYキットのほうが高価格の一方で増幅率がはるかに高いため，大量に対照DNAが必要な場合は割安になる．ただし，がん細胞由来DNAを用いると，その欠失領域が増幅されない．

❷ 反応液量200 μLで*Bam*HI処理，フェノール・クロロホルム抽出，エタノール沈殿を行い，分光光度計で定量する

　増幅されたDNAは，ほぼすべてのCpGが非メチル化状態である．解析予定の部位がメチル化されているゲノムDNAを鋳型に用いる場合，1/1000程度のメチル化が残存するので，GenomiPhi処理を2回行った方がよい．

3. DNAの重亜硫酸処理

❶ 1 μgの断片化DNAをDDWで19 μLにする

❷ 6 M NaOHを1 μL加えて，37℃で15分インキュベートする

❸ 以下の組成で重亜硫酸処理をする

4 M sodium bisulfite	107 μL
10 mM hydroquinone	7 μL
6 M NaOH	6 μL
DNA溶液	20 μL
Total	140 μL*6

*6 重亜硫酸反応はpHが非常に大切．DNAを含まない上記溶液がpH5～5.5であることをpH試験紙などで一度確認する．毎回同様の操作をすれば，pHはほとんど不変である．

熱変性	95℃	35秒	×15サイクル
伸長反応	50℃	15分	

サーマルサイクラーによっては全量を1チューブで反応できない場合があり，その場合は分注して行う．天井側（Lid）が105℃に加温できる場合はミネラルオイルは必要ない．

❹ 重亜硫酸反応後の溶液と，600 μLのM-binding bufferを混合する

❺ 2 mLフタなしチューブにセットしたZymo-Spin column I上に混合液をアプライする

❻ 20,000 × g（15,000 rpm），30秒間遠心し，濾液を捨てる

❼ 同じカラムを同じチューブにセットし，200 μLの80％EtOHをアプライする

❽ 20,000 × g（15,000 rpm），30秒間遠心し，濾液を捨てる

❾ チューブをカラムにセットしたままの状態で，100 μLのNaOH/EtOHをアプライし，室温で15分間放置

この間にカラム上で脱スルホン化反応が起きる．

❿ 20,000 × g（15,000 rpm），30秒間遠心し，濾液を捨てる

⓫ 同じカラムを同じチューブにセットし，200 μLの80％EtOHをアプライする

⓬ 20,000 × g（15,000 rpm），30秒間遠心し，濾液を捨てる

この洗浄操作⓫～⓬を繰り返し，計2回行う．

⓭ カラムを新しい1.5 mLチューブにセットし，11 μLのTE（pH 8.0）をアプライし，室温で1分間放置

⓮ 20,000 × g（15,000 rpm），30秒間遠心する．この回収操作を繰り返し計2回行う

⓯ 最終的に得られる濾液約20 μLを重亜硫酸処理済みDNAとし，−20℃で保存する

4. プライマー設計

❶ **プライマーを設定する位置を決定する**

　　CpGアイランドのメチル化が遺伝子転写抑制を誘発する効果は遺伝子内の位置により全く異なる[4]．転写に関与する領域のメチル化レベルの測定を行いたいのならば，確からしい実験で決定された転写開始点直上のプロモーター領域に設定するのが望ましい．有用な転写開始点データベースとしては **DBTSS**（http://dbtss.hgc.jp）がある．

❷ 3′端をCpG部位のCとし，さらに2個以上のCpG部位を含むように，メチル化DNA特異的，非メチル化DNA特異的プライマーをなるべく同じ領域上にそれぞれ設計する（図3）．

　　図3のようにCpGを大文字に，他を小文字に変換しておくとわかりやすい．

❸ 増幅長は80～170 bpとし，プライマー長はメチル化特異的プライマー用は20～24 mer程度，非メチル化特異的プライマー用は特異性を上げるため，さらに2～4 bp長くつくる[*7][*8]

*7　増幅長が長いと非特異的増幅を起こしやすく，短いとPCR産物を精製する場合にカラム収率が悪くなる．

*8　理想的な特異性，増幅を示すプライマーが1回目でできている確率は，残念ながら非常に低い．特に非メチル化特異的プライマーの作製は難しい．試行錯誤が必要なことを前提に実験計画を組み立てる必要がある．

5′-TTACGTGAACGCATAGCTGAGAGGCGGCCGGGCCAGAACG-3′

　　重亜硫酸処理（メチル化されたCGのC以外のCはUに変換・赤字）

　　　　　　　　　　　　　　　　　　　　メチル化特異的プライマー（forward）
　　　　ACGTATAGTTGAGAGGCGGTC
5′-ttaCGtgaaCGuatagutgagaggCGguCGgguuagaaCG-3′

　　　　　　　　　　　　　　　　　　　　非メチル化特異的プライマー（forward）
　　　　GAATGTATAGTTGAGAGGTGGTT
5′-ttaUGtgaaUGuatagutgagaggUGguUGgguuagaaUG-3′

図3 重亜硫酸処理によるDNA配列の変換と，メチル化特異的プライマーおよび非メチル化特異的プライマーの設計例

5. 各プライマーにおけるリアルタイムMSP条件検討

❶ メチル化スタンダードサンプル，非メチル化スタンダードサンプルをそれぞれ重亜硫酸処理したものを鋳型に，メチル化用プライマー，非メチル化用プライマーそれぞれについて，グラジエント機能を用いてアニーリング温度勾配（1〜3℃刻みで4〜8点程度）のもとで，リアルタイムPCRを行う

特定のマグネシウム濃度（1.5 mM）でよい条件がない場合，他のマグネシウム濃度（2.0 mM，2.5 mM，3.0 mM）も試す．

＜反応組成＞

Primer-F（20 μM）	0.5 μL
Primer-R（20 μM）	0.5 μL
10×PCR buffer I（MgCl$_2$ 15 mM）	5.0 μL
25 mM MgCl$_2$	0〜3.0 μL
dNTP mix（2 mM each）	5.0 μL
AmpliTaq Gold®（5 U/μL）	0.2 μL
10×SYBR® Green I 溶液[*9]	0.5 μL
重亜硫酸処理済みDNA	1.0 μL
DDW	適宜
合計	50.0 μL

*9 この組成はMyiQ（バイオ・ラッド社）のように，パッシブレファレンスを必要としないリアルタイムPCR機でのみ使用できる．この組成にパッシブレファレンスを加えると，PCRによる増幅が著しく悪くなる．SYBR® Green Iの濃度で最適PCR条件は変わるので，条件検討の段階からSYBR® Green Iを含むリアルタイムPCRの組成で行うことがポイントである．

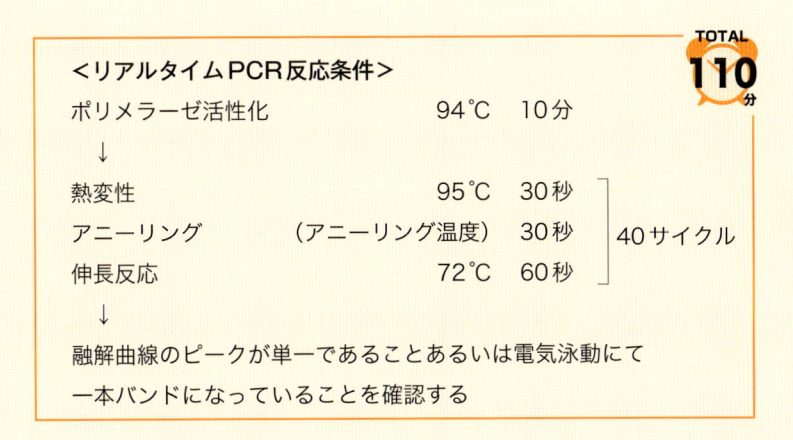

＜リアルタイムPCR反応条件＞　TOTAL 110分

ポリメラーゼ活性化	94℃	10分
↓		
熱変性	95℃	30秒
アニーリング	（アニーリング温度）	30秒
伸長反応	72℃	60秒

40サイクル

↓

融解曲線のピークが単一であることあるいは電気泳動にて一本バンドになっていることを確認する

❷ 感度，選択性が高いPCR条件を採用する（図4A）

❸ 採用した条件のPCR産物をZymo-Spin column Iなどのカラムで精製し，簡易に標準DNA（スタンダードサンプル）として用いることができる

簡易標準DNAを用いて実際にリアルタイムPCRを行ってみる（図4B）．

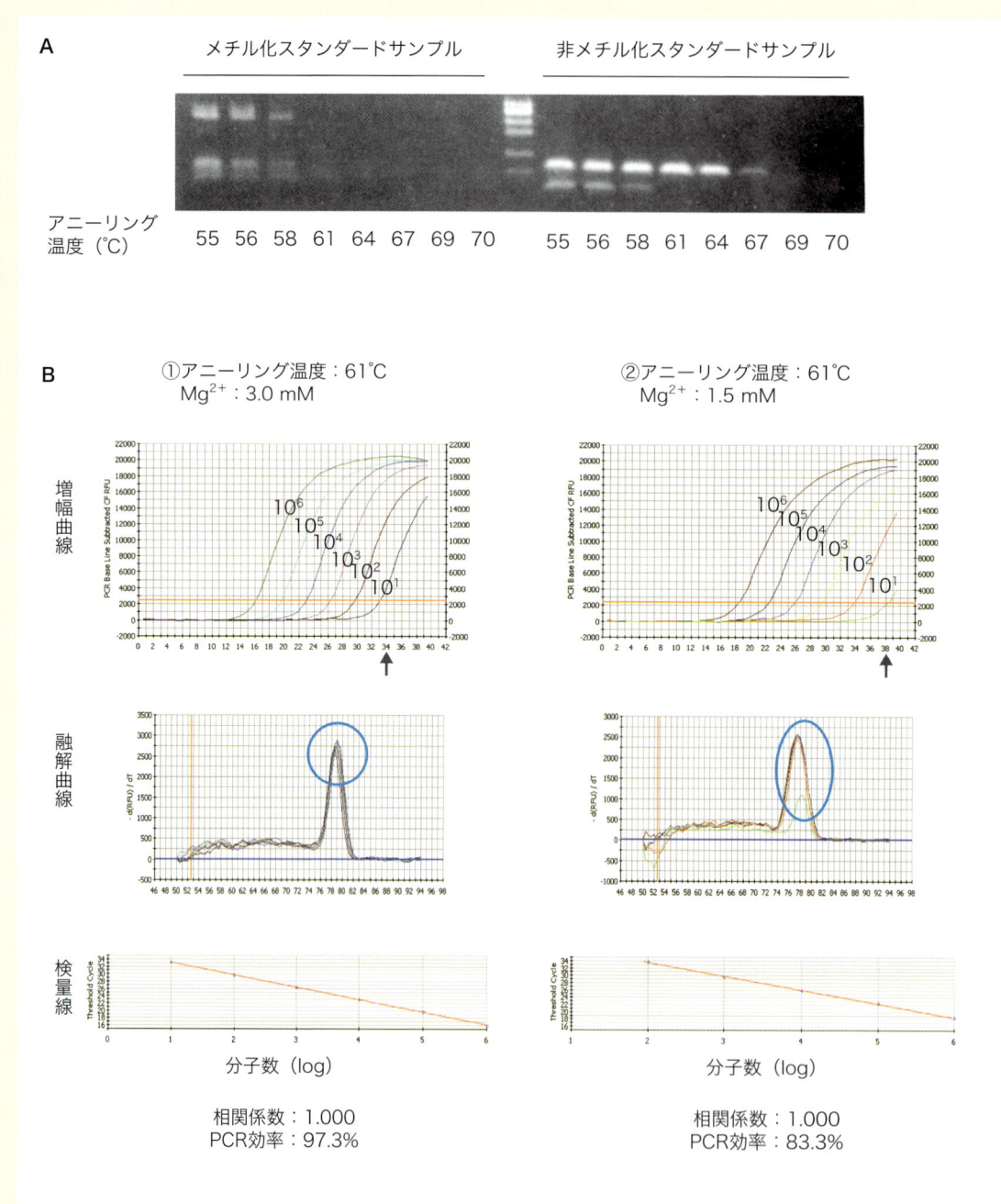

図4　リアルタイムMSP条件検討

A) アニーリング温度勾配による条件検討（非メチル化プライマー）の例．メチル化対照DNAが増幅されず，非メチル化対照DNAが増幅されて単一のバンドが得られる条件（64℃）を選択する．B) リアルタイムMSPの実験例．①は適切な条件の分析例であるが，条件が不適当な場合，②のようにCt値が大きくなり，融解曲線がなだらかになる．PCR効率が悪く，10^2以下の低コピー数で検量線にのらなくなる

6. リアルタイムMSPとメチル化レベルの算出

❶ **標準DNAの希釈系列を作製する**

プロトコール5もしくはp191の参考で作製した標準DNA（スタンダードサンプル）溶液を10 ng/μL ssDNA溶液*10で1/10ずつに希釈し，$10^8 \sim 10^1$分子/μL溶液を作製する．

> *10　ssDNAは微量DNAのチューブなどへの吸着による損失を防ぎ，低分子数の希釈系列を正確につくるために必須である．

❷ **標準DNA希釈系列（$10^6 \sim 10^1$，2回反復）および重亜硫酸処理済み検体DNAについて，プロトコール3で設定したPCR条件でメチル化用プライマーおよび非メチル化用プライマーについてそれぞれリアルタイムPCRを行う（図4 B）*11**

> *11　96ウェルプレートを用いた場合，希釈系列で12ウェル，対照DNAで最低2ウェル用いるので，検体は82サンプルまで分析可能である．

❸ **標準DNA希釈系列のCt値を用いて検量線を作成，検体中のメチル化DNA分子数，非メチル化DNA分子数をそれぞれ算出する*12**

> *12　検体と標準DNAの融解曲線が同一であることを確認する．リアルタイムPCRが問題なく行われていれば，標準DNAを用いた検量線は$10^6 \sim 10^1$で直線を示し，相関係数0.995以上，PCR増幅効率（80〜100％），10^6の鋳型DNAのCt値は20サイクル以下，融解曲線はシャープな単一ピークとなる（図4 B）．THUNDERBIRD® qPCR mix試薬を用いた一部のケースを除き，鋳型が非常に多い（10^8），あるいは，ほとんど鋳型がない（10^0）場合は，解析したとしても検量線にのらないのがふつうである．

❹ **得られたメチル化および非メチル化DNAの分子数から，メチル化レベルを算出する*13 *14**

$$\text{メチル化レベル（\%）} = \frac{\text{メチル化DNA分子数}}{\text{メチル化DNA分子数}+\text{非メチル化DNA分子数}} \times 100$$

> *13　リアルタイムPCRで分子数を正確に定量するには，鋳型DNAとして10分子以上が反応液中に存在する必要がある．メチル化レベル1％を正確に定量したい場合，全鋳型DNA分子数として1,000分子が反応液中に存在する必要がある．重亜硫酸処理により，PCRの鋳型になりえるDNAは元の10％程度に減少するので，リアルタイムMSPにもち込むゲノムDNAは10,000分子必要になる．本プロトコールでは，ゲノムDNA50 ng（約15,000分子）が反応液中に存在するので，1％程度のメチル化レベルまで正確に定量できることになる．

> *14　非メチル化DNAの分子数を求める代わりに，ゲノム全体のAluのコピー数を求めることによりメチル化レベルを算出する方法もある．その場合は，通常ポジコンとして用いるSssI処理ゲノムDNAの解析が必須である．サンプルと並列して解析して求めた分子数を用いて，メチル化レベルを下記の式で計算する（この場合はPMRと呼ぶ）．非メチル化DNAを適切に増幅するプライマーをつくることが困難であるケースが多く，その場合はこの方法が有用である．
>
> PME（％）=（サンプル中の標的領域のメチル化DNA分子数/サンプル中のAluの分子数）/（SssI処理ゲノムDNA中の標的領域のメチル化DNA分子数/SssI処理ゲノムDNA中のAluのメチル化DNA分子数）×100

トラブルシューティング

トラブル	原因	処置
メチル化スタンダードサンプルまたは非メチル化スタンダードサンプルがほとんど増幅しない．あるいは，非メチル化対照DNAでメチル化検出プライマーにより増幅してしまう（またはその逆）	① *Sss* I あるいは GenomiPhi 処理が不充分 ②重亜硫酸処理が不充分 ③不適切なプライマー	対照DNAが確かに対照DNAとして機能しているかどうかは，MSPを行って初めて確認できる．本項で紹介したHOXA9のプライマーは対照DNAで高い特異性を示すので，これらを用いてMSPを行うことにより，重亜硫酸処理までの行程が正しいか否か確認する．重亜硫酸処理までが不充分な場合，試薬，プロトコールを見直す
標準DNAの融解曲線のピークが単一にならず，PCR条件を変更しても改善しない	不適切なプライマー．特に，非メチル化DNA特異的プライマーによるPCRではこういうケースが多い．検体の場合，プライマー間のCpG部位のメチル化の程度により，融解曲線のピークが太くなることがある	①プライマーを別の位置に設計する ②反対側（bottom strand）のDNA鎖でプライマーを設計する ③プライマー配列中にCpG部位を含まず，ユニバーサルに増幅可能なプライマーを用いて，全DNA分子数の測定を行い，メチル化DNA分子数との比率からメチル化レベルを算出する ④非メチル化DNA特異的プライマーがどうしてもうまくできない場合（充分ありえる）は諦めて，Aluを用いる方法に変更する
検量線の相関係数が低い	標準DNAの不適切な希釈	正しい希釈系列の作製にはssDNAをキャリアーに用いる．希釈の各段階で，必ずピペットのチップを交換し，丁寧に撹拌とスピンダウンを行う
ふつうのPCRで上手く増幅されるのに，リアルタイムPCRで増幅されない	SYBR® Green IによるPCR阻害．または，熱変性温度からアニーリング温度までの温度降下スピードが速すぎる	SYBR® Green I 濃度を半量に下げるとシグナルは減るものの，PCRによる増幅効率が劇的に改善する場合がある．グラジエント機能を用いてアニーリング温度の条件検討を行うと，熱変性温度からアニーリング温度までの降下スピードが，グラジエント未使用時に比べてかなり遅くなる．一部のプライマーではこの降下スピードが遅いことが，効率的な増幅に必要な場合がある

実験例

食道粘膜および食道がんにおける *HOXA9* 遺伝子プロモーター領域のDNAメチル化レベルを測定した（図5）[5,6]．正常食道（喫煙などの発がんリスクのある生活習慣なし），正常食道（発がんリスクあり）非がん部食道粘膜，とメチル化レベルがリスクとともに高い値を示している．また，食道扁平上皮がんに高率に高いレベルのメチル化が認められる．定量的解析により，メチル化状態の分布を明確にできた例であり，*HOXA9* 遺伝子プロモーター領域のメチル化レベルは食道扁平上皮がんのリスクマーカーになりうることを示唆する結果である[5,6]．

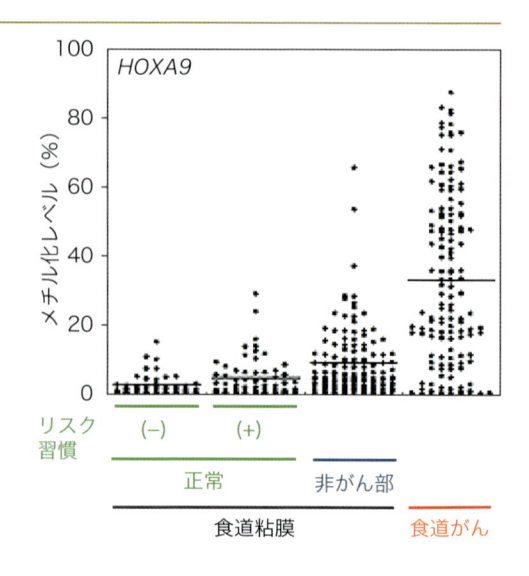

図5 食道粘膜および食道がんにおける *HOXA9* 遺伝子プロモーター領域のメチル化レベル

> **参 考**
>
> ◆**より正確な分子数のスタンダードサンプルを作製するために**
> リアルタイムPCRにより正確に分子数を定量するには，分子数が正確な標準DNAを用いた検量線の作成が必要である．そのためには，PCR産物を精製したものよりも，PCR産物をプラスミドにクローン化したものを用いることが理想である．最も時間がかかる行程なので，他と並行して効率よく進める（図2）[*1][*2]．
>
> ❶メチル化スタンダードサンプルを鋳型にしたPCR産物と非メチル化スタンダードサンプルを鋳型にしたPCR産物をそれぞれ，TAクローニングベクターに組み込む[*3]
> ❷精製した環状プラスミドを制限酵素で消化して直鎖状にする[*4]
> ❸フェノール・クロロホルム抽出，エタノール沈殿後，UV260 nmで定量する．高濃度品として10^9分子/μL TE溶液を作製し，100μL程度ずつ分注・凍結しておけば，同一の標準DNA溶液を使い続けることができる[*5]
>
> [*1] 検量線を作成しないCt法もあるが，理想的な増幅が常に行われているという大切な前提が崩れることが多い．理想的な増幅が行われていることの確認には，やはり分子数既知の標準DNAが必要である．
> [*2] プラスミドにすると，大量の均一な標準溶液が作製でき，将来も同一の標準溶液が使用できる．また，PCR産物に比べて長いので，同じ分子数でも正確に定量可能である．
> [*3] **プロトコール5**の条件検討中に得られた，シャープな単一のバンドのPCR産物を用いる．PCR反応液中のSYBR® Green Iの存在は特に問題にならない．
> [*4] 環状プラスミドでは，PCR反応の初期サイクルでのプライマーのアニーリングが妨げられ，直鎖状のものに比べて数サイクル程増幅が遅れてしまう．
> [*5] （分子数）＝（重量（g））÷｛（鋳型DNA長＋ベクター長（bp））×（1bpの平均分子量）｝×（アボガドロ数）

おわりに

エピジェネティックスは特にマイナーな研究分野ではなくなっており，DNAメチル化解析はふつうに行われる重要な解析の1つになりつつあると感じている．しかし，正確な定量解析のためには，以上述べてきたように，細かな注意を丁寧に払うことが重要である．エピジェネティックに関連した解析で，リアルタイムPCRを活用する方法としては他に，①クロマチン免疫沈降後のDNAコピー数の定量（ChIP-PCR）や②細胞を脱メチル化剤，ヒストン脱アセチル化酵素阻害剤で処理したときのmRNA発現の定量，が重要である．これらについては文献7の①143〜166ページ，②113〜122ページを参照されたい．本項は国立がん研究センター研究所エピゲノム解析分野において蓄積されたノウハウをまとめさせていただいたものである．新しい発見の一助になれば幸いである．

◆ **参考文献**

1) Abe, M. et al.：Cancer Res., 65：828-834, 2005
2) Maekita, T. et al.：Clin. Cancer Res., 12：989-995, 2006
3) Eads, C. A. et al.：Nucleic Acids Res., 28：E32, 2000
4) Ushijima, T.：Nat. Rev. Cancer, 5：223-231, 2005
5) Oka, D. et al.：Cancer, 115：3412-3426, 2009
6) Lee, YC. et al.：Cancer Prev. Res., 4：1982-1992, 2011
7) 『エピジェネティクス実験プロトコール』（牛島俊和，眞貝洋一/編），羊土社，2008
8) Shapiro, R. et al.：Journal of the American Chemical Society, 92：422, 1970
9) Hayatsu, H. et al.：Journal of the American Chemical Society, 92：724, 1970

実践編

IV章　遺伝子量解析

15 ウイルス感染症を診断する
ウイルスゲノムの定性的検査と定量的検査

清水則夫，渡邊 健，外丸靖浩

> **リアルタイムPCR活用の 目的 と ヒント**
>
> ウイルスは分離培養が難しいため，PCRによりウイルスゲノムを直接検出する手法はウイルス感染症の診断に欠かせない技術となっている．一方，健常人にも多くのウイルスが持続感染していることが知られており，ウイルスゲノムが検出されてもすぐに病気の原因と断定することはできない場合もある．われわれの研究室では，PCR法によるウイルスゲノムの検出法として定性的検査法と半定量的検査法の2種類を開発し，検査対象ウイルスの種類・目的・検査時間・検体量などにより定性的検査系と定量的検査系を使い分けている．

はじめに

ウイルス感染症が疑われる疾患の原因ウイルスを特定する際，一般には臨床症状などから予想されるウイルスを個別に検査する手法がとられている．しかしこのような検査では，予想外のウイルス感染が見逃されたり，複数のウイルスの重複感染や主たる病因ウイルスの感染が見逃される危険性がある．われわれは，多くのウイルスを網羅的・迅速・安価に検出することが可能になればウイルス感染症をより適切に診断できると考え，キャピラリーPCR装置を使用しマルチプレックスPCR法による多種類のウイルスを同時に検出できる検査法（定性検査）を開発した．さらに，多種類のウイルスの同時定量と検査系の自動化を目的にプレートタイプのリアルタイムPCR装置を使用した網羅的ウイルス検出法を開発した．

本項では，迅速性に重点を置いたキャピラリーPCR装置による定性的検査法と，一般に普及しているプレートタイプのリアルタイムPCR装置を用いた半定量的検出法と検査系の自動化に関する取組みを紹介する．

キャピラリーPCR装置を使用した網羅的・迅速検査系

本検査法は，マルチプレックスPCRにより1本のキャピラリー内で最大32種類の遺伝子が検出可能である．測定はPCR40分，融解曲線解析10分の合計50分程度ときわめて短時間で完了し，単一項目の検出を行う場合と同等の検出感度がある．

図1にマルチプレックスPCR法による，複数ウイルスの同時・迅速・高感度ウイルス検査系

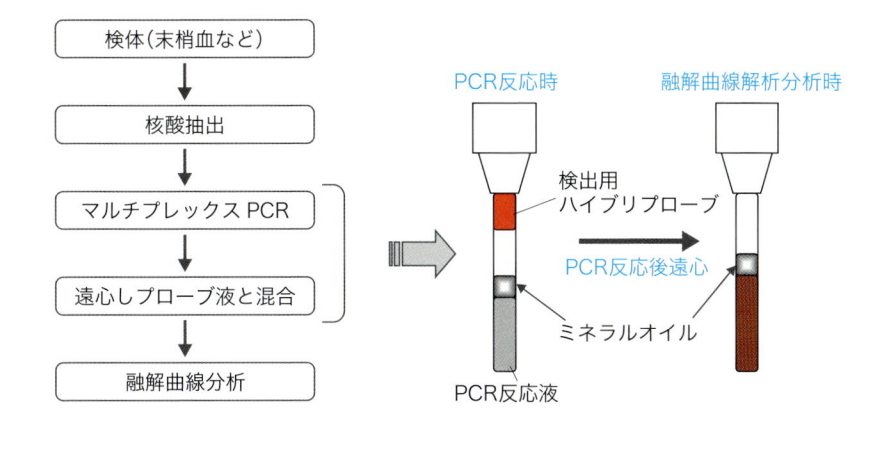

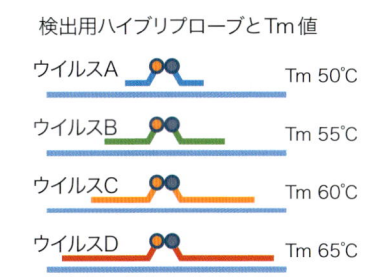

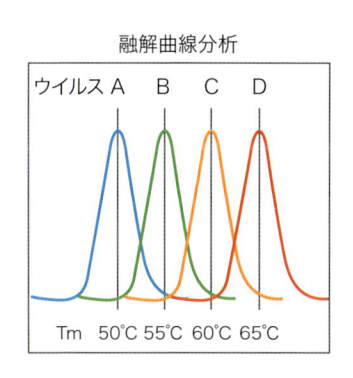

図1 複数ウイルスの迅速検査系の概略

の概略を示す．サンプルから核酸を抽出し，マルチプレックスPCRを行う．その後，検出用ハイブリプローブMixを加えて増幅配列にハイブリダイズさせ，FRETによる蛍光を検出し融解曲線分析（Melting Curve Analysis）を行い，複数のウイルスを同時・定性的に検出・識別するシステムである．図1に示してあるようにハイブリプローブのTm値が違うため，どのウイルス遺伝子が増幅されたか融解曲線分析により得られたピークのTm値から判定される．さらに，内在性コントロール遺伝子（IC）も加え，PCR反応が進まないために生じる偽陰性を防止している．

　はじめにPCRを行い終了後に検出用ハイブリプローブを混合するため，お互いの相性を考慮する必要性が低下しプライマー・プローブの設計が容易になる．

　検出用ハイブリプローブの設定可能なTm値の範囲は50〜75℃であり，プローブ同士のTm値の差が3℃以上あればウイルス種を区別可能なため，合計8種類の異なるピークを区別できる．LightCycler® 2.0では，アクセプター色素としてLcRed640，610，670，710の4種類の蛍光波長が使用可能であるため，理論上は1本のキャピラリーで4×8＝32種類のウイルス種が検出可能なことになる．

準備

例として,ウイルス12種類を同時に検出する系を示す.なお,1度に32本測定できるため同時測定が可能なサンプル数は15検体である.

- ☐ LightCycler® 2.0(ロシュ・ダイアグノスティックス社)
- ☐ DNAウイルス定性用試薬増幅酵素＋Bufferセット(日本テクノサービス株式会社 #D001-1)
  詳細については日本テクノサービス株式会社へ直接問合せる.
- ☐ サンプル(検体)DNA 約1μg
  DNAの精製度は結果に影響を及ぼすので非常に重要である.
- ☐ プライマー,ハイブリプローブ[*1]
  株式会社日本遺伝子研究所などで購入可能.

	検出ウイルス名
Aセット	単純ヘルペスウイルス(Herpes simplex virus:HSV-1, HSV-2) 水痘・帯状疱疹ウイルス(Varicella-Zoster virus:VZV) パルボウイルスB19(Parvovirus B19:B19) ヒトヘルペスウイルス6型(Human Herpes Virus type 6:HHV-6) サイトメガロウイルス(Cytomegalovirus:CMV) BKウイルス(BKV),JCウイルス(JCV)
Bセット	EBウイルス(Epstein-Barr virus:EBV) ヒトヘルペスウイルス7型(Human Herpes Virus type 7:HHV-7) ヒトヘルペスウイルス8型(Human Herpes Virus type 6:HHV-8) B型肝炎ウイルス(Hepatitis B virus:HBV)

*1 ウイルスセットのプライマー,プローブ配列は参考文献1,2を参照.

- ☐ LightCycler® Capillaries(20μL)
- ☐ LightCycler® Centrifuge Adapters
  あらかじめ4℃で冷却しておく.
- ☐ LightCycler® 2.0 Sample Carousel(20μL)
- ☐ LC Carousel Centrifuge 2.0
- ☐ ミネラルオイル(M8662-SVL,シグマアルドリッチ社)
- ☐ 微量高速遠心機
  1.5 mLチューブが遠心できるもの.

プロトコール

以下,Aセットを例にして示す(Bセットも同様).

1. マスターミックスの作製

❶ プライマーミックスの作製

各プライマーセットを混合し10×濃度に調製しておく.

HSV primer F[*2]	20μL
HSV primer R	20μL
CMV primer F	80μL

CMV primer R	80 μL
HHV6 primer F	40 μL
HHV6 primer R	40 μL
B19 primer F	60 μL
B19 primer R	60 μL
BKV JCV primer F	40 μL
BKV JCV primer R	40 μL
VZV primer F	20 μL
VZV primer R	20 μL
Total	520 μL

> *2　各プライマーは100 pmol/μLに調製したものを用いる．

❷ 内在性コントロール遺伝子（IC）β-グロビンプライマーミックスの作製

プライマー濃度を4 pmol/μLに調製する．

β-グロビン primer F	4 μL
β-グロビン primer R	4 μL
Nuclease free water	92 μL
Total	100 μL

❸ マルチプレックスPCR用マスターミックスの作製

＜1反応分＞

Primer（❶で調製したもの）	0.60 μL
IC primer（❷で調製したもの）	0.40 μL
Buffer	1.50 μL
定性用増幅酵素	0.25 μL
dH$_2$O	2.25 μL
Total	5.00 μL

2. 反応液の調製

試薬の調製は，あらかじめ4℃で冷却しておいたLightCycler Centrifuge AdaptersにLightCycler Capillaries（20 μL）を立てて行う．

❶ ミネラルオイルを3 μLずつキャピラリーに入れる

❷ マスターミックスを5 μLずつ入れる

❸ テンプレートを0.2 μg添加してピペッティングで混合し，ヌクレアーゼフリー水で全容量10 μLに調製する*3

> *3　ここでは全容量10 μLにしているが最大で倍の20 μLまで増やせる．

❹ キャピラリーをアダプターごと高速微量遠心機で1,000×g（3,000 rpm）で3秒遠心する*4

> *4　キャピラリーの蓋が開いているため，ミストの発生によるコンタミネーションの危険がある．それを避けるため高速で遠心しないこと．

❺ ハイブリプローブミックスを5μLずつ入れる

各FITC標識プローブおよび各LcRed標識プローブを各0.02 pmol/μLに調製する.

＜Aセットプローブの場合＞

HSV-1,2	FITC標識プローブ[*5]	2μL
HSV-1,2	LcRed640標識プローブ	2μL
VZV	FITC標識プローブ	2μL
VZV	LcRed640標識プローブ	2μL
B19	FITC標識プローブ	2μL
B19	LcRed640標識プローブ	2μL
HHV-6	FITC標識プローブ	2μL
HHV-6	LcRed705標識プローブ	2μL
CMV	FITC標識プローブ	2μL
CMV	LcRed705標識プローブ	2μL
BKV, JCV	FITC標識プローブ	2μL
BKV, JCV	LcRed705標識プローブ	2μL
β-Globin	FITC標識プローブ	2μL
β-Globin	LcRed640標識プローブ	2μL
Nuclease free water		972μL
total		1,000μL

＊5　各プローブは100 pmol/μLに調製したものを用いる.

❻ キャッピングツールを使用してキャピラリーに蓋をし，カローセルにセットする

カローセルごとLightCycler 2.0にセットし，PCR反応を行う.

❼ マルチプレックスPCRの実行

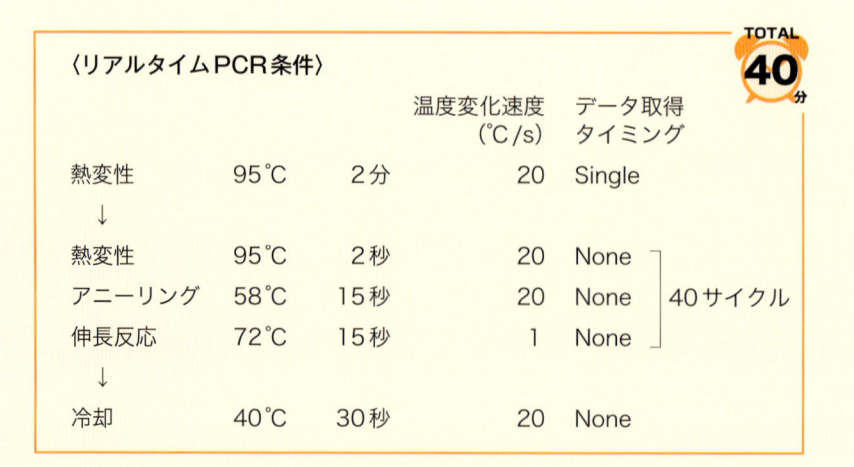

〈リアルタイムPCR条件〉

TOTAL 40分

			温度変化速度 (℃/s)	データ取得 タイミング	
熱変性	95℃	2分	20	Single	
↓					
熱変性	95℃	2秒	20	None	
アニーリング	58℃	15秒	20	None	40サイクル
伸長反応	72℃	15秒	1	None	
↓					
冷却	40℃	30秒	20	None	

3. 融解曲線分析，判定

❶ PCR終了後，カローセルごとLightCycler 2.0から取り出し，LC Carousel Centrifuge 2.0で遠心し，PCR反応液とハイブリプローブミックスを混合する

❷ カローセルを逆さにして暗所で１分静置する

❸ 再びLightCycler 2.0にセットし，融解曲線分析を行う

<融解曲線分析条件>

			温度変化速度 (℃/s)	データ取得 タイミング	
ハイブリダイズ	40℃	00秒*6	20	None	⎤
熱変性	95℃	10秒	20	None	⎦ 3サイクル
↓					
熱変性	95℃	00秒	20	None	
ハイブリダイズ	40℃	20秒	4	None	
解離	80℃	00秒	0.2	Continuous	
↓					
冷却	40℃	10秒	20	None	

TOTAL 10分

＊6 　0秒は，設定温度に到達させることが目的である．

❹ AnalysisでTm Callingを選択し，Color Compensation＊7をOnにする

SettingでManual Tmを選び，Tm値＊8を手動で確認し，チャンネルとTm値からウイルスの種類（図２A参照）を判定する．

＊7 　Color Compensationデータはあらかじめ取得しておかないと蛍光の漏れこみによりF2/F1，F3/F1の両方に同じピークが現れ判定を誤る恐れがある．

＊8 　サンプルの塩濃度が高いとTmも塩濃度に依存して変化するのでTm値全体が上がる．ICのピークを見て例えば１℃高ければ他のウイルスのピークも１〜２℃高くなる．LightCycler 4.0のソフトで調節できる．

実験例

1. 2本のキャピラリーで合計12種類のウイルスを測定 （図2）

　　　A, Bセットで12種類のウイルスについて，図２Aに示されているTm値の差異によって明確に区別でき，検出・同定が可能になる．図２Aにウイルス種類別のTm値の目安を示す．このように，あらかじめポジティブコントロールで実際に検出するTm値を確認しておく必要がある．

　　　もしネガティブコントロールが陽性になった場合はコンタミの可能性がある．試薬をすべて変える．変えても検出する場合はPCRのアニーリング温度を最適化する．あるいは新しいプライマーに変更する．

A

セット	チャンネル	Target	Tm(℃)
A	640 (F2)	IC(β-globin)	51
		HSV-1	56
		VZV	61
		B19	64
		HSV-2	69.5
	705 (F3)	HHV-6	53.5
		CMV	60
		BKV	65
		JCV	70.5
B	640 (F2)	IC(β-globin)	51
		EBV	64
	705 (F3)	HHV-7	56
		HHV-8	62.5
		HBV	66

F1：F1TC
F2：LcRed 640
F3：LcRed 705

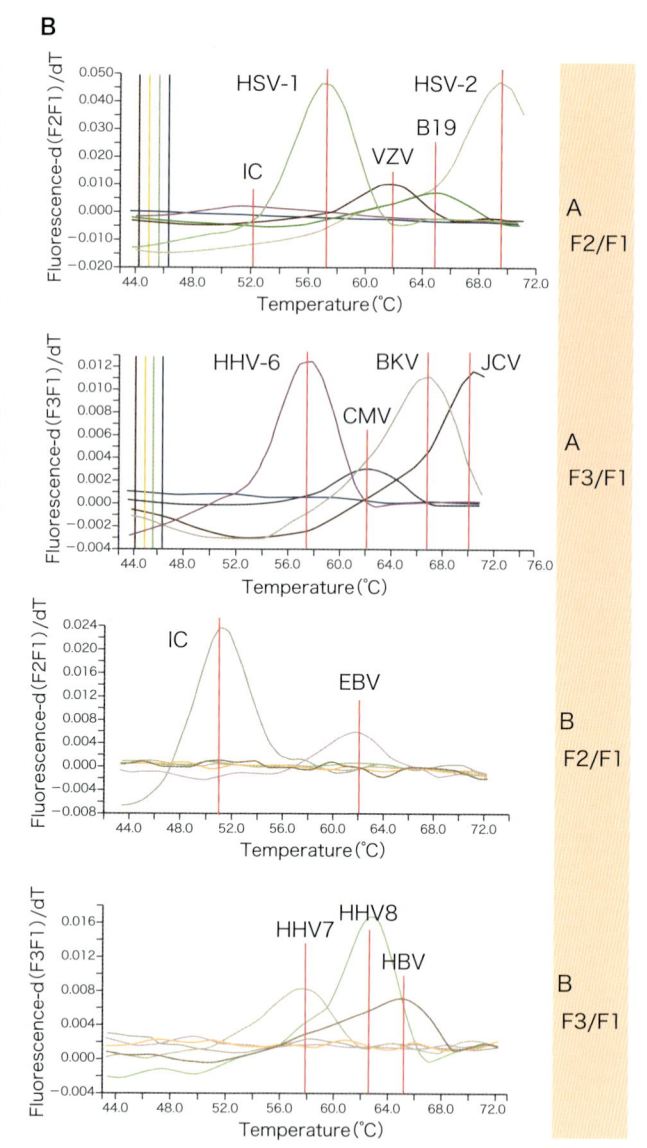

図2 標準DNAを用いたウイルスA，Bセット2本の検出結果

　　　　　　　IC遺伝子を含め，ピークが何も検出されない場合は，サンプル抽出がうまくいっていない場合が想定される．

2. 構築されたウイルス検査系を使用した眼疾患検査への利用例

　　　　　　眼科疾患においてブドウ膜炎の原因の多くは自己免疫疾患とウイルス・細菌などによる感染症のいずれかで起こることが知られている．原因によって治療法が全く異なるため，原因を迅速に決定し適切な治療を行うことが患者QOLを確保するうえできわめて重要である．また採取できる眼科検体は微量であり，個別に多くの項目を測定するためには検体を薄める必要があり，検出感度が低下する．したがって，マルチプレックスPCRにより高感度かつ多項目の同時測定

実践編 Ⅳ章 遺伝子量解析

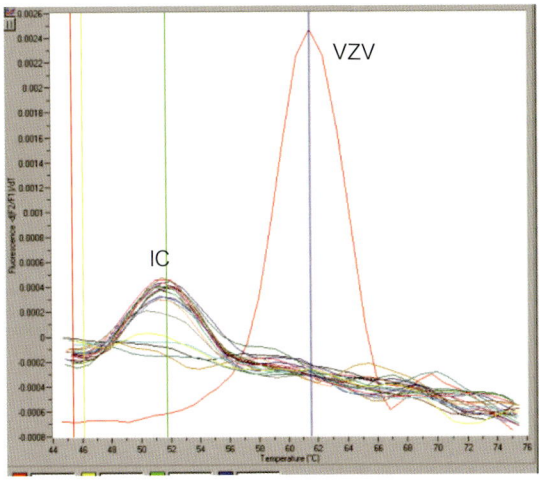

図3 複数の検体の1つから VZV が検出された例

を行うことが望ましい[2]．

　図3は複数サンプルを同時に測定した例で，1検体から水痘帯状疱疹ウイルス（varicella-zoster virus：VZV）が検出された．その他のサンプルからは IC（β–Globin）のみが検出され，ウイルス陰性であったことを示している．

固相化試薬とプレートタイプPCR装置を使用した網羅的検査系

　プレートタイプPCR装置を使用した網羅的ウイルス検査系では，プローブをPCR反応後に加えることが難しいためマルチプレックスPCRの感度が低下してしまう懸念がある．予備的検討では，1つの反応場で行うPCR反応を3つ程度に抑えればプライマー・プローブの配列をそれほど吟味しなくても良好な結果を得られるとの結果が出ていた．しかし，多項目の検出を行おうとすると多数のウェルを使用する必要があるため，試薬のセットアップに長時間を要する欠点がある．本検査系では，あらかじめプライマー，プローブ，安定化剤等を固相化した試薬を準備することで，短時間で多くの項目を網羅的に検査することが可能となった．また，プローブをはじめから投入するため，半定量的結果を得ることが可能である．

準備

- ☐ 固相化ウイルス測定試薬（固相化ストリップ）
  　日和見感染症セット（日本テクノサービス社），DNA・RNAウイルス・マイコプラズマ定性試薬セット（日本テクノサービス社）など．プライマー・プローブ，安定材などが固相化されたもの（図4）．50コピーの検出を Ct値40以下で行えるように調製されている．
- ☐ サンプルDNA 100 ng
- ☐ リアルタイムPCR装置

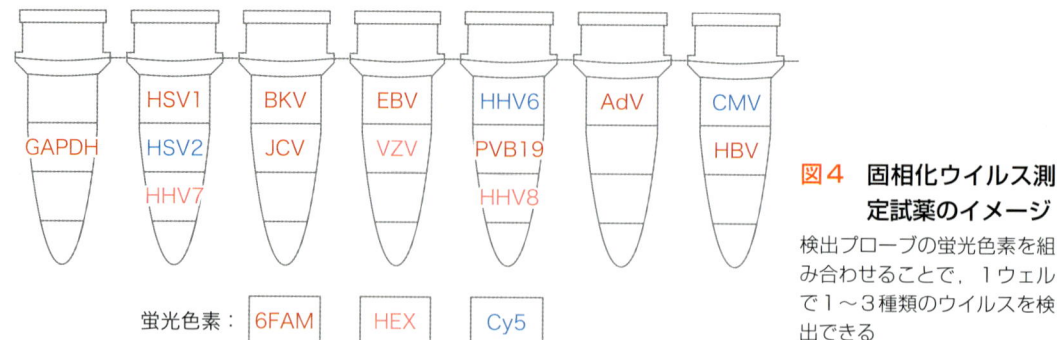

図4 固相化ウイルス測定試薬のイメージ
検出プローブの蛍光色素を組み合わせることで，1ウェルで1〜3種類のウイルスを検出できる．

LightCycler® 480（ロシュ・ダイアグノスティックス社），CFX96 Touch™ リアルタイムPCR（バイオ・ラッド社），PikoReal リアルタイムPCR（サーモサイエンティフィック社）など．

- □ PCR定量用Buffer（#B002，日本テクノサービス社）
- □ PCR反応液定量用増幅酵素（#T002，日本テクノサービス社）
  詳細については日本テクノサービス株式会社へ直接問合せる．
- □ 標準DNA
  各検査項目に対応した標準DNA．検査対象のウイルスゲノムなどを取得することが困難である場合が多いため，一般的には，検査する際に増幅させる領域を含むDNA断片をPCRで増幅した産物や，その領域が挿入されたプラスミドを用いる．調製した標準DNAのコピー数は，DNAの濃度と断片の長さから，以下の式で計算する．

$$1コピーの質量（Y\ g） = \frac{DNA断片鎖長 \times 660（1\ bpの平均分子量）}{6.02 \times 10^{23}}$$

$$コピー数濃度 = \frac{DNA溶液の濃度（g/\mu L）}{1コピーの質量（Y\ g）}$$

- □ マイクロタイタープレート対応ミキサー
- □ 分注機
  ウイルスの検査をするにあたって，人為的な間違いやコンタミネーションは結果に甚大な影響を及ぼす．また，一度に多くのサンプルを処理する場合は，その危険性が高くなる．このようなリスクを低減するため当研究室では，小型で安価な自動分注機（Nadeshiko II：#BM-N002，ジーンワールド社）を共同開発・運用している．

プロトコール

1反応分がチューブに固相化された日和見感染症セットの8連ストリップ（8連チューブ）を用いた場合の実験手順を以下に示す．なお，PCRは高感度であるため，コンタミネーションの影響を受けやすい．そのため，反応液を調製する場所は，クリーンに保つことが重要である．当研究室では，検査をする実験室とその他の実験室を別にし，さらにPCR反応液の調製はクリーンベンチ内で行うなど，コンタミネーションのリスクを減らす取り組みを行っている．

実践編 IV章 遺伝子量解析 15

❶ 目的に応じたマルチプレックス検出系の選択

❷ 反応液の調製

以下の組成のリアルタイムPCR反応溶液を調製する*1 *2．サンプルが多いときには分注機を用いる．

PCR定量用Buffer	9.8 μL
PCR定量用増幅酵素	0.2 μL
サンプルDNA	300 ng
超純水	適量
Total	20 μL

> *1　日和見感染症セットは7ウェルで13項目について検査するため，反応液の調製は7～8ウェル分を先に準備して，それを各ウェルに分注する．
>
> *2　8連ストリップには，プライマー・プローブそして安定化材が固相化されている．そのため，反応液を加えたあとよくピペッティング（5～10回程度），あるいはプレートミキサーを使用しよく撹拌し均一化する必要がある．

❸ リアルタイムPCR反応

以下の温度条件でPCR反応を行う．LightCycler® 480，CFX96 リアルタイム PCR，Piko-Realについては，以下の条件で増幅検出できることを確認している．

ポリメラーゼの活性化	95℃	10秒
↓		
熱変性	95℃	10秒
アニーリング	60℃	30秒

45サイクル

TOTAL 60分

❹ 実験データの解析

リアルタイムPCR反応後，解析装置付属の解析ソフトを用いて増幅曲線を確認し，ウイルスの陰陽判定を行う．

各種装置付属解析ソフトのアルゴリズムは，それぞれ独自のものを使用しているので，それぞれの手順書に従って解析する．ほとんどの解析ソフトが，増幅曲線からCt値を計算するための閾値やバックグラウンドを自動で設定する機能がついているので，これを利用し参考にしながらそれぞれの設定を行うこともできる．

また得られたCt値から，あらかじめ標準DNAを用いて検量線を作成しておくことで，半定量的な情報を得ることができる．

実験例

血液から抽出したDNAと日和見感染症セットを用いて，実際のウイルス検査の結果を図5に示す．本項で紹介したプロトコールを実際の血液サンプルでテストした結果，多くのサンプルから複数のウイルスが検出された．このように，網羅的な検査は，標的を絞った検査では見落とす可能性のあるウイルスを検出することができることが大きなメリットである．

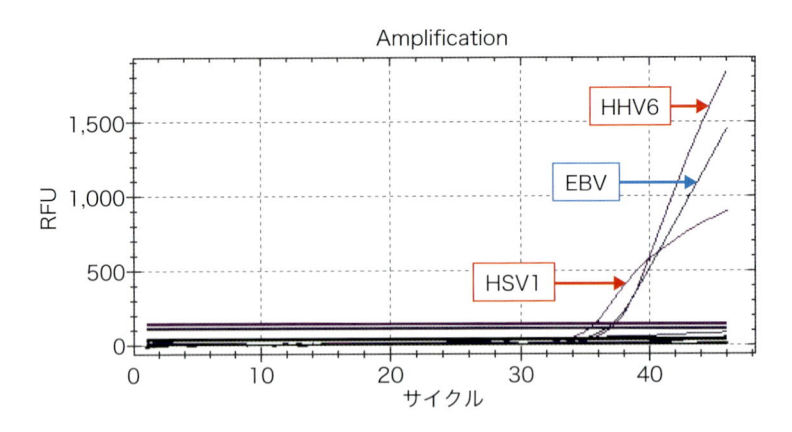

図5 日和見感染症セットを実際の血液サンプルを用いて解析した結果

おわりに

　本項では当研究室で主にウイルスの検出を目的として開発したマルチプレックスPCR検出系を解説した．マルチプレックスPCR法による網羅的ウイルス検査は，ウイルス感染症が疑われる疾患の病因特定に有用な情報を与えることができるため，すでに多くの医療施設で利用されている．一方，iPS技術の登場により再生医療に対する注目度が高まっているが，ヒトには多くの病原体が持続感染しているため治療用細胞製剤の原材料には微生物汚染のリスクが避けられない．細胞製剤は滅菌操作をすることが不可能なため，安全に治療を行うためには微生物検査を徹底することが非常に重要であり，マルチプレックスPCRを応用した本検査法は細胞製剤の安全管理法として注目されている．また，本項で記したように，あらかじめ固相化試薬を準備しておけば，さまざまな遺伝子検査を簡便に実施することが可能になる．固相化ストリップの作製技術は日本テクノサービス社と共同開発した成果であり，必要な固相化ストリップの製造を委託することが可能である．本プロトコールに関する技術的な質問は，東京医科歯科大学難治疾患研究所ウイルス治療学 清水則夫（nishivir@tmd.ac.jp）まで．

◆ 参考文献
1) Ito, K. et al.：Intern. Med., 52：201–211, 2013
2) Sugita, S. et al.：Br. J. Ophthalmol., 92：928–932, 2008
3) 『医薬品の品質管理とウイルス安全性』（日本医薬品等ウイルス安全性研究会／編），文光社，2011

実践編 IV章 遺伝子量解析

16 薬剤耐性インフルエンザウイルスを迅速に判定する
CycleavePCR法によるH274Y変異検出を例に

齋藤孔良，鈴木康司，近藤大貴，日比野亮信，齋藤玲子

> **リアルタイムPCR活用の目的とヒント**
>
> われわれは，国内外でどのような型・亜型のインフルエンザウイルスが流行しているか，オセルタミビル（タミフル®）などの抗ウイルス薬に耐性のウイルスが発生していないか，について毎年調査，研究を行っている．サイクリングプローブ（サイクリーブ®）法によるリアルタイムPCRは，迅速なインフルエンザウイルスの型，亜型判定，および薬剤耐性検出に非常に有効かつ簡便なテクニックである．

■ はじめに

　インフルエンザウイルスはA, B, Cの3つの型が存在するが，毎シーズン流行するのはほとんどがA型およびB型である．A型にはH1N1，パンデミックインフルエンザA型（H1N1）2009（H1N1pdm09），H3N2,高病原性トリインフルエンザH5N1，また2013年中国で発生したトリインフルエンザA型H7N9など多くの亜型が存在するが，B型では亜型は存在せず，ビクトリア系統，山形系統の2つの系統が存在する（図1）．インフルエンザは日本を含んだ温帯地域では毎年12月から翌年3月くらいに流行し，熱帯，亜熱帯地域では主に雨季に流行する．われわれは，日本国内およびミャンマー，レバノンなど海外で毎シーズン流行するインフルエンザウイルスの調査，研究を継続して行っている．そのため，国内外の協力機関からインフルエンザ様症状（Influenza-Like Illness：ILI）を呈した患者さんから同意を得たうえで鼻咽頭ぬぐい液などを採取後ウイルス輸送培地に懸濁し，新潟大学に輸送後MDCK細胞によるウイルス分離培養を行っている．その後，培養したウイルスを調べることで，国内外の各地域でどのような型・亜型のインフルエンザウイルスがどのくらい流行しているのか，また抗原性が変化したウイルスや，オセルタミビル（タミフル®）などに対する薬剤耐性ウイルスの発生頻度や遺伝子解析などに関する調査，研究を行っている．毎年約2,000件のサンプルを調べる必要があり，インフルエンザウイルスの型・亜型判別，薬剤耐性の有無を判定するうえで，迅速かつ簡便な判定が可能なサイクリングプローブ法によるリアルタイムPCRは重要なテクニックである．

　サイクリングプローブ法（基本編-6参照）は，RNAとDNAからなるキメラプローブとRNase Hの組み合わせにより，遺伝子の特定配列および1塩基変異による遺伝子変異（薬剤耐性変異）を効率よくかつ迅速に検出することができるため，インフルエンザウイルスの型・亜型判別および薬剤耐性ウイルスの迅速かつ簡便な検出に適している[1]．

A

インフルエンザの8本の分節ゲノムRNAがそれぞれ1～2個のタンパク質をコードしている

PB2
PB1
PA
HA
NP
NA
MP
NS

● ヘマグルチニン(HA)タンパク質
宿主の受容体と結合する。抗原性が決定される部位。遺伝子変化しやすい

● M2タンパク質
脱核の際に内部pHを下げるH⁺イオンチャンネル。ここに変異が起こるとアマンタジン耐性株になる

● ノイラミニダーゼ(NA)タンパク質
宿主シアル酸とHAタンパク質との結合を切る。ここに変異が起こるとNA阻害剤耐性株になる

B

＊ウイルスRNA結合タンパク質の違いによって区別される

A型　主に大流行を起こす
　　　亜型(サブタイプ)がある
　　　H1N1(ソ連型)
　　　H3N2(香港型)　 ⎫ 季節性
　　　H1N1pdm09　　 ⎭ インフルエンザ
　　　H5N1(高病原性トリインフルエンザ)
　　　H7N9(トリインフルエンザ A 型ウイルス)
B型　山形系　　⎫ 季節性
　　　ビクトリア系 ⎭ インフルエンザ
C型

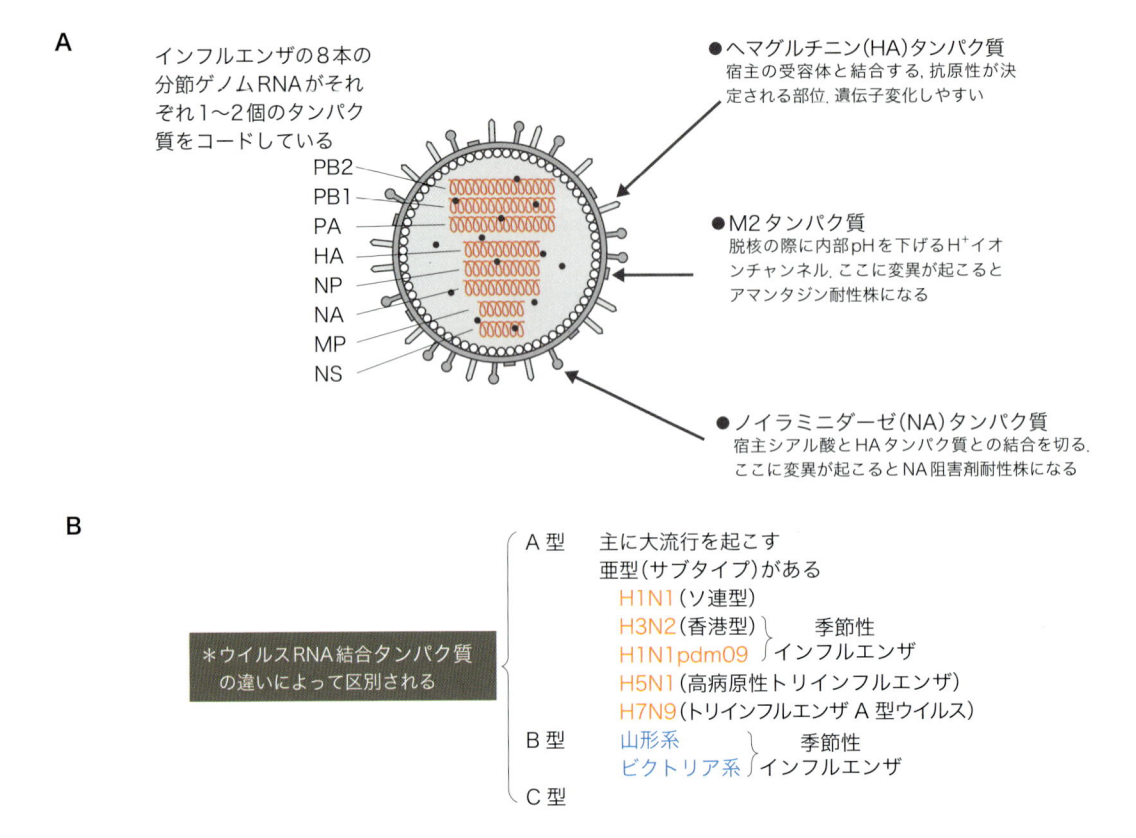

図1　インフルエンザウイルスの特徴（A）と各ウイルス型の特徴（B）

　H1N1pdm09のノイラミニダーゼ（NA）遺伝子におけるオセルタミビル耐性変異の検出を例にして説明する。オセルタミビル感受性株のNA遺伝子274番目のアミノ酸[*1]は**CAC**でコードされるHisであるが，耐性株には1塩基置換が起こっており，**TAC**でコードされるTyr（Y274；274番目のアミノ酸がチロシン）に変わっている。この1塩基の違いをそれぞれFAMとROXで標識したプローブに反映させる。FAMプローブは〔5′-（Eclipse）-CCTAATTAT-<u>C**A**C</u>T-（FAM）-3′〕と感受性のHisに対応し，ROXは耐性のTyrに対応する〔5′-（Eclipse）-AT**T**<u>**A**C</u>TATGAGGA-（ROX）-3′〕。通常は変異している塩基部位のみをRNAに変えてその部位を切断するのであるが，このプローブは，配列の関係でミスアニールが起こりやすいことが判明し，遺伝子多型の隣のAをRNAに置換し切断するように設計されている（下線部位）。H1N1pdm09のオセルタミビル感受性ウイルスは，蛍光物質FAMで標識された感受性型検出用プローブのみが塩基のマッチングによりターゲットの感受性遺伝子と結合するためRNase Hによるプローブの切断が起こり，FAMの蛍光を発する。一方，別の蛍光物質であるROXで標識した耐性型検出用プローブは塩基のミスマッチングのため結合できない（図2A）。オセルタミビル耐性型はその逆で，ROXのみが塩基のマッチングにより耐性遺伝子と結合し，結果としてROXのみが蛍光を発する（図2B）。

[*1]　N2ナンバリング：N2亜型インフルエンザウイルスのNA遺伝子のアミノ酸のナンバリングに基づく．

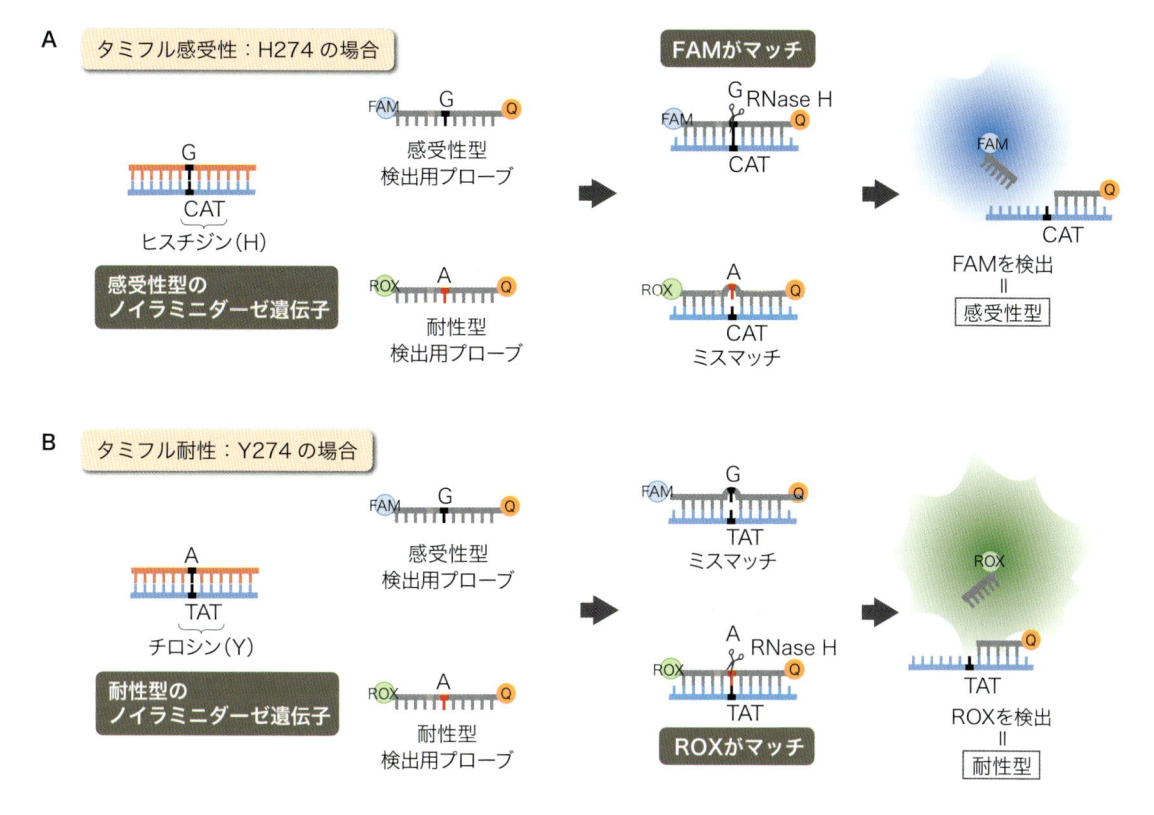

図2 サイクリングプローブ法による一塩基変異検出
インフルエンザA型H1N1ウイルスオセルタミビル耐性変異検出

準備

- ☐ Thermal Cycler Dice® Real Time System TP800（タカラバイオ社）
- ☐ Thermal Cycler Dice® Real Time TP800 ソフトフェア　Ver.3.00D
    われわれはTP800を使用しているが，現在では販売が終了しているため，後継機であるTP900およびTP960を推奨する．
- ☐ 0.2 mL マイクロチューブ
- ☐ 96ウェルPCRプレート
- ☐ マイクロピペット（10 μL, 20 μL, 100 μL, 200 μL, 1,000 μL）
- ☐ ボルテックスミキサー
- ☐ スピンダウン用卓上ミニ遠心機

cDNA合成

- ☐ Extragen II（020309，東ソー社）
- ☐ Reverse Transcriptase M-MLV（2640A，タカラバイオ社）
    5×Reverse Transcriptase M-MLV Bufferを含む．
- ☐ RNase Inhibitor cloned

- ☐ インフルエンザA型共通プライマー1（U12）
    Uni 12 5′-AGCAAAAGCAGG-3′
    上記プライマーはインフルエンザA型ウイルス各遺伝子分節の5′末端にある共通配列をターゲットにしている．
- ☐ dNTPs
- ☐ DTT
- ☐ インフルエンザウイルス分離株
    H1N1pdm09．
- ☐ ポジティブコントロール
    オルセタミナル感受性株とオルセタミナル耐性株．

サイクリングプローブ法によるリアルタイムPCRの試薬
- ☐ Cycleave® PCR Reaction Mix（CY505A，タカラバイオ社）
- ☐ Nuclease free water
- ☐ プライマー（フォワード／リバース）

プライマー，プローブ名	プライマー，プローブ配列	標的NA遺伝子部位
H1N1pdm_NAF_primer	5′-TGGACAGGCCTCATACAAGA-3′	744〜763
H1N1pdm_NAF_primer	5′-GCCAGTTATCCCTGCACACA-3′	870〜889
H1N1pdm_H275[b]	5′-(Eclipse[c])-CCTAATTATCACT-(FAM[d])-3′	814〜826
H1N1pdm Y275[b]	5′-(Eclipse[c])-ATTACTATGAGGA-(ROX[d])-3′	821〜833

■：耐性変異部位　□：RNA置換部位

- ☐ サイクリングプローブ
    今回はH1N1pdm09オセルタミビル感受性型検出用プローブとH1N1pdm09オセルタミビル耐性型検出用プローブ．

プロトコール

1. プローブの発注

PCRプライマーは，逆相カラム精製のものと同等以上の品質が保証されれば，どこの製品でもよい．例えば，増幅したい標的配列を中心に含んで5′末端から3′末端までの300 bpほどの配列をタカラバイオ社に送り，プライマーおよびサイクリングプローブのデザインを依頼し，プローブを受注製造する．

2. cDNA合成

H1N1pdm09と判明したインフルエンザウイルス分離培養株ストック100 μLより，RNA抽出キットを用いてトータルRNAを抽出する．当教室ではExtragen IIを用いているが，他のRNA抽出キットでも構わない．別途，本反応のポジティブコントロールとしてオセルタミビル感受性株（H274）とオセルタミビル耐性株（Y274）のウイルス分離培養ストックが必要である．

❶ cDNAの作製

　当教室では，再検査の可能性を考えてインフルエンザウイルスのcDNAを作製する．
　なお，Extragen IIの最終ステップでは，RNA乾燥ペレットができるので1.5 mLチューブに以下の試薬をすべて混ぜたミクスチャーを作製し，RNAペレットに加えることでcDNAを作製する．

【cDNA合成用ミクスチャー】

Nuclease free water	11.3 μL
5 × Reverse Transcriptase M-MLV Buffer	4.5 μL
dNTPs（各ヌクレオチド2 mM）	5.0 μL
DTT（0.1 M）	2.0 μL
インフルエンザA型共通プライマー1（U12）（50 pmol/μL）	0.2 μL
RNase Inhibitor（10 U/μL）	1.0 μL
Reverse Transcriptase M-MLV（200 U/μL）	1.0 μL
Total	25.0 μL

❷ 上記のcDNA合成用のミクスチャーを各チューブに25 μLずつ直接加える

　ピペッティングを10回行うことでRNAペレットをミクスチャー中で溶解する．他のキットの場合は，Nuclease free waterの代わりにRNA抽出液を入れてミックスを完成させることもできる（RNAの濃度を加減するために溶解する水の量の調整が必要である）．

❸ 37℃で1時間以上インキュベーションする

　オーバーナイトで行ってもよい．

❹ すぐに実験に用いない場合は，−20℃に保存する

3. サイクリングプローブ法によるリアルタイムPCR反応

❶ TP800のランプの準備ができるまで時間がかかるので，最初に本体に電源を入れ，次に付属のPCの電源を入れる

❷ −20℃に保存していたCycleavePCR Reaction Mix，Nuclease free water，プライマー，プローブを融解する

❸ CycleavePCR Reaction Mix，プライマー，プローブは融解後，転倒撹拌でよく混ぜ，卓上ミニ遠心機で軽く遠心し，チューブ壁や蓋の上についた溶液を底に落としておく

❹ 下記の表に従い，PCRミクスチャーを必要量に応じて作製する

Cycleave® PCR Reaction Mix	12.50 μL
フォワードプライマー（20 pmol/μL）	0.25 μL
リバースプライマー（20 pmol/μL）	0.25 μL
A/H1N1pdm09オセルタミビル感受性型検出用プローブ（10 pmol/μL）	0.50 μL
A/H1N1pdm09オセルタミビル耐性型検出用プローブ（10 pmol/μL）	0.50 μL
Nuclease free water	10.00 μL
Total[*2]	24.00 μL

*2　サンプル総数は，実際のサンプル数＋3サンプル分（感受性コントロール（1）＋耐性コントロール（1）＋デッドボリューム分（1））で計算する．

❺ PCRミクスチャーを作製したら，0.2 mLマイクロチューブ，あるいは96ウェルPCRプレートに24μLずつ分注する

❻ 次に，10μLのピペットで各チューブ（ウェル）にオセルタミビル感受性ウイルス（FAMポジティブコントロール），耐性H1N1pdm09ウイルス（ROXポジティブコントロール），検査するH1N1pdm09サンプルのcDNAを各1μL加えた後，遠心する

ウェルの底に気泡が残っていないことを確認する（気泡が残っていると測定が正しく行われない）．本反応は各サンプル，コントロールともに1ウェルずつで行う（シングル検出）．

❼ サンプルチューブ，あるいはサンプルプレートをTP800本体にセットする

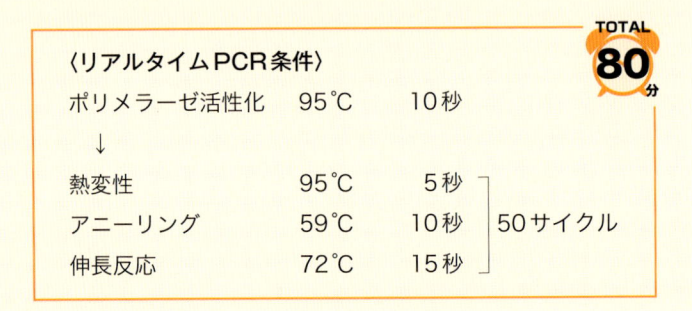

〈リアルタイムPCR条件〉
ポリメラーゼ活性化　95℃　10秒
↓
熱変性　　　95℃　5秒　┐
アニーリング　59℃　10秒　├ 50サイクル
伸長反応　　72℃　15秒　┘

TOTAL 80分

4. ソフトウェアによる本体の操作

❶ Thermal Cycler Dice Real Time TP800 ソフトウェア Ver.3.00D*3 を起動する

*3　われわれはVer.3.00Dを用いているので，Ver.3.00Dを基に使用法を解説する．違うバージョンを使用している際は各バージョンに対応したマニュアルを参考にされたい．

❷ まず実験系の入力を行う

ソフト上の「New experiment」（①）をクリックする．ポップアップウィンドウの「Experiment Type」でAbsolute Quantificationを選択する（②）．Operator Nameは適宜選択できるが，行わなくてもソフトは問題なく動かせる．ウィンドウ左横の「Multiplex」にチェックを入れる（③）．設定が終わったら，OKボタンをクリックする（④）．
ウィンドウが開くので，「Thermal Profile Setup」をクリックする（⑤）．
各サイクリングプローブ法PCRの条件に合わせ，リアルタイムPCR条件の設定を行う（このケースでは，95℃・10秒，1サイクル，95℃・5秒，59℃・10秒，72℃・15秒を50サイクル．72℃の伸長反応のときにデータを収集する必要があるので，「Data collection」の項目の72℃のところにチェックが入っていることを確認する，⑥）．リアルタイムPCR条件の設定が済んだら，右下の「Start Run」をクリックし，PCR反応をスタートする（⑦）．

実践編 Ⅳ章 遺伝子量解析　16

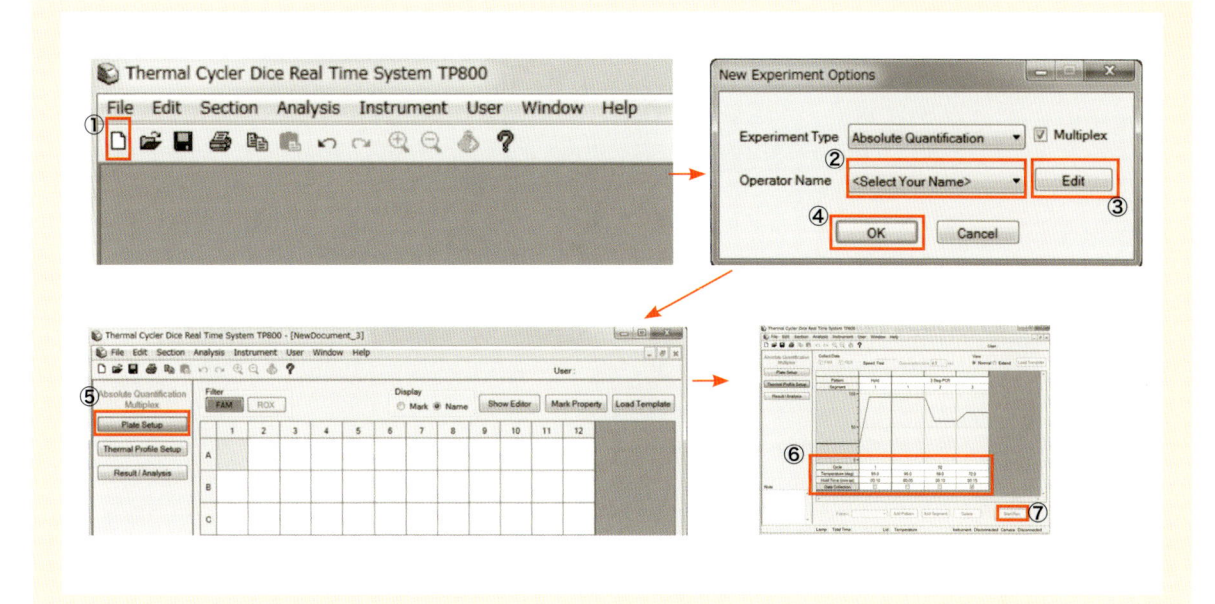

❸ **サンプル情報の入力を行う**

「Plate Setup」をクリックし（①），Displayは「Name」を選択する（②）．「Show Editor」をクリックして，「Plate Document Editor」のウィンドウを出し（③）「Sample Name」，「Sample Type」を入力する．「Sample Type」については，未知のサンプル（UNKN），ポジティブコントロール（STD），ネガティブコントロール（NTC）の選択が行える．このとき「Show editor」は「Hide Editor」の表示になる（④）．

サンプルが入っていないウェルは「Omit」でバツをつける（⑤）．

「Result / Analysis」をクリックし，PCR反応の状態を表示する（⑥）．この場合は，FAMでラベルしたH1N1pdm09_H274オセルタミビル感受性ウイルス検出用プローブと（⑦），ROXでラベルしたH1N1pdm09_H274Yオセルタミビル耐性ウイルス検出用プローブ（⑧）からの蛍光を検出するので，縦に2つ並んでいるウィンドウのうちどちらかをFAM，もう一方をROXに割り当てる．サンプル情報を記入したウェルは蛍光強度を示すカーブが表示されるが，Omitでバツをつけたウェルでは表示されない（⑨）．反応が始まると，上下のウィンドウに各サンプルの蛍光強度を示すカーブが表示される．このケースでは反応にかかる時間は約1時間20分である．

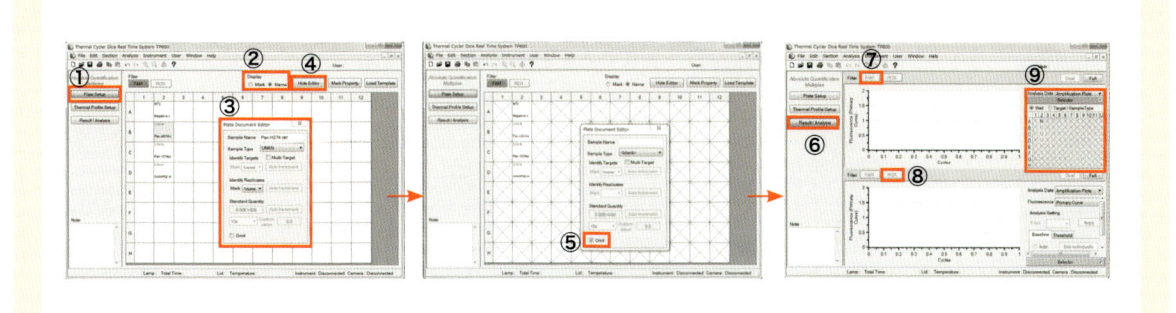

209

❺ PCR反応終了後のデータ処理

「Raw」で蛍光強度のRaw dataを選択し（①），ネガティブコントロールと比較してカーブが右に向かって立ちあがり差がはっきり出ているか確認する（②）．

次に，上下のグラフのY軸を右クリック（③）し，「Scale」表示形式を「Linear（線形）」から「log（対数）」に切り替え，カーブが右肩上がりのパターン（$Y = ax^2$）を示しているかを確認する．PCRにより標的遺伝子が適切に増幅されていれば，二乗の繰り返しで遺伝子産物が増幅されているはずなので，カーブが指数状の右肩上がりのパターンになるはずである（④）．右肩上がりになっていないサンプルは解析から除外する（⑤）．

次に，ウィンドウ中の「Threshold」をアクティブにし（⑥），「Manual」を選択し，「Fluorescence」を10にし（⑦），カーブの立ち上がりの領域を選択する（⑧）．

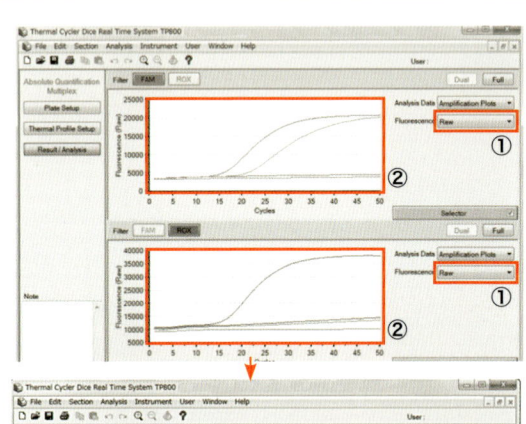

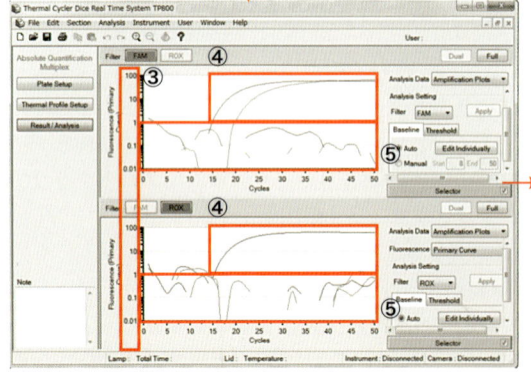

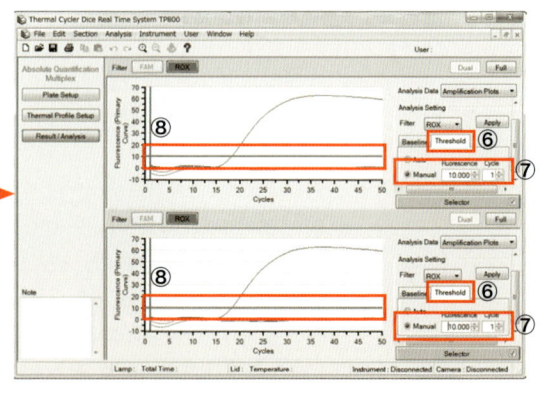

❻ 解析と判定

「Text Report」を選択し（①），上あるいは下のいずれかのウィンドウでFAM, ROXボタンの両方をクリックする（②）．「Text Report」の「Sample Name」にチェックを入れ（③），「Text Report」にサンプル名を表示させる（④）．すると，各サンプルのCt値（一定の蛍光値に何サイクルで到達したか）が表示される（⑤）．

サイクリングプローブ法は，基本的には定性的な実験だが，Ct値により各サンプルの相対的な標的遺伝子量の差がわかる．このケースではオセルタミビル感受性H1N1pdm09のコントロールはFAM陽性（⑥），オセルタミビル耐性H1N1pdm09コントロールはROX陽性であり（⑦），未知のサンプル「SAMPLE A」はFAM陽性なのでオセルタミビル感受性

H1N1pdm09であることがわかる（⑧）．「Text Report」を右クリックすると，データを保存できる（保存したデータはExcelなどで閲覧できる）．

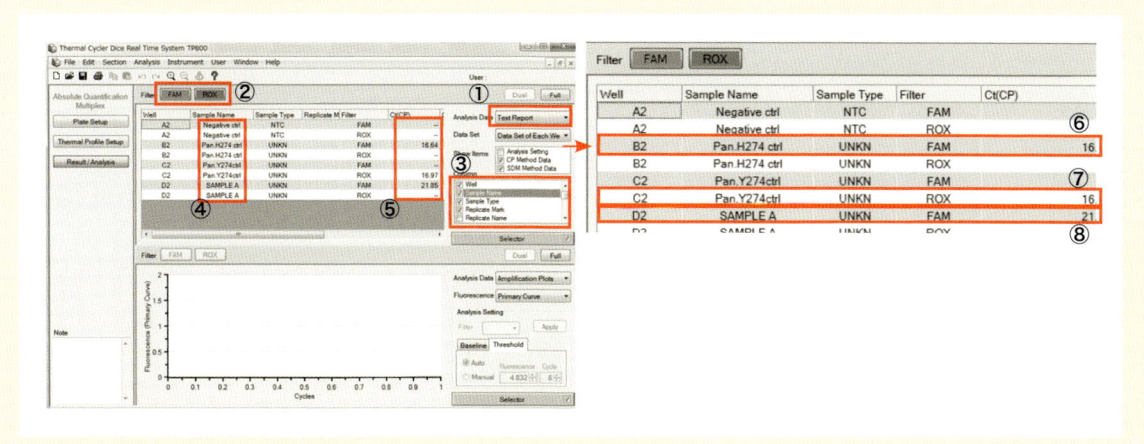

トラブルシューティング

過去の経験から，サイクリングプローブ法によるリアルタイムPCRの実験がうまく行かなかった事例について記載する．

①標的遺伝子の変異	プライマーとプローブの標的遺伝子配列に対して，サンプルの配列が2〜3塩基ずつ変異していることによりCt値が極端に低いか陰性となることがある．こういった事例では，標的遺伝子をシークエンスし，プライマーあるいはプローブ，または両方をデザインし直す必要がある
②蛍光値が異常に低いとき	蛍光値の絶対値がPCRラン全体で極端に低い場合は，蛍光物質の劣化を疑うべきであり，その場合はプローブのストック用溶液からワーキング溶液をつくり直すべきである．また，他の原因として考えられるのは，リアルタイムPCR機械本体のランプの劣化である．ランプの点灯時間が1,000時間付近になってきたらランプの寿命が近いので，新しいものと交換する．ランプの寿命はソフト起動時に表示されるので，使用ごとに確認することをお勧めしたい

実験例

本法を使い，われわれは'09〜'10年，'10〜'11年の2シーズンに日本各地の臨床医が採取した検体より，H1N1pdm09のH274Y変異をもつオセルタミビル耐性株の発生頻度を調査した（図3）．なお，H1N1pdm09は'09年に北米大陸のブタに端を発して世界中にパンデミックを起こした．このウイルスは薬剤投与後に1〜4割程度のオセルタミビル耐性株の出現が報告された．このため，耐性株の大流行が懸念され，耐性株のスクリーニングは感染症におけるサーベイランスの重要な課題の1つである．

'09〜'10年は，601件のH1N1pdm09を本法を用いてスクリーニングしたところ，すべて感受性株で耐性株は検出しなかった（0％）．'10〜'11年は，414株のH1N1pdm09を検査したところ，2株にH274Y変異をもつオセルタミビル耐性株が検出された（0.5％）[2]．検出さ

れたH274Y変異についてNA阻害試験による薬剤感受性試験を行ったところ，オセルタミビルの阻止濃度が443.95 nM，ペラミビル37.09 nM，と感受性株に比して300倍以上の薬剤濃度の上昇を示し，耐性であることが示された．なお，ザナミビル，ラニナミビルに対して阻止濃度は変わらず，感受性のままであった（表）．

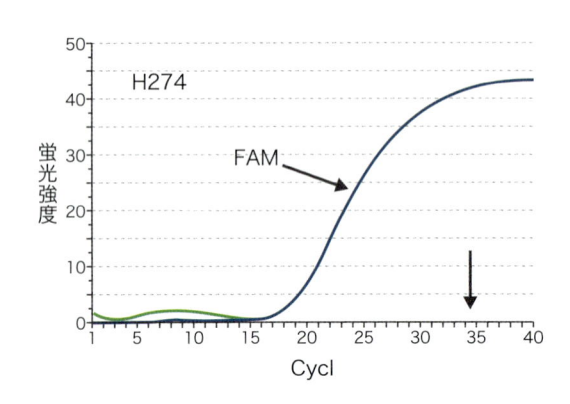

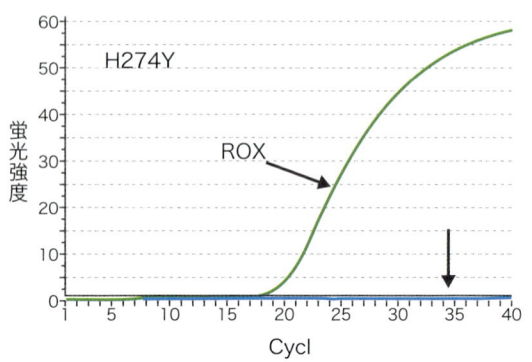

図3　オセルタミビル耐性変異検出プローブとコントロールプラスミドの反応〔FAM（左：変異なし；H274）とROX（右：変異あり；H274Y）〕

H274配列をもつ感受性株ではFAMの反応がみられ，Y274配列をもつ耐性株ではROXの反応がみられる．本実験でポイントとなるのは次の3点である．①特異度と検出限界：この実験系は，インフルエンザA/H1N1ソ連型，A/H3N2型，B型に対しては全く反応しなかった．検出感度を評価するため，標的遺伝子を挿入したプラスミドをサンプルとして，遺伝子何コピーまで検出できるかを検討した結果，10コピー/μLまで検出できることが判明した．②陰性判定：われわれはウイルス培養ストックでは，Ct値35以上を陰性と判定している．③鼻咽頭ぬぐい液などRNA量が少ない臨床サンプルからも検出可能であるが，検出の確実性はRNA量の多い培養株が優る

表　H1N1pdm09のオセルタミビル耐性頻度調査

地域	'09～'10シーズン			'10～'11シーズン		
	検体数	Influenza A		検体数	Influenza A	
		H1N1pdm09	OsR[†]		H1N1pdm09	OsR[†]
北海道	-	-	-	80	6	0
福島	93	51	0	-	-	-
群馬	31	27	0	46	5	0
新潟	100	74	0	555	65	0
京都	306	295	0	328	217	1
大阪	-	-	-	50	21	0
兵庫	66	60	0	99	59	1
長崎	137	94	0	120	41	0
合計	733	601	0（0％）[‡]	1278	414	2（0.5％）[‡]

-：検体の採取を行わなかった
[†]：オセルタミビル耐性（OsR）：ノイラミニダーゼの274番目のアミノ酸がHisからTyrに変異
[‡]：各シーズンのオセルタミビル耐性の割合

おわりに

　われわれは，サイクリングプローブ法を用いてインフルエンザウイルスのオセルタミビル耐性変異のみならず，インフルエンザA型の亜型判定およびインフルエンザB型の系統判定を行っている．A型のM2遺伝子の各亜型に特異的なプライマーおよびプローブを用いサイクリングプローブ法によるリアルタイムPCRを行うことで，インフルエンザA型における亜型の判別を行うことができる．また，この方法は抗インフルエンザ薬であるアマンタジン耐性変異の検出も兼ねている[3]．インフルエンザB型は現在ビクトリア系統と山形系統の2つの系統が流行している．2つの系統間では，ヘマグルチニン遺伝子とノイラミニダーゼ遺伝子配列が異なっているため，これを利用してビクトリア系統，山形系統に特異的なHAおよびNA遺伝子プライマーおよびプローブをデザインし，サイクリングプローブ法によりリアルタイムPCRを行うことでこれらの2系統を判別している．

　本法の利点は，その特異性と検出限界のよさである．感受性株とのミックス株も検出することができること，また，臨床検体からのダイレクトな検出も可能である．迅速にかつ特異的にインフルエンザH1N1pdm09のH274Y変異を検出できるサイクリングプローブ法は非常に有用である．

◆ 参考文献

1) Suzuki, Y. et al.：J. Clin. Microbiol., 49：125-130, 2011
2) Dapat, I. C. et al.：PLos One, 7：e36455, 2012
3) Suzuki, Y. et al.：J. Clin. Microbiol., 48：57-63, 2010

次世代編

1 デジタルPCRの原理と応用

北條浩彦

> **リアルタイムPCR活用の目的とヒント**
>
> 第一世代──一般的な（ふつうの）PCR．第二世代──リアルタイムPCR．そして，第三世代としてデジタルPCRが登場した．まだ聞きなれないデジタルPCRであるが，このPCRがもつきわめて高い性能と機能はわれわれの今後の研究そして社会に大きく影響し貢献すると考える．

はじめに

「デジタルPCR」という言葉を聞いたことがあるだろうか？　まだ馴染みの薄いPCRであるが，近年その専用マシーンが登場するようになって徐々にその名前が浸透してきている．では，従来のPCRと比較して何が違うのか？　それぞれのPCRを簡単に言い表すと，第一世代のふつうのPCRがend-point（反応終点）解析タイプ，第二世代のリアルタイムPCRが増幅（反応）速度論的解析タイプ，そしてデジタルPCRがall-or-none（全か無かの）解析タイプといえる．デジタルPCRは，PCR反応のある/なし，すなわちポジ（陽性）/ネガ（陰性）のデータから微量の鋳型DNA（テンプレートDNA）の量を知る．この新しい解析手法は，従来のPCRとは異なる次元の解析を可能にし，基礎研究分野やその応用分野（医療分野など）に新しい道を開くと考えられる．本編では，この新しいデジタルPCRの原理とその可能な応用について紹介する．

デジタルPCRの原理

1. 鋳型DNA（テンプレートDNA）の検出

リアルタイムPCRも含めた従来のPCRは，数十μLの反応液中でPCRを行い目的のDNA領域を増幅させる．鋳型となるDNAが多いときは，PCR増幅は早く，検出可能な量にまで達する時間も短い（基本編-1参照）．逆に，鋳型DNAの量を極端に少なくすると，当然ながら，PCR反応は起こっていても検出可能な量に達することができなく目的のPCR増幅産物は観察できない．では，そのようなPCR反応液をさらに小さく小分けして，それらを一度にPCR反応させることができたらどうなるであろうか？　例えば，わずか10コピーのウイルスゲノムDNAの入った10μLの反応液を10,000区画に分画して（1区画＝1nL）ウイルスゲノムの

次世代編 1

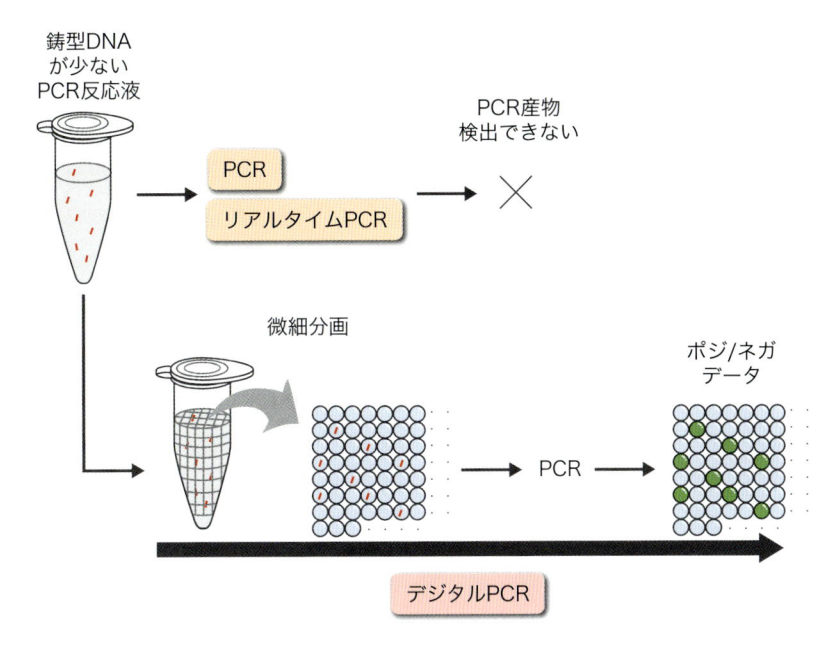

図1　デジタルPCRの概要

鋳型DNAがPCR反応液中に極端に少ない場合，通常のPCRやリアルタイムPCRでは鋳型DNAが少なすぎるためPCR増幅産物が検出可能なレベルまで増幅することができず，目的のPCR産物を検出することができない．一方，デジタルPCRはPCR反応液を微細分画して，それらを同時にPCRする．このPCRによって鋳型DNAを含んだ微細分画はPCRが起こりPCR増幅産物を含むポジ（陽性）分画として検出される．それに対して鋳型DNAがない分画はPCR増幅が起こらずネガ（陰性）分画として検出される．このポジとネガのデータ，すなわちデジタルなデータが未知の鋳型DNAの量を知る情報となる

PCR[*1]を行う．10,000個の区画の中には，鋳型となるウイルスDNAが入っているものと入っていないものが存在する．鋳型DNAが入っていない区画は，もちろん，PCR反応は起こらないが，鋳型DNAが入っている区画はPCRによって目的のウイルスDNAが増幅され検出可能になる（図1）．つまりこれは，微細分画したことによって鋳型DNAの濃度が濃くなり，PCR産物の検出が可能になったといえるのである．単純計算すると，1 nLの反応区画に1コピーのウイルスゲノムDNAが入っていた場合，10 μLの反応溶液に換算すると10,000コピーのウイルスゲノムDNAが存在する反応液中でPCRを行ったことと同じになる．つまり，分画前の1,000倍に相当する量となる．デジタルPCRにおいて，この微細分画（または微細分配）が最も重要なポイントであり，本質である．これによって微量な鋳型DNAであっても検出が可能になり，そして特徴的な**ある/なし（ポジ/ネガ）データ**を生み出すことができる．まさしくデジタルなデータである．このデジタルな結果が鋳型（テンプレート）DNAの量を知る重要な手掛かりとなる（詳細は次節）．

2. プライマーの増幅効率は気にしなくてよい

もう1点，デジタルPCRの特筆すべき特徴は，リアルタイムPCRのときのような増幅効率

[*1] 増幅が飽和する（プラトー現象；基本編-2 図1B）までPCR反応を行うことができる．

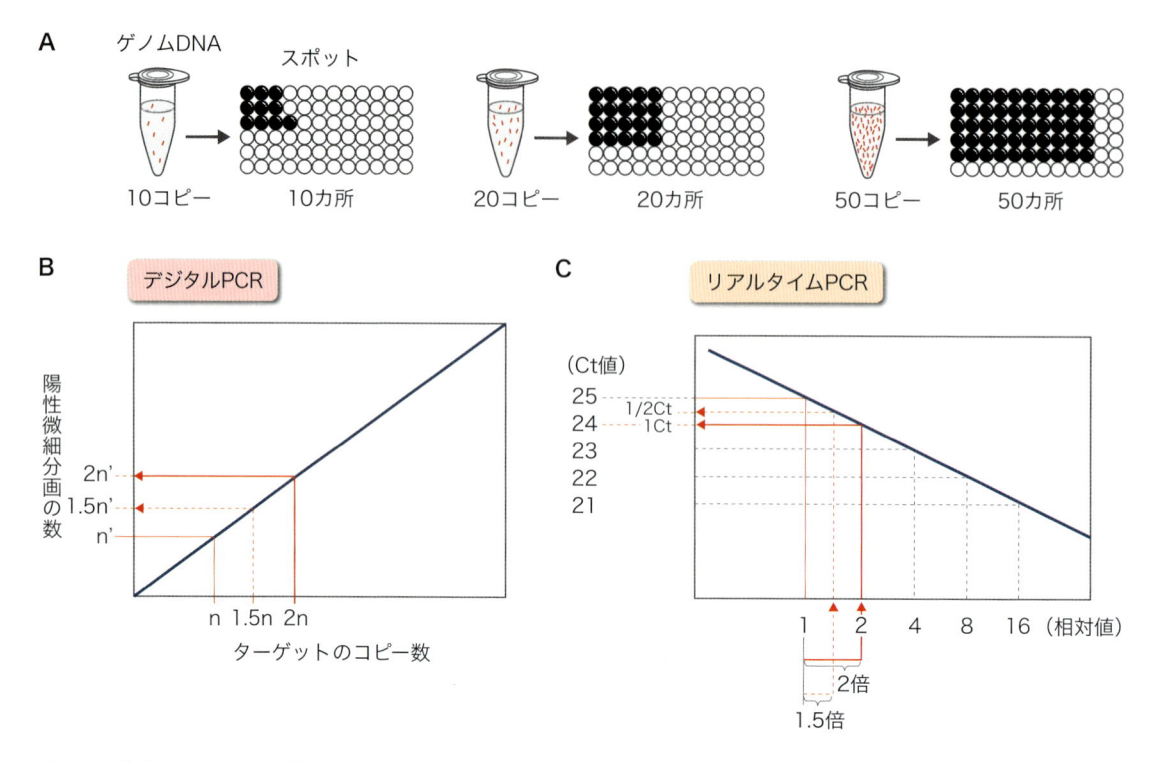

図2　デジタルPCR（B）とリアルタイムPCR（C）のテンプレートDNAの濃度差の表れ方

を考慮したプライマー設計を必要としないことである．唯一必要な条件はターゲット配列だけを増幅させる高い特異性である．つまり，プライマーに特異性が担保されていればその増幅効率はあまり問題にならない．したがって，第一世代のPCRと同じようなプライマー設計で解析できるのである．

デジタルPCR法によるテンプレートDNA濃度解析

　微細分画して得られるPCRのある/なしデジタルデータを前節のウイルスゲノムの例に置きかえると，10,000区画のうち10区画がポジ，残りの9,990区画がネガとなる．では，テンプレートのウイルスゲノムDNAが10コピーから20コピー，さらに30，40，50コピー…と増えた場合どうなるのか？ 簡単にするためにポジを黒，ネガを白にして考えてみると，黒（ポジ）のスポット（区画）は，10から20，30，40，50…とコピー数の増加とともに増えていく[*2]（図2A）．したがって，全体の区画に対するこのポジ（黒スポット）の数からテンプレートDNAの量を知ることができる．ここで重要な点は，コピー数（濃度）とポジのスポット数（陽性微

*2 【注意】テンプレートDNAが多くなっても微細区画には必ず1コピーのテンプレートDNAが分配されているのが理想であるが，実際の解析では，テンプレートDNAの量が増えていくと複数コピーのテンプレートDNAが存在する微細分画も増えてくる．このようなバイアス（偏り）はポアソン分布で補正してコピー数を算出している．

次世代編 1

```
      [微細孔分配方式]         [ドロップレット方式
                              （エマルジョン方式）]
                  ↓                    ↓
              デジタルPCR
```

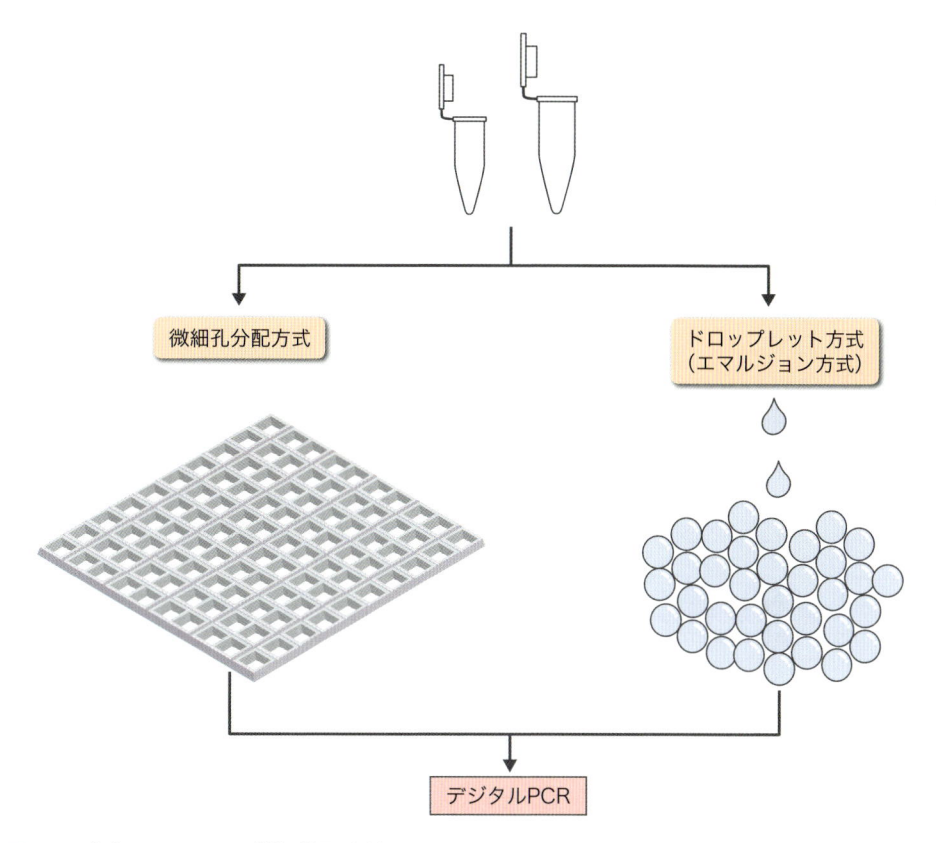

図3　デジタルPCRの微細分画方法
デジタルPCRの微細分画には，PCR反応液を数万の微細孔に分配する微細孔分配方式と特殊な乳化剤を使って数万の液滴にするドロップレット（エマルジョン）方式がある

細分画の数）が正比例の関係にあることである．1.5倍，2倍のテンプレートDNAの濃度差は，陽性微細分画の数（ポジの数）においても1.5倍，2倍の差として現れる（図2B）．これをリアルタイムPCR解析に置きかえると，テンプレートDNA濃度2倍の差は1 Ct（1サイクル）分，1.5倍の濃度差は1/2Ct分だけとなり（図2C；基本編-2参照），これらの差を正確に検出するためには精細な解析が必要となる．すなわち，デジタルPCRは，テンプレートDNAのコピー数（濃度）が陽性微細分画（ポジ）の数に直接反映されるため，わずかな濃度差であってもそれらを捉えることができるのである．

　デジタルPCRは，リアルタイムPCRと同様に複数サンプル間のテンプレートDNA量を相対的に比較解析することもできるが，このデジタルなデータの特徴を活かせば，むしろ絶対定量を目指す解析に適している．いったん既知の濃度（またはコピー数）のスタンダードサンプル（複数）を用いてデジタルPCRを行い，陽性微細分画数を調べる．既知の濃度と陽性微細分画の数が正比例の関係にあることを確認すれば，その後は，異なる遺伝子をターゲットにしても，また，異なるプライマーを使ったとしても陽性微細分画数がその正比例の範囲内にあれば，テンプレートDNAの絶対量を知ることができる．これは，デジタルPCRがテンプレートDNAを微細な区画に分配して行うPCRであること，そしてプライマーの特異性だけが要求されるPCR

であるところに負うところが大きい．

微細分画方法

　デジタルPCRの本質ともいえるPCR反応液の微細分画方法については，どのようにして反応液を微小な分画に分けているのであろうか？　現在，その方法は大きく分けて2つある（図3）．1つが，数万の微細孔（きわめて小さいウェル）をもった特別なプレートに反応液を分配してPCRを行う方法，もう1つが，反応液を特別な乳化剤を用いて数万のドロップレット（エマルジョン；微細な液滴）に分割してPCRを行う方法である．これは次世代シークエンサー解析で行われるエマルジョンPCRと同じようなものである．どちらの方法もPCR反応は通常のサーマルサイクラーを使用して行うことができる．PCR反応後は，専用のリーダー（解読機）を使って微細分画した反応液のPCR陽性・陰性反応を分析し，その数を測定する．

デジタルPCR法を使った新しい研究の可能性

　デジタルPCRは，従来のPCR法と比べ，微量なテンプレートDNAの検出に格段に優れている．そして，絶対定量にも長けていることから，微量なウイルスの検出やそのコピー数解析，レアバリアント[*3]の検出や微量テンプレートDNAの検出，そして遺伝子重複変異や欠失などゲノム上の遺伝子コピー数の差異を精密に調べることができる．これらはデジタルPCRの一般的な利用法といえるが，デジタルPCRの特徴をうまく活かせば以下に挙げるような新しい解析も可能になると考えられる．

1. 均一な遺伝子発現？　それともモザイク的な遺伝子発現？

　微量なターゲット遺伝子産物（mRNA，miRNAなど）の検出が可能になることから，精度の高い1細胞単位のPCR解析（1 cell PCR解析）ができるようになると考えられる．この高感度な1 cell PCRによって，今まで細胞集団全体でターゲット遺伝子の発現を解析したのに対して，その集団を構成する1つ1つの細胞に分けて解析することが可能になる．これによって，細胞集団全体で観察された遺伝子発現量（見かけの遺伝子発現量）が個々の細胞内でも同じ発現量であるのか，それとも発現している細胞と発現していない細胞（または，高発現しているものと低発現しているもの）がモザイク状（ばらばら）に存在していて全体でみると見かけの発現量になっているのかを明らかにすることができる（図4）．このような解析は，従来法では細密な実験操作が必要であった．デジタルPCRによって1 cell PCR解析が容易になれば，組織構成や機能にかかわる個々の細胞の特徴や役割，さらにはそれらの細胞間ネットワークの解析など細胞生物学分野の研究に大きく貢献すると考える．

　＊3　レアバリアント（rare variant）：頻度1％未満の遺伝子変異．

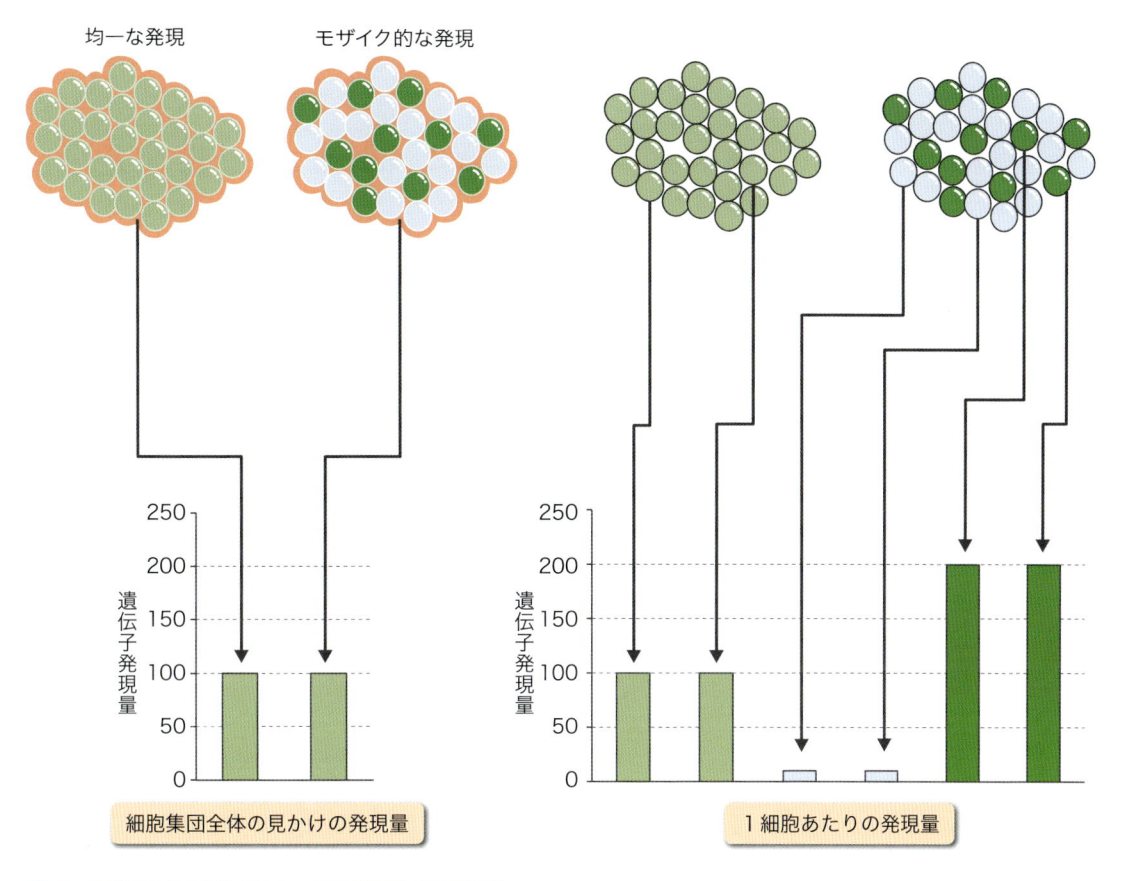

図4　デジタルPCRによって可能になる解析

従来のPCRを使った多くの遺伝子発現解析は，細胞集団全体の見かけの発現量を解析してきた．デジタルPCRによる1 cell PCRが容易に行えるようになれば，細胞集団内での遺伝子発現様式（均一的，モザイク的発現様式など）をより詳細に，そして簡単に解析できるようになると考えられる

2. 父方と母方，正常型と異常型，どちらの対立遺伝子の発現量が多い？

　デジタルPCRの特徴を活かし，そして今まで不可能であった解析を可能にするのが定量的対立遺伝子発現解析といえる．これによって，インプリンティング遺伝子のような明らかな発現の差が現れる遺伝子以外で，父方由来と母方由来の対立遺伝子間，またはヘテロで存在する正常型遺伝子と変異型遺伝子間で発現量の差を詳細に解析することができるようになる．対立遺伝子を識別できる従来法としては，リアルタイムPCR法によるTaqMan® SNP Genotyping Assay（実践編-12参照）があるが，この方法は定性的な解析（SNPアレルの識別）には長けていても定量的な解析（それぞれのSNPアレルの量の測定）ができない．しかし，TaqMan® SNP Genotyping AssayをデジタルPCRによって解析すれば，定性・定量の両方の性質をもった解析が可能になる．これは前にも述べたように，デジタルPCRが特異性を担保すればPCRの増幅効率はあまり問題としないからである．したがって，TaqMan® SNP Genotyping Assayの増幅効率が異なるTaqMan®プローブであっても高い特異性によって，問題なく定量解析を行うことができると考える．これによって何ができるようになるのか？　何がわかるようにな

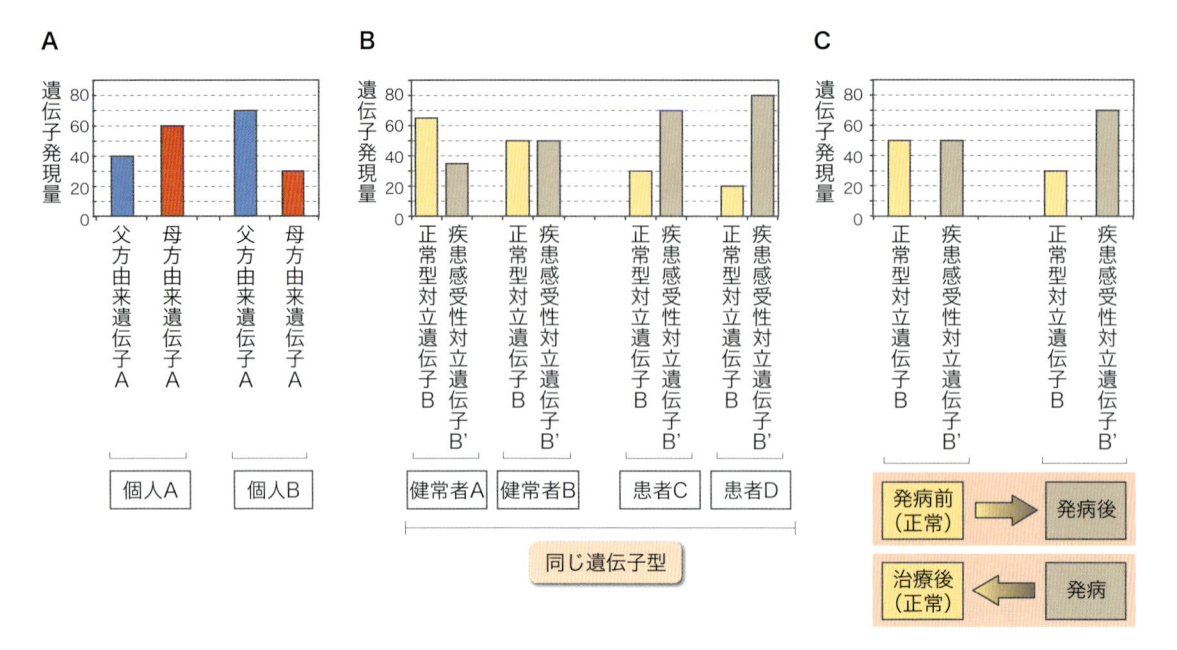

図5 定量的対立遺伝子発現解析

遺伝子のエキソン内に存在するSNPや塩基変異をデジタルPCRによってタイピングすることができれば，今まで困難であった定量的対立遺伝子発現解析が可能になる．この定量的対立遺伝子発現解析によって，父方由来，母方由来の対立遺伝子を識別してそれぞれの発現量を検出することができる（A）．また，遺伝子型が同じ健常者と患者で疾患感受性対立遺伝子と正常型対立遺伝子の発現量の違いを解析すること（B）や，病気の発病前後や治療予後での疾患感受性対立遺伝子と正常型対立遺伝子の発現変化を解析すること（C）も可能になる

るのか？ 筆者は，この技術によって未開拓の新しい研究フィールドを切り開くことができるのではないかと期待している．具体的には，次のような研究が可能になると考える[*4]．

1）詳細な対立遺伝子間の発現解析

父方，母方由来の対立遺伝子間や正常型，変異型遺伝子間で発現量に差があるのか詳細に解析することができる．このような解析は，対立遺伝子間で識別が容易な大きな構造的な違い（変化）がないとなかなか解析できなかった．しかし，識別可能なSNPなどの塩基変異が存在していれば，デジタルPCRを使って簡単に解析することができるようになる（図5A）．よって，これらの解析から，エピジェネティックな遺伝子発現制御に関する新しい豊富なデータが提供されると考えられる．

2）疾患感受性遺伝子の詳細な発現解析

上記の対立遺伝子間の発現解析の中で，特に疾患感受性遺伝子を対象とした研究は未開拓の新しい研究分野を切り開くと期待している．この20年間の目覚ましいゲノム解析の発展によって数えきれないほどの疾患に関連する変異やSNPが同定されてきた．そして，それらの疾患関連（感受性）変異やSNPがどのように疾患の発症や病態に関与しているのかという作用機序に

[*4]【注意】対立遺伝子間の発現解析では，それぞれの対立遺伝子を識別できる塩基変異やヘテロ接合のSNP部位の存在が必要条件となる．

表　デジタルPCRとリアルタイムPCRの違い

	PCR増幅効率の一致	微量サンプルの解析	マルチプレックス解析	相対定量	絶対定量	SNPタイピング	対立遺伝子の発現解析
デジタルPCR	不要	◎	○	○	◎	○	◎
リアルタイムPCR	必要	○	◎	◎	○	◎	×

◎：特に優れている，○：できる，×：できない

　ついても広範囲な研究が行われてきた．しかし，その中で，疾患と有意な関連を示すSNPを含んだ（または連鎖した）疾患感受性対立遺伝子と正常対立遺伝子を区別して発現解析した研究はほとんど行われていない．これは，従来法が疾患感受性対立遺伝子と正常対立遺伝子を区別してそれぞれの発現を検出することが難しかったためである．デジタルPCR法はこれを可能にする．例えば，ヘテロ接合型の同じ遺伝子型をもつ患者と健常者についてそれぞれの対立遺伝子の発現量を測定し比較検討することができる（図5B）．もしかしたら，患者と健常者で疾患感受性対立遺伝子の発現量（または発現比率）に違いがあるかもしれない．また，発病前後，治療予後の疾患感受性対立遺伝子の発現変化も観察できるかもしれない（図5C）．今まで蓄積されてきた豊富な疾患感受性SNPの情報に，新たに疾患感受性対立遺伝子と正常対立遺伝子の発現情報が加わることによって，別の次元の新しい研究分野の扉が開かれると期待している．そして，この新しい情報は疾患の発症機序の解明，病態解明，早期診断，治療予後の経過の指標，創薬開発など幅広い分野に大きな貢献をもたらすと期待している．

　最後に，現時点でのデジタルPCRとリアルタイムPCRの特徴の比較を表にまとめる．

次世代編

2. 微量サンプルから正確なコピー数を計測する
乳がん感受性CNV解析を例に

末広 寛

リアルタイムPCR活用の目的とヒント

デジタルPCRは，検量線やキャリブレーターサンプルの必要なしに，手軽に遺伝子の絶対量を計測できる．さらには，微量サンプルでも，また，微量遺伝子コピー数でも正確なコピー数計測が可能であり，従来のリアルタイムPCRにはない大きなメリットがある．本項では，デジタルPCRを使ったコピー数多型（CNV）解析の実際を紹介する．

はじめに

　日常的に遭遇する病気のなりやすさは，一般的に環境因子と遺伝因子（DNA多型）とによって規定されることが知られている．DNA多型とは，100人に1人以上の割合で認められるDNAの変化であり，変化するDNAの長さによって多型の名称が異なる．これまでに知られているDNA多型は，1塩基の変化を示す一塩基多型（SNP），2～7塩基の変化を示すマイクロサテライト多型，数塩基～数十塩基の変化を示すミニサテライト多型に分類されている．これらに加えて，近年，数千～数万塩基にわたるDNAコピー数に個人差があるコピー数多型（CNV）が発見され[1]，これまでに自閉症や腎臓病などいくつかの病気へのなりやすさ（疾患感受性）との関連が報告されている[2)3)]．

　従来のCNV解析法としては，網羅的解析にはDNAチップ，ピンポイント解析には定量PCR法などが代表的である（**実践編-13**参照）．これらの方法は，ゲノムコピー数の相対値を計測するのには適しているものの，絶対値を求めるのはそう容易ではない．一方，近年注目されているデジタルPCRは，非常に簡単にゲノムコピー数の定量を可能にするものであり，研究分野だけでなく臨床検査分野においても普及が大いに期待されている．われわれは，がん感受性に関係する可能性のあるCNVについて研究を進めており[4]，このデジタルPCRは非常に有用なツールと認識している．以下に解析手法およびデータを紹介する．

次世代編 2

準備

QX100™ Reader（バイオ・ラッド社）を使ったCNV解析の実際を紹介する．本システムによるデジタルPCRワークフローは次の5つのステップからなる（図1）．乳がん感受性CNV解析に必要な物品は以下の通りである．

- ☐ **QX100™ Droplet Digital™ PCRシステム（186-3001，バイオ・ラッド社）**
  QX100™ Droplet GeneratorおよびQX100™ Droplet Readerを含む．
- ☐ **サーマルサイクラー**[*1]

> [*1] われわれはサーマルサイクラーとしてT100（バイオ・ラッド社）を用いている．サーマルサイクラーのヒートブロックのウェルの深さに注意すること．すなわち，プレート内のPCR反応液全体（約40μL）がヒートブロック内に収まっているかを確認すること．ヒートブロックの種類によってはウェルの深さが足りずに，PCR反応液全体がヒートブロック内に完全に収まらないものある（特にFast-PCR対応製品）．このようなヒートブロックの使用は，反応液全体の温度調節がうまくいかないため不適切である．

- ☐ **Droplet Generationオイル（186-3005，バイオ・ラッド社）**
- ☐ **DG8カートリッジ＆ガスケットセット（186-3006，バイオ・ラッド社）**
- ☐ **DG8カートリッジホルダー（186-3051，バイオ・ラッド社）**

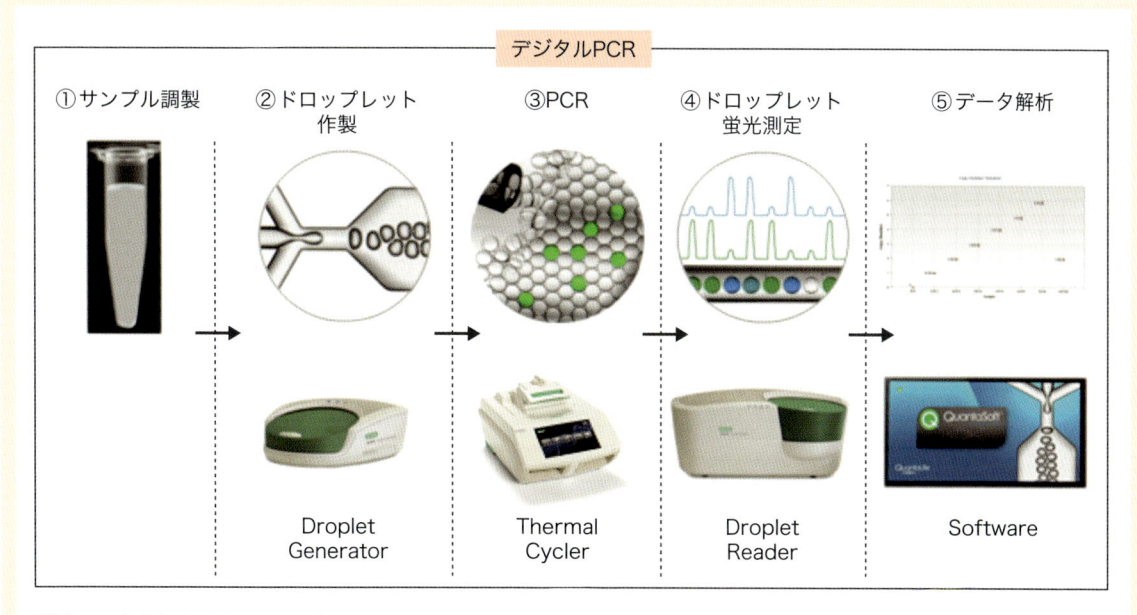

図1 デジタルPCR ワークフロー

ステップ1（サンプル調製）：テンプレートDNAを含んだPCR反応液を作製する．ステップ2（ドロップレット作製）：PCR反応液を約20,000個の小水滴（ドロップレット）にする．このドロップレットには，測定対象ゲノムが1コピー含まれているものと，1コピーも含まれていないものが混在している．ステップ3（PCR）：PCR反応を行う．測定対象ゲノムを含むドロップレットは，PCR反応により蛍光を発する．ステップ4（ドロップレット蛍光測定）：ドロップレットの蛍光を測定し，各ドロップレットがターゲット（FAM）やリファレンス（VIC）のPCR産物を含むか，含まないかを判定する．ステップ5（データ解析）：ターゲットとリファレンスの蛍光陽性ドロップレット数の比から，ターゲットのコピー数絶対値を算出する．QX100™ Droplet Generatorクイックガイド（バイオ・ラッド社）より転載

- ☐ 2×ddPCR supermix for probes（186-3010，バイオ・ラッド社）
- ☐ プレートヒートシーラー（95546，エッペンドルフ社）
- ☐ ツインテクPCRプレート（95579，エッペンドルフ社）
- ☐ Pierceable foil heat seat（1814040，バイオ・ラッド社）
- ☐ 8連チューブ
- ☐ 8チャンネルピペット（5〜50μL）（L8-50 XLS，メトラートレド社）
- ☐ TaqMan® Copy Number Assay（4400291，ライフテクノロジーズ社）
  ターゲット領域検出用．AssayID：Hs04090898_cn．ライフテクノロジーズ社のサイト（http://www.appliedbiosystems.jp/website/jp/store/pages.jsp?PGCD=12#03）から検索・注文可能．
- ☐ RNaseP（リファレンス）*2 Primer & TaqMan Probe

リファレンス用のプライマーおよびプローブ	
Fw	5'-GATTTGGACCTGCGAGCG-3'
Rv	5'-GCGGCTGTCTCCACAAGT-3'
VIC-Probe	VIC-CTGACCTGAAGGCTCT-MGBNFQ

> *2 リファレンスとしては1細胞あたり2コピー存在することが既知のRNasePやhTERTを用いることが多い．

- ☐ 制限酵素 *Dra* I や *Mse* I など
  後述のように，必要時にDNAを制限酵素処理する．

プロトコール

1. サンプル調製（PCR反応液作製）

8連チューブを用意して，1チューブあたり以下の量の試薬などを入れる．

2×ddPCR supermix for Probes	10.0 μL
20×Primer-FAM probe set（ターゲット：Hs04090898_cn）	1.0 μL
50 μM primer Fw（リファレンス）	0.4 μL
50 μM primer Rv（リファレンス）	0.4 μL
10 μM VIC-probe（リファレンス）	0.5 μL
DNA（5ng/μL）またはDigested DNA（4ng/μL）*3	1.0 μL
水	6.7 μL
Total	20.0 μL *4

＊3　ゲノムDNAの制限酵素処理について

正確な定量のために，1ドロップレットあたりのゲノムコピー数を1以下（1または0）に調整する必要がある．したがって，1ドロップレットあたりに2コピー以上ゲノムDNAが含まれる場合（ターゲット遺伝子が2コピー以上タンデムに存在する場合）は，制限酵素でDNAを処理することが望ましい（図）．

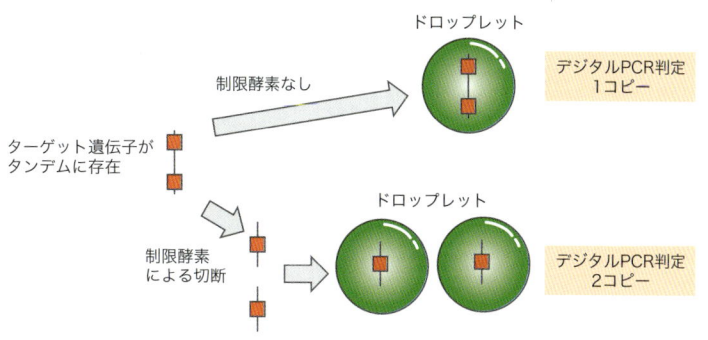

図　遺伝子がタンデムに存在する場合のドロップレット作製上の注意点

なお，制限酵素の選択にあたっては，ターゲットやリファレンスの増幅予定領域内を切断せず，また，メチル化に非感受性の制限酵素を選択すること（ddPCR Supermix for Probes 取り扱い説明書参照）．制限酵素選択の際は，NEB cutter サイトにて，ターゲット配列を切断しないことを確認すること（http://tools.neb.com/NEBcutter2/）．

制限酵素処理をする場合は，下記プロトコールで行っている．

5ng/μL Template DNA	16.0 μL
制限酵素（*Dra* I or *Mse* I）	0.5 μL（10U）
Buffer	2.0 μL
水	1.5 μL
計	20.0 μL

反応温度および時間

制限酵素処理	37℃	1時間
反応停止	65℃	20分

＊4　ドロップレット作製前にPCR反応液を数分間室温において平衡化しておくこと．

2. ドロップレット作製

❶ PCR反応液（1ウェルあたり20 μL）を，DG8カートリッジ中央（Middle）のサンプルウェルに分注する

このとき，ウェルの底に直接サンプルを入れるようにする（図2）．

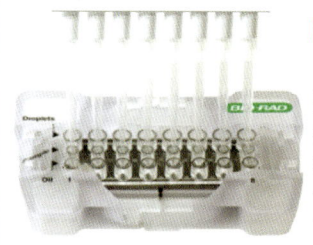

図2　DG8カートリッジへのPCR反応液分注
QX100™ Droplet Generatorクイックガイド（バイオ・ラッド社）より転載

❷ 70 µL/ウェルのDroplet Generationオイルを，DG8カートリッジの下側（Bottom）のオイルウェルに満たす

❸ DG8カートリッジホルダーの両側にあるフックにガスケットを引っ掛ける

　　DG8カートリッジを装着したホルダーをQX100 Droplet Generatorユニットにセットする．

❹ ドロップレットを作製する

❺ ホルダーを取り出し，8チャンネルピペットL8-50 XLSを40 µLにセットして，ゆっくりとドロップレットウェルからドロップレットを吸引する[*5]

　　ドロップレットの総液量は40 µL未満なため，少量の空気を吸い込むが，特に問題ない．

❻ 96ウェルプレートにドロップレットをゆっくりと移す[*5]

> [*5] ピペット操作はゆっくりと行う．ドロップレットを正しく移すためには，プランジャーには一定の圧力で，ドロップレットをスムーズに吸引して，チップから排出するようにする．これによりドロップレットの形状安定性を確保する．われわれはこの工程において，緩徐なピペット操作可能なL8-50 XLS（50 µL用8チャンネルピペット）を使っている．

❼ ドロップレットを移した後，蒸発を防ぐためにPCRプレートのウェルをなるべく速やかにシーリングする

　　室温で120分くらいまでなら問題ない

❽ プレートシーラーを使用して，プレートのすべてのウェルを完全にシールする[*6]

> [*6] プレートのすべてのウェルが完全にシーリングされていることを確認する．シーリングしたプレートは30分以内にPCRを始めるか，PCR前に4℃で4時間までは保存できる．プレートを遠心するとドロップレットが壊れるので，絶対に遠心しないこと．

3. PCR

サーマルサイクラーでPCR反応を行う．

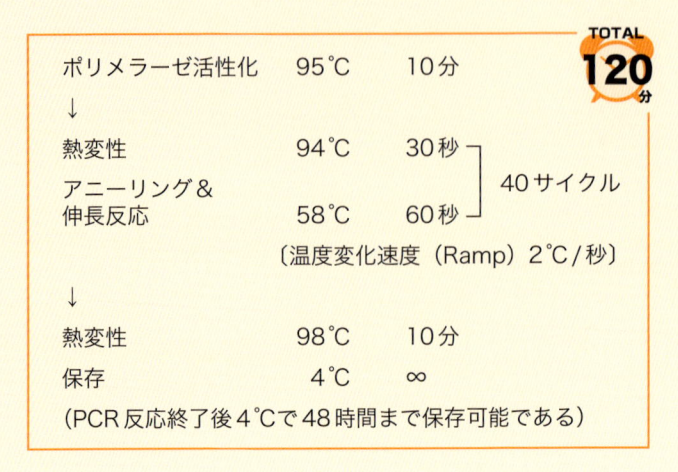

TOTAL 120分

ポリメラーゼ活性化	95℃	10分	
↓			
熱変性	94℃	30秒	40サイクル
アニーリング＆伸長反応	58℃	60秒	
〔温度変化速度（Ramp）2℃/秒〕			
↓			
熱変性	98℃	10分	
保存	4℃	∞	
（PCR反応終了後4℃で48時間まで保存可能である）			

4. ドロップレット測定

❶ 測定の30分前に，QX100™ Droplet Reader 背面の電源を入れる

❷ ホルダーにサンプルプレートを置き，サンプルプレートの上にホルダーの上部パーツをセットする

❸ ボタンを押してQX100™ Droplet Reader を開き，QX100™ Droplet Reader にプレートホルダーをセットする

❹ open/close ボタンを押してカバーを閉じる

❺ デスクトップのショートカットから QuantaSoft ソフトウェアを起動する

❻ 画面上の Prime をクリックする

リーダーオイルがボトルから吸引される（3分程度）．

❼ 画面上の Flush System をクリックし，流路の洗浄を行う（30秒程度）

❽ Experiments 内の③NEW をクリックし Experiments 設定ウィンドウを開き，以下を入力する

Experiment Name： CNV
Type： Copy Number Variation（CNV）
Reference Copy Number：2

❾ ウェルの情報を入力し，template ファイルを作成する（図3）
① ウェルを選択してダブルクリックすると，ウェル情報入力のウインドウが開く．
② サンプル名を入力し，□Apply にチェックをする．
③ 実験目的に合わせて Experiment から CNV を選択する．
④ 検出する蛍光色素に従って Assay1，Assay2 のアッセイ名を入力する．Assay1 には Hs04090898_cn，Assay2 には RNaseP と入力する．また，Type のプルダウンメニューより，ウェルタイプの選択を行う．Assay1 には FAM unknown，Assay2 には VIC Reference を選択する．

❿ ウインドウ左側の Run ボタンを押し，測定を開始する

1ウェルあたりの測定時間は2分程度である．

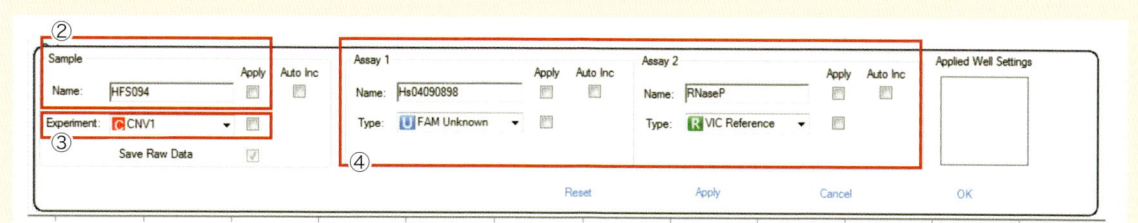

図3　template ファイル作成

5. 解析

❶ 測定の終了とともにデータはQuantaSoft file（QLPファイル）として保管される

❷ ウインドウ左側のAnalyzeのボタンをクリックし，測定データの解析を開始する

❸ CNVタブをクリックすると，定量数値をベースにCNVが算出，表示される（リファレンスで補正されたコピー数が表示される）

実験例

　　乳がん感受性CNV解析として，コントロール女性210名，乳がん患者193名の末梢血よりDNAを抽出し，デジタルPCRによりHs04090898_cnのコピー数を計測した．デジタルPCR計測の例を図4に示す．この症例のターゲットゲノムコピー数は計算上1.97，すなわちコピー数は2であることがわかった．当該領域のコピー数2は乳がん患者の8例（4.1%）に認められたのに対して，コントロール女性では2例（0.9%）のみ認められた（P＝0.04，図5）．こ

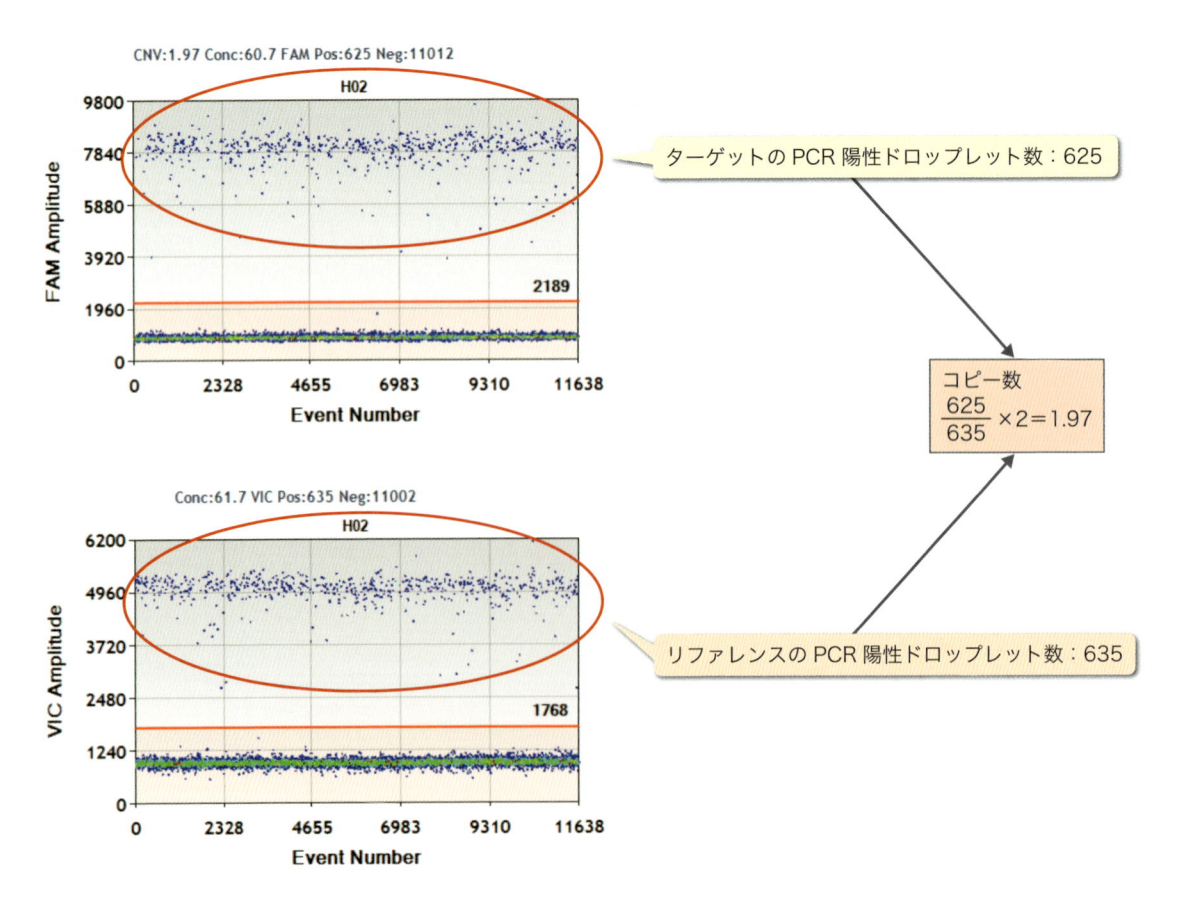

ターゲットのPCR陽性ドロップレット数：625

リファレンスのPCR陽性ドロップレット数：635

コピー数
$$\frac{625}{635} \times 2 = 1.97$$

図4　デジタルPCR測定例

のことから，当該領域のコピー数が2であれば，乳がんになりやすい可能性が示唆された．

おわりに

デジタルPCRでは，PCR増幅前の各ドロップレットに含まれるターゲット遺伝子コピー数が2であっても3であっても，PCR増幅後にはコピー数1としかカウントされない．これは，「各ドロップレットでPCR増幅がある＝各ドロップレットのコピー数を1としてカウント」，「各ドロップレットでPCR増幅がない＝各ドロップレットのコピー数を0としてカウント」というように，定性的に判定するためである．したがって，正確なコピー数測定のためには，PCR増幅前の各ドロップレット内のターゲット遺伝子を1コピー以下（1または0）にする必要があり，テンプレートDNA量を低めにすることが重要である．われわれのこれまでの経験では，テンプレートDNA量5 ngで良好なデータを得ている．また，縦一列に遺伝子が並んでいる（タンデムに存在する）場合では，PCR増幅前の各ドロップレット内にはターゲット遺伝子が2コピー以上含まれるものの，PCR増幅後には「PCR増幅あり＝1コピー」としか判定されないため，真のコピー数よりも低い値になる．したがって，正確なコピー数評価のためには，制限酵素処理によりタンデム間を切断する必要がある．

従来の定量PCR（ΔΔCt法）では，キャリブレーターサンプルでテストサンプルのコピー数を補正する必要があるが，キャリブレーターサンプルの値が不安定な場合，テストサンプルすべてのデータの信頼性が損なわれてしまう．一方で，デジタルPCRではキャリブレーターサンプルは必要がないため，手間も省けるし，測定データの信頼性も高い．欠点としては機器や消耗品が高価なことであるが，それを補って余りある操作の簡便性とデータの信頼性を有するため，研究分野だけでなく，臨床検査分野においても広く利用されるであろう．

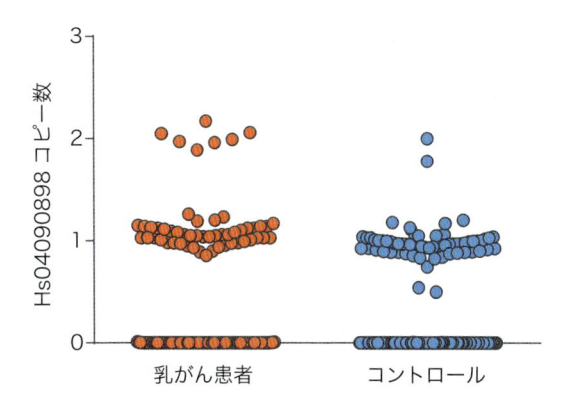

図5　乳がん患者群とコントロール群のコピー数比較

参考文献
1) Iafrate, A. J. et al.：Nat. Genet., 36：949-951, 2004
2) Fanciulli, M. et al.：Clin. Genet., 77：201-213, 2010
3) Malhotra, D. & Sebat, J.：Cell, 148：1223-1241, 2012
4) Suehiro, Y. et al.：Tumour Biol., 34：947-952, 2013

INDEX

数字・欧文

1 cell PCR解析	218
1塩基変異	44
1細胞レベル	100
「$2^{-\Delta\Delta Ct}$」の算出方法	29
2アレル性	164, 166
3アレル性	164, 166
3アレル性のタイピングを検出する	161
18S rRNA	114, 123

A〜C

ACTB	123
AlloMap	121
all-or-none解析タイプ	214
Array Cards	111, 114, 120
Assay Design Center	66
β 2M	123
β-アクチン	122
bisulfite処理	180
BLAST検索	65, 67
castPCR	55, 102
castPCRの基本原理	55
CNV	222
Comparative Ct法	28
CopyCaller® Software	178
CRP	126
cSNP (coding SNP)	167
Ct値	21, 22
Ct値取得の手順	147
CycleavePCR法	51, 203
CycleavePCR法の原理	51
CYP2D6	175

D〜G

DBTSS	186
ΔCt	106
ΔCt (x-y) 値	29
$\Delta\Delta$Ct (a-b) 値	29
$\Delta\Delta$Ct法	28, 33, 59, 119, 176
Detection ΔCt cutoff値	55, 106
dissociation curveの確認	16
DNAマイクロアレイ	111
DNAメチル化	180
EGFR	102
end-point解析タイプ	214
Ensembl	64
Fast PCR	47, 125
FFPEサンプル	104
FRET	16, 42
FRETプローブ	18
GAPDH	122, 123
GeneChip	120
geNorm	146
GUSB	123
GWAS	161

H〜L

H1N1pdm09	203
H274Y変異検出	203
Hardy-Weinberg平衡	165
HeLa細胞	85
High Capacity cDNA Reverse Transcription Kit	116
HOXA9	190
HPRT1	123
HRM (High Resolution Melting)	42
HybProbe	42
HybProbeによるジェノタイピング	161, 164
IDT OligoAnalyzer	74
IL-1β	126
IL-6	126
Isogen-LS	115
*Klotho*遺伝子欠損マウス	135
LC Red640	42
LightCycler® 480	162, 166
Linear Probe	51
LUX法	19

M〜O

MammaPrint	121
MCPIP1	158
MGB	38
miRNA	111, 129, 134, 149
miRNA生合成経路をみる	149
miRNAのcDNA合成のポイント	129
miRNAプロファイル	141
MPprimer	73
MSP	180
Mutation Detector™	57
N2ナンバリング	204
NetPrimer	68
non-coding RNA	129
normalized ΔCt	106
NormFinder	146
NRTのウェルを用意していた場合	89
OncotypeDX	121
OpenArray®	111, 121

P〜R

PCR効率	33
PCR増幅曲線	21
PCR増幅効率が悪くなる場合	88
PCR増幅効率の検証方法	27
PGK1	123
PNA Clamp法	109
poly (A) 付加	151
poly (A) 付加処理	130, 133
PPIA	123
pre-miRNAの検出	155, 156
Primer3Plus	65
Primer-Blast	95
QTL解析	161
QuantStudio™ 12K Flexシステム	114
RealTime ready Assay	70
ResoLight Dye	44
RISC	129
RNAi	83
RNase H	51
RNAのクオリティが心配な場合	115
RPLPO	123
RS182	78
RT-PCR	31

INDEX

S

SAA	126
SDS ソフトウエア	118, 119
siDirect 2.0	85
Single cell cDNA amplification 法	91
siRNA	83
siRNAによるターゲット遺伝子の抑制効果が弱い場合	90
siRNAの配列選択	85
snoRNA	142
SNP	36, 51, 161, 166, 222
SNPアレルの識別	219
SNPタイピング	36
SNPタイピングの原理	51
SNPハプロタイプ	167
SNPハプロタイプを判定する	167
snRNA	142
Spike RNA	93
SYBR® Green I	44

T〜W

TaqMan® Array Cards	111, 114, 120
TaqMan® Copy Number Assays	176
TaqMan® MGB プローブ	36, 38
TaqMan® Mutation Detection Assay	55
TaqMan® プローブ	19, 70, 112
TBP	123
TFRC（CD71）	123
Threshold Line	22
TNF-α	126
TRIzol® Reagent	115
UNG処理	81, 158
V1	91
V3	91
ViiA™ 7	114
Whole miRNome 解析	146
Wild Type Spike 法	46

和文

あ行

亜型判定	203
アシンメトリックPCR	49
アッセイキット	70
アマンタジン耐性変異	213
ある/なしデータ	215
閾値	21
閾値線	22
一塩基多型	36, 167, 222
遺伝子が絞り込まれた場合	111
遺伝子特異的なプライマー	32
遺伝子発現解析	75, 83, 91, 102, 111, 122
遺伝子発現解析の流れ	31
遺伝子発現抑制効果を評価する	83
遺伝子変異を検出する	102
遺伝子量解析	175, 180, 192, 203
遺伝統計解析	161
インターカレーション法	14, 64
インターナルコントロール	26
イントロンが短い場合	84
イントロンスパニング	65
インフルエンザウイルス	203
ウイルス感染症を診断する	192
ウェットチェック	64, 67
ウェブアプリケーション	64
エピジェネティックな状態を知る	180
エマルジョン	218
炎症性サイトカインによる刺激	122
オセルタミビル	203
オセルタミビル耐性変異	204
オフターゲット効果	83
オリゴdTプライマー	32, 133

か行

概日リズム	75
核内低分子non-coding RNA	142
加齢・老化	134
がん	102, 180
肝発がん物質	111, 114
偽陰性	25
希釈系列	26, 59
既知の変異型の検出に限られる場合	103
逆転写反応	129
クエンチャー	19, 37
クエンチング	19
グラジエント機能	182
グローバルノーマライゼーション法	119, 146
蛍光共鳴エネルギー転移	16
蛍光物質	14
経時的な遺伝子発現を量る	75
ゲル状になって溶けにくい場合	115
検出の原理	55
検量線	24, 33, 59, 75
個人化医療	167
コピー数	25, 59
コピー数算出方法	61
コピー数多型	175, 222
コピー数多型を検出する	175

さ行

サイクリングプローブ法	51
細胞株を用いた検出感度の検定	108
ジェノタイピング	49
視交叉上核	75
視交叉上核由来細胞株	77
指数関数的増幅方法	91
次世代シークエンサー	111
疾患感受性	222
疾患原因遺伝子特異的RNAi技術	167
疾患バイオマーカー	134
重亜硫酸処理	180
上皮成長因子受容体	102
調べたい遺伝子がある程度わかっている場合	111
新規バイオマーカーを探す	134
人工遺伝子合成	60
スクリーニングなど多数のサンプルを扱う場合	83
スケールアップする場合	86
スタンダードサンプル	33

ステム・ループRTプライマー
　　　　　　　　　130, 132, 150
正確な分子数のスタンダードサンプルの
　作製　　　　　　　　　　　191
生合成経路　　　　　　　　　149
成熟型miRNA　　　　　　　149
成熟型miRNAの検出　　　　152
正常加齢マウス　　　　　　　135
絶対定量法　　　　　　　25, 60
設定値から外れた場合　　　　106
線維芽細胞株　　　　　　　　77
全か無かの解析タイプ　　　　214
線形増幅方法　　　　　　　　91
全ゲノム関連解析　　　　　　161
相対定量　　　　　　　　　　61
相対定量法　　　　　　　　　26
増幅効率　　　　　　　　62, 69
増幅（反応）速度論的解析タイプ
　　　　　　　　　　　　　214
測定の実際　　　　　　　　　59
測定不良のウェルがある場合　80

た行

体細胞変異検出　　　　　　　55
タイピング　　　　　　161, 167
タイピングの原理　　　36, 42, 51
多変量解析　　　　　　　　　161
タミフル　　　　　　　　　　203
単一細胞の遺伝子発現を量る　91
定性的検査　　　　　　　　　192
定量　　　　　　　　　　　　75
定量可能範囲　　　　　　　　33
定量的検査　　　　　　　　　192
定量的対立遺伝子発現解析　　219
定量方法　　　　　　　　22, 59
デジタルPCR　　　　59, 214, 222
デジタルPCRとリアルタイムPCRの
　違い　　　　　　　　　　221
デジタルPCRの原理　　　　　214
凍結したライセートを使う場合　86
時計遺伝子　　　　　　　　　75

ドライチェック　　　　　64, 67
ドロップレット　　　　　　　218

な行

内在性コントロール遺伝子の設定
　　　　　　　　　　　　　122
乳がん感受性CNV解析　　　　222
ネガティブコントロール　　　69
ノイラミニダーゼ　　　　　　204

は行

バイオアナライザー　　　　　115
肺がん患者　　　　　　　　　147
ハイブリダイゼーション法　　16
ハウスキーピング遺伝子　　　35
初めて使用するプライマーの場合
　　　　　　　　　　　87, 89
パッシブレファレンス色素　　182
ハンチントン病　　　　　　　167
反応終点解析タイプ　　　　　214
鼻咽頭ぬぐい液　　　　　　　203
ビオジン－アビシン複合体　　170
ビオチン溶液　　　　　　　　170
微細分画方法　　　　　　　　218
非標識プローブ　　　　　　　49
病理サンプルを使用する場合　109
微量サンプルから正確なコピー数を
　計測する　　　　　　　　222
フィードバック制御　　　　　75
複数本のバンドが検出された場合　79
プライマーダイマーチェック　72
プライマーとプローブ　　　　16
プライマー/プローブの設計
　　　　　　　　　　64, 72, 95
プライマー/プローブを評価　67
プラトー現象　　　　　　　　22
プルダウン法　　　　　　　　167
プローブ法　　　　　　　　　64
分子標的治療薬　　　　　　　102
分泌型miRNA　　　　　　　141
分泌型miRNAを捉える　　　141

ヘアピン形成チェック　　　　74
変異スクリーニング　　　　　42
ポジティブコントロール　　　69
ポジ/ネガデータ　　　　　　215
補正　　　　　　　　　24, 146
ホルマリン固定腎臓組織　　　165
ホルマリン固定パラフィン包埋
　サンプル　　　　　　　　104

ま行

マイクロRNA
　　　　　111, 129, 134, 141, 149
マイクロアレイとの比較　　　111
マイクロサテライト多型　　　222
マクロダイゼクション　　　　104
マルチプレックスPCR　　　　72
見かけの遺伝子発現量　　　　218
ミニサテライト多型　　　　　222
メチル化特異的PCR　　　　　180
網羅的な発現をみる　　　　　111

や行

薬剤耐性インフルエンザウイルスを
　迅速に判定する　　　　　203
薬剤耐性ウイルス　　　　　　203
融解曲線分析
　　　　16, 42, 70, 146, 164, 193, 197
ユニバーサルプライマー　　　133

ら行

ランダムプライマー　　　　　32
リアルタイムPCRに適した条件　65
リアルタイムPCRの原理　　　14
リファレンス　　　　　　　　34
臨床サンプルの測定　　　　　108
ループRTプライマー　　　　130
レアバリアント　　　　　　　218
励起　　　　　　　　　　　　14
レジン担体　　　　　　　　　170
老化モデルマウス　　　　　　135

◆ 編者プロフィール ◆

北條浩彦（ほうじょう ひろひこ）
1990年，九州大学大学院博士課程修了．理学博士．1991年，東京大学医科学研究所助手．1992年，米国国立衛生研究所（NIH）留学．1997年，東京大学大学院医学系研究科助手．2002年より現職．
ほとんど思い通りに進まない研究活動の中，思いがけない成功やちょっと大きな進展（超個人的ブレイクスルー）が与えてくれる脳内エンドフィンの大放出の快感が忘れられず，またあのResearcher's Highに会いたくて研究活動を続けています．現在の研究は，PubMedで"Hohjoh H"でヒットするような研究を行っています．携帯電話，スマートフォンをもたない希少な日本人のおじさん．朝，電車内で画面を拝まず新聞を読んで通勤しています．

※本書は実験医学別冊『原理からよくわかるリアルタイムPCR実験ガイド』に大幅な加筆修正を加えた改訂新版となります．

実験医学別冊 最強のステップUPシリーズ

原理からよくわかるリアルタイムPCR完全実験ガイド

2008年 1月 1日 第1版第1刷発行	編 集	北條浩彦	
2012年 2月 1日 第5刷発行	発行人	一戸裕子	
2013年10月10日 改訂新版第1刷発行	発行所	株式会社 羊 土 社	
		〒101-0052	
		東京都千代田区神田小川町2-5-1	
		TEL　03（5282）1211	
		FAX　03（5282）1212	
ⓒ YODOSHA CO., LTD. 2013		E-mail　eigyo@yodosha.co.jp	
Printed in Japan		URL　http://www.yodosha.co.jp/	
ISBN978-4-7581-0187-5	印刷所	株式会社加藤文明社	

本書に掲載する著作物の複製権，上映権，譲渡権，公衆送信権（送信可能化権を含む）は（株）羊土社が保有します．
本書を無断で複製する行為（コピー，スキャン，デジタルデータ化など）は，著作権法上での限られた例外（「私的使用のための複製」など）を除き禁じられています．研究活動，診療を含む業務上使用する目的で上記の行為を行うことは大学，病院，企業などにおける内部的な利用であっても，私的使用には該当せず，違法です．また私的使用のためであっても，代行業者等の第三者に依頼して上記の行為を行うことは違法となります．

[JCOPY] <（社）出版者著作権管理機構 委託出版物>
本書の無断複写は著作権法上での例外を除き禁じられています．複写される場合は，そのつど事前に，（社）出版者著作権管理機構（TEL 03-3513-6969，FAX 03-3513-6979，e-mail：info@jcopy.or.jp）の許諾を得てください．

「原理からよくわかるリアルタイム PCR 完全実験ガイド」広告　INDEX

広告資料請求サービス

会社名	掲載位置
ザルトリウス・ジャパン（株）	後付 5
（株）スクラム	後付 4
タカラバイオ（株）	後付 1
バイオ・ラッドラボラトリーズ（株）	表 3
ライフテクノロジーズジャパン（株）	表 2
ロシュ・ダイアグノスティックス（株）	記事中 71
和光純薬工業（株）	後付 6

（五十音順）

【PLEASE COPY】

▼広告製品の詳しい資料をご希望の方は、この用紙をコピーし FAX でご請求下さい。

	会社名	製品名	要望事項
①			
②			
③			
④			
⑤			

お名前（フリガナ）　　　　　　　　TEL.　　　　　　　FAX.
　　　　　　　　　　　　　　　　　E-mail アドレス
勤務先名　　　　　　　　　　　　　所属

所在地（〒　　　　）

ご専門の研究内容をわかりやすくご記入下さい

FAX：03（3230）2479　　E-mail：adinfo@aeplan.co.jp　　HP：http://www.aeplan.co.jp/

広告取扱　エー・イー企画

「実験医学」別冊
最強のステップ UP シリーズ
原理からよくわかるリアルタイム PCR 完全実験ガイド

TaKaRa

SYBR® Green I 検出リアルタイムPCRをセットでサポート

PrimeScript® RTキット & SYBR® Premixシリーズ

逆転写反応
- ● 優れた伸長性 → わずか15分で効率よくcDNAを合成
- ● 強いディスプレースメント伸長活性 → 複雑な構造のRNAもOK
- ● プライミングの特異性が向上 → バックグラウンドを抑制

PrimeScript® RT Master Mix [RR036A/B]
・5×濃度の完全プレミックスタイプ
・広い濃度範囲で高いリニアリティを実現

PrimeScript® RT reagent Kit with gDNA Eraser [RR047A/B]
・ゲノムDNA除去反応（42℃ 2分）をプラス
・逆転写反応はもちろん15分

リアルタイムPCR
- ● 耐熱性RNaseH（Tli RNaseH）もプレミックスすることで発現解析に最適化
- ● さまざまな鋳型でより広いダイナミックレンジでの定量が可能

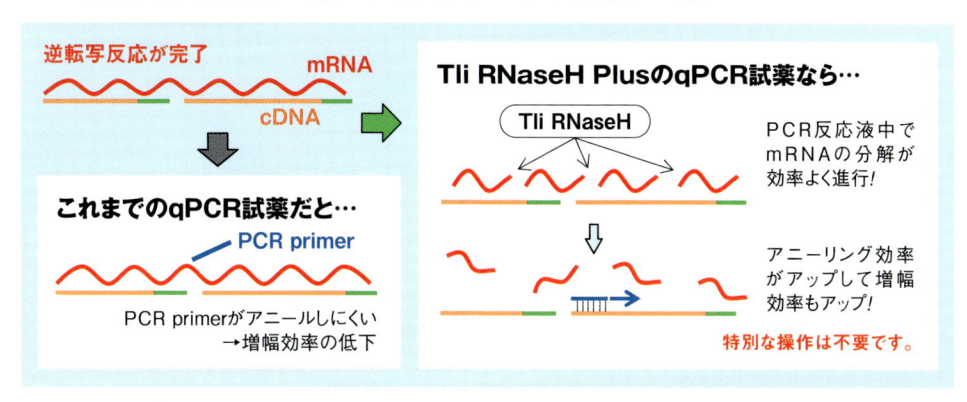

逆転写反応が完了
mRNA
cDNA

これまでのqPCR試薬だと…
PCR primer
PCR primerがアニールしにくい
→増幅効率の低下

Tli RNaseH PlusのqPCR試薬なら…
Tli RNaseH
PCR反応液中でmRNAの分解が効率よく進行！
アニーリング効率がアップして増幅効率もアップ！
特別な操作は不要です。

SYBR® Premix Ex Taq™ II (Tli RNaseH Plus) [RR820A/B]
・幅広いターゲットで特異性の高い反応が可能なスタンダードタイプ

SYBR® Premix Ex Taq™ (Tli RNaseH Plus) [RR420A/B]
・長めのターゲットにも対応可能な高速タイプ

※詳しくは弊社ウェブサイトをご覧ください。

タカラバイオ株式会社
東京支店　TEL 03-3271-8553　FAX 03-3271-7282
関西支店　TEL 077-565-6969　FAX 077-565-6995
Website　http://www.takara-bio.co.jp

TaKaRaテクニカルサポートライン
製品の技術的なご質問にお応えします。
TEL 077-543-6116　FAX 077-543-1977

MD014C改2

バイオサイエンスと医学の最先端総合誌

実験医学

2013年で**30周年**を迎えた実験医学はこれからも誌面・ウェブ双方で進化してまいります！

定期購読のご案内

【月刊】毎月1日発行　B5判
定価（本体 2,000 円＋税）

【増刊】年8冊発行　B5判
定価（本体 5,400 円＋税）

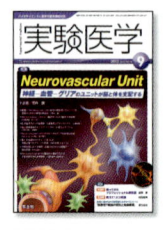

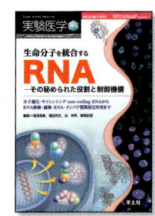

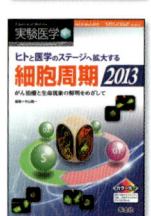

定期購読の ❹ つのメリット

1　注目の研究分野を幅広く網羅！
年間を通じて多彩なトピックを厳選してご紹介します

2　お買い忘れの心配がありません！
最新刊を発行次第いち早くお手元にお届けします

3　送料がかかりません！
国内送料は弊社が負担いたします

4　贈り物にも最適です！
ラボの後輩に，留学中のあの人に，
「実験医学」定期購読のプレゼントが大好評です
（※詳細は弊社営業部にお問合せください）

定期購読料　送料サービス
※海外からのご購読は送料実費となります

☐ **月刊(12冊／年)のみ**
1年間　12冊　24,000円＋税

☐ **月刊(12冊／年) ＋ 増刊(8冊／年)**
1年間　20冊　67,200円＋税

2年間のご購読もお申し込みいただけます

お申し込みは最寄りの書店，または弊社営業部まで！

TEL 03 (5282) 1211　　**FAX** 03 (5282) 1212　　**MAIL** eigyo@yodosha.co.jp
WEB www.yodosha.co.jp　▶ 右上の「雑誌定期購読」ボタンをクリック！

羊土社おすすめ関連書籍

最強のステップUPシリーズ
見つける，量る，可視化する！
質量分析実験ガイド

ライフサイエンス・医学研究で役立つ
機器選択，サンプル調製，分析プロトコールのポイント

編集／杉浦悠毅，末松　誠

本書をきっかけに，質量分析（MS）を"武器"として身につけてみませんか？ 前処理やイオン化，スペクトルなど，何となくハードルを感じがちなMS実験の考え方・進め方をわかりやすく解説した待望の実験書！

- 定価（本体5,700円＋税）
- B5判　239頁　ISBN 978-4-7581-0186-8

最強のステップUPシリーズ
in vivo イメージング実験プロトコール

原理と導入のポイントから2光子顕微鏡の応用まで

編集／石井 優

これまでなかった＆これから必須な，注目の先端実験を詳説する入門書が満を持して登場！ 生きたマウスの中で免疫・がん・神経細胞の動きを可視化する，生体イメージングの原理・機器・手技の実際までがこの一冊に．

- 定価（本体6,200円＋税）
- B5判　251頁　ISBN 978-4-7581-0185-1

目的別で選べる
PCR実験プロトコール

失敗しないための実験操作と条件設定のコツ

編著／佐々木博己
著／青柳一彦，河府和義

リアルタイムPCR，メチル化特異的PCR，ChIP法など多彩なPCR活用法を収録．さらに反応量や反応時間など条件の振り方についても，きめ細かく解説．実験を組み立てる力や，つまずき時の対応力が身につく！

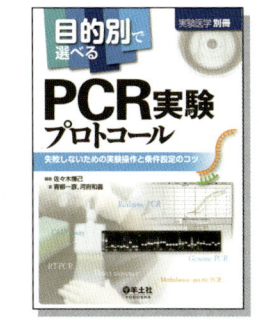

- 定価（本体4,500円＋税）
- B5判　212頁　ISBN 978-4-7581-0178-3

目的別で選べる
核酸実験の原理とプロトコール

分離・精製からコンストラクト作製まで，効率を上げる条件設定の考え方と実験操作が必ずわかる

編集／平尾一郎，胡桃坂仁志

エタノール沈殿の基本から分離・精製・クローニングまで，ベーシックな核酸実験法を原理や根拠とともに詳述．従来の実験書に比べ，核酸の化学的な解説や条件検討の結果を多数掲載．知識も実験力も身につく！

- 定価（本体4,700円＋税）
- B5判　264頁　ISBN 978-4-7581-180-6

発行　羊土社 YODOSHA
〒101-0052　東京都千代田区神田小川町2-5-1　TEL 03(5282)1211　FAX 03(5282)1212
E-mail：eigyo@yodosha.co.jp
URL：http://www.yodosha.co.jp/

ご注文は最寄りの書店，または小社営業部まで

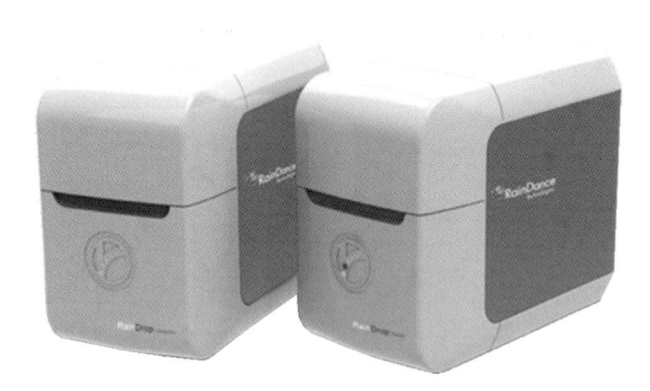

リアルタイム定量PCR（TaqMan®）による
マイコプラズマ汚染のハイスピード検出

Microsart® AMP マイコプラズマ検出キット

リアルタイム定量PCR（TaqMan®）を原理としたキットで、マイコプラズマ検出時間を大幅に短縮できます。
また、簡単なサンプル調整で、容量も幅広く対応します。

- 数週間かかる検出を3時間に短縮
- 様々なサンプル容量（200μL～18mL）に対応
- Ready to useでサンプル調整も容易に行えます。

医薬品の生産工程における様々な原料中のマイコプラズマ汚染を高感度かつ確実に検出可能です。
培養原料の管理や製造行程の管理、さらに最終製品の出荷向け検査でも利用可能です。

- 欧州局方EP2.6.7およびEP2.6.21に準拠

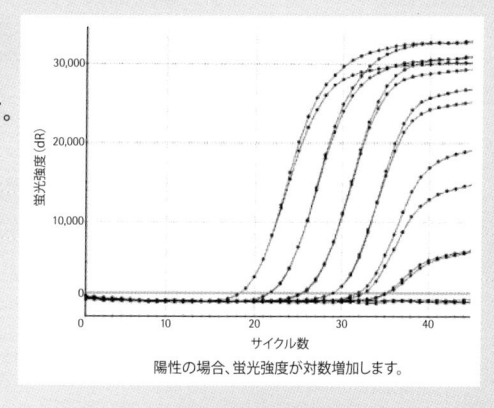

陽性の場合、蛍光強度が対数増加します。

本製品は医薬品の原料・製造工程・最終製品等の品質管理用として販売を許可されております。
大学・研究機関等への販売はできませんのでご了承ください。

sartorius
ザルトリウス・ジャパン株式会社
科学機器事業部 http://www.sartorius.co.jp

本　社	〒140-0001 東京都品川区北品川1-8-11	Tel.(03)3740-5408　Fax.(03)3740-5406
大　阪	〒532-0003 大阪市淀川区宮原4-3-39	Tel.(06)6396-6682　Fax.(06)6396-6686
名古屋	〒461-0002 名古屋市東区代官町35-16	Tel.(052)932-5460　Fax.(052)932-5461
技術サービスセンター	〒140-0002 東京都品川区東品川4-13-34	Tel.(03)5796-0401　Fax.(03)3474-8043
LHサービスセンター	〒162-0842 東京都新宿区市谷砂土原町1-2-34	Tel.(03)5228-0323　Fax.(03)5228-0324
JCSS校正室	〒168-0074 東京都杉並区上高井戸1-14-4	Tel.(03)5316-1555　Fax.(03)3304-0308

GeneAce qPCR Mix α シリーズ

リアルタイム PCR 試薬

特長

- 幅広いダイナミックレンジと高い定量精度を実現
- 非特異的増幅を抑え、高い特異性と高感度の PCR を実現
- 化学修飾によるホットスタート法で、調製時の酵素活性を極力抑制
- プレミックスタイプ (2× 濃度) の試薬が小分け分注済み
- 増幅鎖長 (600 bp 以下) に対する PCR 増幅効率が向上 (SYBR® Green I 検出系)

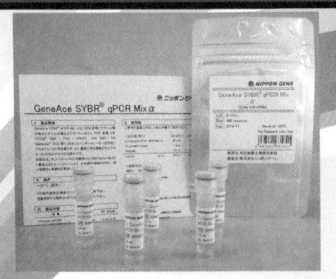

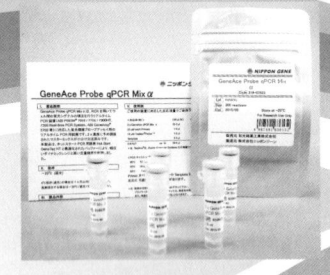

対応機種一覧

機種	ABI GeneAmp® 5700, ABI Prism® 7000, 7700, 7900HT, ABI 7300, StepOne™/StepOnePlus™, Mastercycler® ep realplex			
		Code No.	製品名	容量（形状）
	SYBR® Green I 検出系	319-07683	GeneAce SYBR® qPCR Mix α	300 反応用（1.5 ml×5 本）
	蛍光標識プローブ検出系	319-07823	GeneAce Probe qPCR Mix α	300 反応用（1.5 ml×5 本）

機種	ABI 7500, Mx3000P, 3005, 4000			
		Code No.	製品名	容量（形状）
	SYBR® Green I 検出系	316-07693	GeneAce SYBR® qPCR Mix α Low ROX	300 反応用（1.5 ml×5 本）
	蛍光標識プローブ検出系	315-07803	GeneAce Probe qPCR Mix α Low ROX	300 反応用（1.5 ml×5 本）

機種	LightCycler®96, LightCycler®480, RotorGene Q, 6000, 2000, 3000, Thermal Cycler Dice®, Smartcycler®, CFX96, iCycler iQ®, iQ5, MyiQ®, DNA Engine Opticon®1 and 2, Chromo 4, Mini Opticon® , Quantica®			
		Code No.	製品名	容量（形状）
	SYBR® Green I 検出系	319-07703	GeneAce SYBR® qPCR Mix α No ROX	300 反応用（1.5 ml×5 本）
	蛍光標識プローブ検出系	312-07813	GeneAce Probe qPCR Mix α No ROX	300 反応用（1.5 ml×5 本）

NOTICE TO PURCHASER: LIMITED LICENSE
Purchase of this product includes an Immunity from suit under patents specified in the product insert to use only the amount purchased for the purchaser's own internal research. No other patent rights are conveyed expressly, by implication, or by estoppel. Further information on purchasing licenses may be obtained by contacting the Director of Licensing, Applied Biosystems, 850 Lincoln Centre Drive, Foster City, California 94404, USA.

・SYBR® Green 関連製品は Life Technologies Corporation より研究用試薬としてライセンスを受け製造販売しております。
・本製品は、試薬（試験研究用）として販売しているものです。医薬品の用途には使用しないでください。

販売元
和光純薬工業株式会社
本　社：〒540-8605　大阪市中央区道修町三丁目1番2号
東京支店：〒103-0023　東京都中央区日本橋本町四丁目5番13号
営業所：北海道・東北・筑波・藤沢・東海・中国・九州
フリーダイヤル：0120-052-099　フリーファックス：0120-052-806
URL：http://www.wako-chem.co.jp
E-mail：labchem-tec@wako-chem.co.jp

製造元
株式会社ニッポンジーン
〒930-0834 富山市問屋町一丁目8番7号
Tel: 076-451-6548
Fax:076-451-6547
URL: http://www.nippongene.com